Strategische Ausrichtung von Geschäftsprozessmanagementsystemen

Strategic alignment of business process management systems

Von der Fakultät für Maschinenwesen
der Rheinisch-Westfälischen Technischen Hochschule Aachen
zur Erlangung des akademischen Grades eines
Doktors der Ingenieurwissenschaften
genehmigte Dissertation

vorgelegt von

Timo Henning Nuyken

Berichter:

Univ.-Prof. Dr.-Ing. Dipl.-Wirt. Ing. Günther Schuh
Univ.-Prof. Dr.-Ing. Achim Kampker

Tag der mündlichen Prüfung: 31. Mai 2016

ERGEBNISSE AUS DER PRODUKTIONSTECHNIK

Timo Henning Nuyken

Strategische Ausrichtung von Geschäftsprozessmanagementsystemen

Herausgeber:
Prof. Dr.-Ing. Dr.-Ing. E. h. Dr. h. c. Dr. h. c. F. Klocke
Prof. Dr.-Ing. Dipl.-Wirt. Ing. G. Schuh
Prof. Dr.-Ing. C. Brecher
Prof. Dr.-Ing. R. H. Schmitt

Band 22/2016

WZL | RWTH AACHEN UNIVERSITY

Fraunhofer IPT

Bibliografische Information der Deutschen Nationalbibliothek
Die Deutsche Nationalbibliothek verzeichnet diese Publikation in der Deutschen Nationalbibliografie; detaillierte bibliografische Daten sind im Internet über http://dnb.ddb.de abrufbar.

Timo Henning Nuyken:

Strategische Ausrichtung von Geschäftsprozessmanagementsystemen

1. Auflage, 2016

Gedruckt auf holz- und säurefreiem Papier, 100% chlorfrei gebleicht.

Apprimus Verlag, Aachen, 2016
Wissenschaftsverlag des Instituts für Industriekommunikation und Fachmedien an der RWTH Aachen
Steinbachstr. 25, 52074 Aachen
Internet: www.apprimus-verlag.de, E-Mail: info@apprimus-verlag.de

Druck: KN Digital Printforce GmbH, Stuttgart

ISBN 978-3-86359-440-4

D 82 (Diss. RWTH Aachen University, 2016)

Vorwort

Diese Arbeit ist in meiner Zeit als wissenschaftlicher Mitarbeiter am Lehrstuhl für Produktionssystematik des Werkzeugmaschinenlabors WZL der RWTH Aachen entstanden. Die Arbeit stellt das gebündelte Ergebnis der Bearbeitung von Problemstellungen aus der Praxis in Industrie- und Forschungsprojekten innerhalb dieser Zeit dar.

Mein besonderer Dank gilt Herrn Professor Günther Schuh, der mir die Möglichkeit zur Umsetzung meines Promotionsvorhabens gegeben hat. Herrn Professor Achim Kampker danke ich für die Übernahme des Koreferats, Herrn Professor Jochen Büchs danke ich für die Übernahme des Vorsitzes und Herrn Professor Alexander Mitsos für die Übernahme des Beisitzes in der Prüfungskommission.

In gleicher Weise möchte ich mich bei meinen Kollegen und Freunden am WZL für die Möglichkeit zum wissenschaftlichen Austausch bedanken. Ein besonderer Dank gilt Christina Reuter, für ihre Unterstützung bei der Themenfindung. Meinen studentischen Mitarbeitern und Bacheloranden, namentlich Robert Beckmann, Jona Homann und Richard Joost gilt besonderer Dank für die Möglichkeit zur Diskussion und Weiterentwicklung der Inhalte und für ihre tatkräftige Unterstützung.

Mein größter Dank gilt meiner Familie – meine Eltern, meine Großeltern, mein Bruder und meine Schwiegermutter haben meinen Weg zur Promotion mit Interesse und bestmöglichem Rückhalt begleitet. Tatjana, dir danke ich für deine großartige Unterstützung in dieser herausfordernden Zeit.

Schönwalde und Berlin im Juni 2016

Timo Nuyken

Zusammenfassung

Die Unternehmen in der Automobilzulieferindustrie sehen sich mit drei zentralen Herausforderungen konfrontiert: zunehmender Kostendruck, globales Wachstum und höhere Zeitanforderungen. Die Einführung eines Geschäftsprozessmanagementsystems (GPMS) ermöglicht es Entwicklungs- und Durchlaufzeiten zu minimieren, Kosten zu senken sowie global zuverlässig gleiche Leistung in gleicher Qualität anzubieten. In der Praxis scheitert die erfolgreiche Einführung und nachhaltige Verankerung eines GPMS aber häufig aufgrund von Mängeln bei der strategischen Ausrichtung. Das GPMS wird häufig nicht ausreichend an der Unternehmensstrategie, den Anforderungen der Führungskräfte und den Anforderungen der Mitarbeiter ausgerichtet. Dadurch trägt das GPMS nicht zu den Zielen des Unternehmens bei, weist inhaltliche Schwächen auf und stößt auf Akzeptanzprobleme. Daher wird die Forschungsfrage wie folgt formuliert: „Wie kann die strategische Ausrichtung eines Geschäftsprozessmanagementsystems an der Unternehmensstrategie und den Anforderungen seiner Stakeholder erfolgreich gestaltet werden?" Für die Beantwortung der Forschungsfrage wird ein Vorgehensmodell zur strategischen Ausrichtung eines GPMS auf Basis des General Management Navigators entwickelt. Ausgehend von der Initiierung der strategischen Initiative für die Einführung eines GPMS liegt dabei der Schwerpunkt auf den Phasen der Positionierung und Wertschöpfung, da dort zum einen die Ausrichtung des GPMS, also die Positionierung gegenüber den Anspruchsgruppen, stattfindet und zum anderen die erforderliche Aufbau- und Ablauforganisation gestaltet werden. Bei der Performance Messung werden vorhandene Reifegradmanagementkonzepte an die Erfordernisse der vorliegenden Arbeit angepasst. Bei der strategischen Ausrichtung werden die besonderen Rahmenbedingungen der Automobilzulieferindustrie berücksichtigt. Das in dieser Arbeit entwickelte Vorgehensmodell hilft Unternehmen ihr GPMS erfolgreich an der Unternehmensstrategie auszurichten.

Summary

Automotive suppliers are confronted with three main challenges: increasing cost pressure, global growth and increasing time requirements. The implementation of business process management systems (BPMS) allows to decrease development and lead times, decrease costs, and offer globally the same performance in the same quality. In practice the successful implementation and sustainable anchorage of BPMS fails because of a lack of strategic alignment. The BPMS is often not enough aligned to the company's strategy, the requirements of managers and employees. That is why the BPMS does not contribute to the goals of the company, contains weaknesses content-wise and is confronted with disacceptance. Therefor the research question is following: "How can the strategic alignment of a BPMS to the company's strategy, the requirements of managers and employees be realized successfully?" To answer the research question, an approach for the strategic alignment of a BPMS based on the general management navigator is developed. Starting from the initiation of the strategic initiative for the implementation of a BPMS the focus lies on the phases of positioning and adding value, because the alignment of the BPMS to stake holders is taking place in there, and the organizational structure and process organization are developed in these phases. Within performance measurement available maturity measurement models are adapted to the requirements of the thesis. For the strategic alignment the specific circumstances of automotive suppliers are taken into account. The developed approach helps companies to align their BPMS successfully to the company's strategy.

Inhaltsverzeichnis

Abbildungsverzeichnis

Tabellenverzeichnis

Abkürzungen

Abkürzung	Beschreibung
Aufl.	Auflage
B2B	Business-to-Business (engl.): Beziehung zwischen zwei Unternehmen
BPM	Business Process Management, englisches Äquivalent zum Geschäftsprozessmanagement
BPMM	Business Process Maturity Model
BPMS	Business Process Management System, englisches Äquivalent zum Geschäftsprozessmanagementsystem
BPR	Business Process Reengineering
BRIC(S)	Brasilien, Russland, Indien, China, (Südafrika)
BSC	Balanced Scorecard
BVW	Betriebliches Vorschlagswesen
bzw.	beziehungsweise
CEO	Chief Executive Officer
CERT	customer-orientation, excellence, responsibility, teamwork
CMMI	Capability Maturity Model Integration

CPO	Chief Process Officer
CRM	Customer Relationship Management
CSF	Critical Success Factor (engl.): Kritischer Erfolgsfaktor
CWQC	Company-Wide Quality Control
DIN EN ISO	Deutsches Institut für Normung, europäische Normen, internationale Organisation für Normung
DMADV	Define, Measure, Analyze, Design, Verify
DMAIC	Define, Measure, Analyze, Improve, Control
EABPM	European Association of Business Process Management
EDEN	Erfolgreich, Durchgängig, Effizient, Nachhaltig
EFQM	European Foundation for Quality Management
EQA	Europäischer Qualitätspreis
ERP	Enterprise Resource Planning
et al.	Et alii (und andere)
f.	folgende (Seite)
ff.	folgende (Seiten)
GMN	General Management Navigator
GPM	Geschäftsprozessmanagement
GPMS	Geschäftsprozessmanagementsystem
GPO	Geschäftsprozessoptimierung
Hrsg.	Herausgeber
IMS	Integriertes Managementsystem

IT	Informationstechnologie
ITIL	Information Technology Infrastructure Library
Jg.	Jahrgang
KPI	Key Performance Indicator (engl.): Schlüsselkennzahl zur Leistungsbewertung
KVP	Kontinuierlicher Verbesserungsprozess
MBNQA	Malcolm Baldrige National Quality Award
MOTION	Model for Transforming, Identifying and Optimizing Core Processes
MRO	Maintenance, Repair and Operations
Nr.	Nummer
OEM	Original Equipment Manufacturer (engl.): Erstausrüster
PDCA	Plan, Do, Check, Act
PEMM	Process and Enterprise Maturity Model
PPI	Prozess-Performance-Indikator
PQM	Process Quality Management
QMS	Qualitätsmanagementsystem
RGP	Reifegrad Prozesse
RGPM	Reifegrad Prozessmanagement
ROA	Risk and opportunity assessment (engl.): Risiko- und Chancenabschätzung
S.	Seite
SCAMPI	Standard CMMI Appraisal Method for Process Improvement

SCM	Supply Chain Management
SEP	Strategische Erfolgspositionen
SGE	Strategische Geschäftseinheit
SGF	Strategisches Geschäftsfeld
SOA	Service-oriented architecture (engl.): Serviceorientierte Architektur
SPICE	Software Process Improvement and Capability Determination
SPMS	Strategische Performance-Measurement-Systeme
SWOT	Strengths and Weaknesses, Opportunities and Threats (engl.): Stärken und Schwächen, Chancen und Risiken
TCT	Total Cycle Time
TQM	Total Quality Management
u.a.	und andere
vgl.	vergleiche
WFM	Workflowmanagement
z.B.	zum Beispiel

1 Einleitung

1.1 Ausgangssituation und Problemstellung

Unternehmen befinden sich in einem stetigen Wandel. Absatzmärkte sind zunehmend dynamisch, die Lebenszyklen der immer stärker individualisierten Produkte und die vom Kunden geforderten Lieferzeiten werden immer kürzer.[1] Eine weitere Herausforderung für die Unternehmen stellt der, durch zunehmende Globalisierung und durch starken Wettbewerb bedingt, steigende Kostendruck dar.[2] Der Erfolg von großen Produktionsunternehmen hängt in immer stärkerem Maße davon ab, wie die Prozesse dem sich permanent ändernden Wettbewerbsumfeld angepasst werden.[3]

Besonders betroffen von den genannten Herausforderungen ist die Branche der Automobilzulieferer. Die Auswirkungen des Verdrängungswettbewerbs auf der Ebene der Hersteller (OEM) werden nahtlos an die Zulieferer weitergegeben. Aufgrund der enormen Marktmacht der OEMs sehen sich die Zulieferer gezwungen, den hohen Zeit- und Kostenanforderungen der OEMs zu entsprechen.[4] Durch die Globalisierung werden die Anforderungen an die Leistung der Zulieferer nun nicht mehr nur in Deutschland oder Europa, sondern global gestellt. Das heißt, Produkte müssen mehr oder weniger zeitgleich in gleicher Qualität, auf die gleiche Art und Weise für Anläufe bei den OEMs in Asien, Amerika und Europa zur Verfügung gestellt werden. Durch die zunehmende Globalisierung wachsen die Zulieferunternehmen stark. Die Größe der Unternehmen und die entsprechend hohe Arbeitsteilung stellen besondere Anforderungen an die Organisation. Für die Geschäftsfüh-

---

1 Vgl. Schuh (2006): Change Management, S. 1 oder auch Schmelzer und Sesselmann (2013): Geschäftsprozessmanagement in der Praxis, S. 1

2 Vgl. Koch (2011): Management von Geschäftsprozessen, S. 20; Osterloh und Frost (1996): Prozeßmanagement als Kernkompetenz, S. 17; BearingPoint (2012): Business Process Management-Studie 2012

3 Vgl. Schuh (2006): Change Management, S. 1

4 Vgl. Becker (2007): Automobilindustrie, S. 167 ff.

rung wird es immer schwieriger, die Unternehmen in einer direkten Form zu führen.[5]

Die zentralen Herausforderungen in der Automobilzulieferindustrie sind in Abbildung 1-1 zusammengefasst.

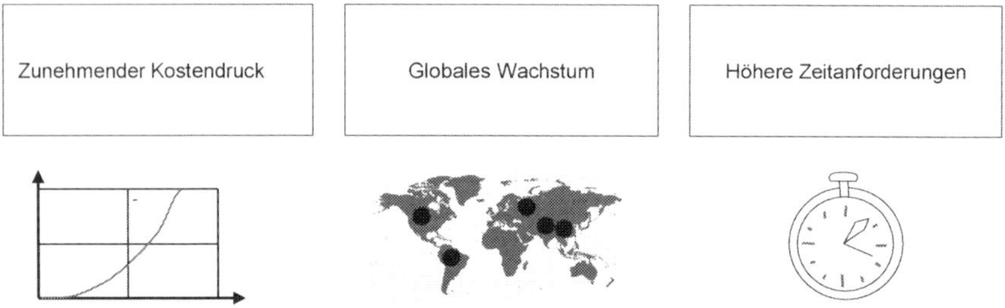

Abbildung 1-1: Herausforderungen in der Automobilzulieferindustrie

Die ganzheitliche Steuerung von Geschäftsprozessen rückt in den Mittelpunkt[6] und ermöglicht den Unternehmen die Standardisierung ihrer Prozesse und deren effiziente Gestaltung in Bezug auf Kosten und Durchlaufzeiten.[7] Außerdem können durch das Geschäftsprozessmanagement (GPM) global zuverlässig die gleichen Leistungen in einer gleichen Qualität angeboten werden.[8] Um im internationalen Wettbewerb dauerhaft bestehen zu können, ist also eine effektiv und effizient aufgebaute, prozessorientierte Organisation zwingend nötig.[9] Damit spielt das GPM eine entscheidende Rolle für den nachhaltigen Erfolg der Unternehmen.[10]

Eine Metastudie zum Status Quo des Geschäftsprozessmanagements aus dem Jahr 2014 zeigt, dass zwar die meisten Unternehmen im Geschäftsprozessmanagement einen hohen Beitrag zum Unternehmenserfolg sehen, doch nur etwa die Hälfte die

5 Vgl. Müller-Stewens und Brauer (2009): Corporate Strategy & Governance, S. 526

6 Vgl. Gaydoul und Daxböck Christian (2011): Prozessmanagement von End-to-End Prozessen

7 Vgl. Allweyer (2005): Geschäftsprozessmanagement, S. 4 ff.

8 Vgl. Koch (2011): Management von Geschäftsprozessen, S. 20 und Komus et al. (2014): BPM Quintessenz, S. 18 ff.

9 Vgl. Allweyer (2005): Geschäftsprozessmanagement, S. 7, Schmelzer und Sesselmann (2013): Geschäftsprozessmanagement in der Praxis, S. 2 ff. und Gleich und Klein (2013): Controllingprozesse optimieren, S. 75

10 Vgl. Komus (2011): BPM Best Practice, S. 20 f., pwc (2011): Zukunftsthema Geschäftsprozessmanagement und Drawehn et al. (2014): Business Process Management Tools, S. 7

bereits erreichten Ergebnisse als zufriedenstellend erachtet.[11] Die Einführung und Nutzung von GPM bleiben zumeist bruchstückhaft und es mangelt einer Übereinstimmung über die richtige Ausgestaltung des Gesamtkonzeptes.[12] Obwohl Untersuchungen in Praxis und Forschung ein umfangreiches und unternehmensübergreifendes Konzept fordern, bleibt das GPM weithin auf seine Ursprungsbereiche wie beispielsweise die Prozessmodellierung und Workflowmanagementsysteme beschränkt.[13] Umfassende Geschäftsprozessmanagementsysteme (GPMS) werden nur unzureichend eingeführt.

Ein zentrales Problem und eine große Gefahr bei der Einführung von GPMS liegen darin, dass vorgefertigte Werkzeugkästen einfach kopiert werden. Diesen Ansätzen fehlt die strategische Unterfütterung und der Bezug zum lokalen Kontext.[14] Der Erfolg von GPMS scheitert häufig an ihrer mangelnden strategischen Ausrichtung. Die Mängel in der strategischen Ausrichtung können in Bezug auf die Ausrichtung des GPMS an der Unternehmensstrategie und den Stakeholdern konkretisiert werden.

Die mangelnde Ausrichtung des GPMS an der Unternehmensstrategie beinhaltet die fehlende Berücksichtigung der Wettbewerbsstrategie des Unternehmens, die unzureichende Ausrichtung an übergeordnetem Managementkonzept und -modell, die häufig nicht stattfindende Anknüpfung des GPMS an den Strategieprozess und die mangelhafte Verknüpfung der Unternehmensziele mit dem GPMS. Es wird beispielsweise nicht oder nur unzureichend betrachtet, inwiefern die Wettbewerbsstrategie bei der Konzeptionierung des GPMS berücksichtigt werden muss und welche Auswirkungen die Strategie selbst, und eventuelle Änderungen dieser, auf das GPMS und die Prozesse haben.[15] Bei der Ausrichtung des GPMS werden die Unternehmensvision, Mission, Werte und Ziele mitunter nicht berücksichtigt. Durch die fehlenden Richtungsvorgaben bleiben die genutzten Potenziale begrenzt.

---

[11] Vgl. Komus et al. (2014): BPM Quintessenz, S. 44 ff.
[12] Vgl. Vom Brocke und Rosemann (2014): Handbook on Business Process 1, S. 109 ff.
[13] Vgl. Jeston und Nelis (2008): Business process management, S. 6 f.; Vom Brocke et al. (2014): Ten principles of BPM
[14] Vgl. Müller-Stewens und Lechner (2011): Strategisches Management, S. 559
[15] Vgl. Komus (2011): BPM Best Practice, S. 20 f.

Zusätzlich zur fehlenden Ausrichtung des GPMS an der Strategie des Unternehmens innerhalb der Konzeptionierung des GPMS, lässt sich auch eine mangelhafte Anknüpfung im Betrieb des GPMS feststellen. So fehlen wichtige richtungsweisende Impulse für den Prozessmanagementprozess. Es wird häufig nicht bewertet, inwieweit einzelne Prozesse die Unternehmensstrategie unterstützen können und welche Prozesse von besonderer Relevanz für die Erreichung der gesetzten Ziele sind. Es werden Entscheidungen getroffen, die in einem engeren Betrachtungsfeld sinnvoll erscheinen, für die Erfüllung einer übergeordneten Strategie häufig aber nur suboptimal oder sogar kontraproduktiv sind.[16]

Die mangelnde Ausrichtung des GPMS an den Anforderungen der Führungskräfte drückte sich in mehreren Industriebeispielen besonders in fehlender Unterstützung des Top Managements, einem fehlenden Gesamtkonzept, einem fehlenden Gesamtüberblick über die Prozesse und einer unsystematischen Auswahl von Prozessen für die Optimierung aus. Die mangelnde Ausrichtung an den Anforderungen des Top Managements führt insbesondere dann zum Scheitern des GPMS, wenn das Top Management ohnehin schon nicht geschlossen hinter dem GPMS steht. Eine Studie stellt fest, dass im Durchschnitt 74% der befragten Unternehmen die Unterstützung des Top Managements als den wichtigsten Erfolgsfaktor für eine konsequente Umsetzung des Geschäftsprozessmanagementsystems erachten.[17] Ohne die Unterstützung der Geschäftsleitung werden die Aktivitäten des Geschäftsprozessmanagements nicht mit den entsprechenden Ressourcen ausgestattet und abteilungsübergreifendes Arbeiten ist nur sehr eingeschränkt möglich.[18] Bestehende Konzepte für die Einführung von Geschäftsprozessmanagementsystemen setzen eine Unterstützung durch das Top Management voraus. Ansätze zur Einführung eines Geschäftsprozessmanagementsystems bei unzureichender Unterstützung durch das Top Management fehlen gänzlich. Die Praxis zeigt jedoch, dass es diese Unterstützung vielfach erst zu gewinnen gilt.[19] Damit die Unterstützung des Top Managements

[16] Vgl. Jeston und Nelis (2008): Business process management, S. 103 sowie die Bewertung vorhandener Konzepte in Kapitel 3

[17] Vgl. Komus et al. (2014): BPM Quintessenz, S. 67 f.

[18] Vgl. Jeston und Nelis (2008): Business process management, S. 307 f.

[19] Vgl. Rosemann und Vom Brocke (2014): Strategic Alignment, S. 1, Trkmann (2010): Critical Success Factors BPM, Zairi (1997): Business process management und Schmelzer und Sesselmann (2013): Geschäftsprozessmanagement in der Praxis, S. 81

gewonnen werden kann, ist ein Gesamtkonzept für das GPMS erforderlich. Ein fehlender Überblick über Prozesse und eine fehlende Systematik für die Verbesserung von Prozessen sind Hinderungsgründe für das Top Management, wenn es darum geht, ein GPMS zu unterstützen.

Die Ausrichtung des GPMS an den Mitarbeitern lässt die Einbeziehung des vorhandenen Qualitäts- und Lean-Management-Systems sowie ein umfangreiches Change Management vermissen. Praxisbeispiele belegen, dass eine konsequente Integration des GPMS in die bestehende Unternehmensstruktur auf inhaltlicher und personeller Ebene nur unzureichend erfolgt. Hierdurch entstehende Akzeptanzprobleme und inhaltliche Schwächen lassen ein GPMS scheitern.

Zusammenfassend lässt sich festhalten, dass in Unternehmen durch die mangelnde strategische Ausrichtung von GPMS große Probleme bei deren Konzeptionierung, Einführung und Betrieb auftreten. Durch die beschriebenen Probleme wird der Fokus des GPMS gar nicht oder nicht richtig gesetzt. Ohne die strategische Ausrichtung fehlen dem GPMS die notwendige Unterfütterung und Stoßrichtung. Es entstehen inhaltliche Schwächen sowie Akzeptanzprobleme bei Führungskräften und Mitarbeitern. Hierdurch bleiben GPMS hinter ihren Potenzialen zurück.

Der strategischen Ausrichtung von GPMS wird in vorhandenen Konzepten zum Prozessmanagement zwar eine hohe Bedeutung beigemessen, konkrete Handlungsempfehlungen fehlen jedoch weitestgehend. Die Konzepte aus der Theorie lösen damit das beschriebene Praxisproblem nicht.

1.2 Zielsetzung

Aufbauend auf den dargestellten Herausforderungen soll in dieser Arbeit eine Vorgehensweise erarbeitet werden, in der die strategische Ausrichtung eines Geschäftsprozessmanagementsystems an der Unternehmensstrategie und seinen Stakeholdern, insbesondere dem Top Management und den Mitarbeitern des Unternehmens erfolgt.

Das Ziel dieser Arbeit lässt sich daher wie folgt formulieren:

Ziel der vorliegenden Arbeit ist die Entwicklung eines Konzepts, das Unternehmen bei der strategischen Ausrichtung ihres Geschäftsprozessmanagementsystems an der Unternehmensstrategie und seinen Stakeholdern unterstützt, um den Erfolg des Systems sicherzustellen.

Nach KUBICEK steht am Anfang des Prozess der explorativen Forschung der wissenschaftliche Erkenntnisgewinn. Hierfür ist die Formulierung theoriegeleiteter Fragen erforderlich.[20] Basierend auf der Problemstellung und der Zielsetzung der Arbeit wird folgende Forschungsleitfrage formuliert:

Wie kann die strategische Ausrichtung eines Geschäftsprozessmanagementsystems an der Unternehmensstrategie und den Anforderungen seiner Stakeholder erfolgreich gestaltet werden?

Zur Beantwortung der Forschungsleitfrage können weitere, untergeordnete Fragestellungen formuliert werden, die in den folgenden Kapiteln dieser Arbeit beantwortet werden sollen und zur Strukturierung des forschungsmethodischen Vorgehens dienen:

- Mit welchen Problemstellungen sehen sich Unternehmen bei der Einführung und dem Betrieb von Geschäftsprozessmanagementsystemen konfrontiert?
- Wieweit lösen vorhandene Konzepte des Prozessmanagements die Praxisprobleme und welche Elemente dieser Konzepte können als Konzeptbausteine für das zu entwickelnde Konzept verwendet werden?
- Welchen Beitrag können ausgewählte Ansätze des Strategischen Managements für die Beantwortung der Frage nach der strategischen Ausrichtung eines Geschäftsprozessmanagementsystems leisten?
- Wie ist ein Konzept für die strategische Ausrichtung eines GPMS zu gestalten?
- Welche Zusammenhänge bestehen zwischen den einzelnen Phasen des Konzepts?

---

[20] Vgl. Kubicek (1976): Heuristische Bezugsrahmen, S. 18 f.

- Welche Implikationen ergeben sich aus den Erkenntnissen der Anwendung des Konzepts?

1.3 Forschungsmethodik

Forschung in der Wissenschaft kann als Prozess verstanden werden, dessen Ausgangspunkt durch eine grundlegende Erkenntnisperspektive und dessen Ablauf durch eine methodologische Vorgehensweise beschrieben werden kann.[21] Die grundlegende Erkenntnisperspektive beinhaltet erste Prinzipien, auf denen der Forschungsprozess aufbaut, die jedoch nicht weiter begründbar und daher als grundlegend hinzunehmen sind.[22] Die Auseinandersetzung mit der grundlegenden Erkenntnisperspektive erfolgt durch die Einordnung der Arbeit in den wissenschaftstheoretischen Bezugsrahmen (Kapitel 1.3.1). Die forschungsmethodologische Vorgehensweise beschreibt den Weg des Forschers zu seinem Erkenntnisgewinn. Die dieser Arbeit zugrunde liegende Vorgehensweise ist in Kapitel 1.3.2 beschrieben.

1.3.1 Wissenschaftstheoretischer Bezugsrahmen

Die Wissenschaftstheorie ist grundsätzlich in die Formal- und Realwissenschaften unterteilt. In den Formalwissenschaften, wie Logik oder Mathematik, werden Sprachen in Form von Zeichensystemen mit Regeln zur Verwendung der Zeichen entwickelt. Die Realwissenschaften hingegen zielen auf die Beschreibung, Erklärung und Gestaltung empirisch wahrnehmbarer Ausschnitte der Wirklichkeit. Die Realwissenschaften selbst werden in reine Grundlagenwissenschaften und angewandte Handlungswissenschaften unterschieden. Die reinen Grundlagenwissenschaften haben die Erklärung von Wirklichkeitsausschnitten mit Erklärungsmodellen zum Ziel. Die angewandten Handlungswissenschaften hingegen bezwecken die Konzeptionierung von Entscheidungsmodellen.[23] Die vorliegende Arbeit liegt im Bereich der ingenieurwissenschaftlichen Forschung. Die Ingenieurwissenschaften lassen sich sowohl den Grundlagen- als auch den Handlungswissenschaften zuord-

[21] Vgl. Binder und Kantowsky (1996): Technologiepotentiale, S. 3 f.
[22] Vgl. Guba und Lincoln (1994): Competing paradigms, S. 107
[23] Vgl. Ulrich und Hill (1976): Wissenschaftstheoretische Grundlagen (Teil 1), S. 305

nen.[24] Da die vorliegende Arbeit darauf abzielt, Handlungsalternativen im Rahmen der strategischen Ausrichtung von GPMS aufzuzeigen, ist die Arbeit den angewandten Handlungswissenschaften zuzuordnen.

1.3.2 Forschungsmethodologisches Vorgehen

Die Forschungsmethodologie beschreibt den Ablauf des Forschungsprozesses und damit den Weg zur Gewinnung von Erkenntnissen. Gemäß POPPER beginnt der Forschungsprozess mit Problemen aus der Praxis.[25] In den Handlungswissenschaften steht der praktische Nutzen der gewonnenen Erkenntnis im Vordergrund.[26] Nach ULRICH wählt der angewandte Forscher Probleme, für deren Lösung kein befriedigendes Wissen zur Verfügung steht.[27] Demnach ist das angestrebte Ziel die wissenschaftliche Erkenntnis. Um dieses Ziel zu erreichen, ist in den Handlungswissenschaften mit der explorativen Forschung eine eigenständige Forschungsmethodologie entstanden. Demnach wird Forschung als iterativer Lernprozess verstanden, der auf systematischem Erfahrungswissen basiert und die Gewinnung, Verarbeitung und Umsetzung von Erfahrungswissen über theoretisch geleitete Fragen anstrebt.[28] Der Forschungsprozess der angewandten Wissenschaft beginnt und endet also in der Praxis. Die Prüfung der entwickelten Konzepte im Anwendungszusammenhang ist Bestandteil des Prozesses.[29]

Der Forschungsprozess dieser Arbeit orientiert sich an der explorativen Forschung. Den Ausgangspunkt für den Forschungsprozess dieser Arbeit bilden Probleme der unternehmerischen Praxis und aktuelle Forschungsschwerpunkte im Themenfeld des Prozessmanagements. Die Forschungskonzeption basiert auf dem systemtheoretischen Ansatz nach ULRICH. Der interdisziplinäre Ansatz bietet sich für die Anwendung gleichermaßen in den Wirtschafts- und Ingenieurwissenschaften an.[30] Der systemtheoretische Ansatz akzeptiert die Komplexität sozialer Systeme und verwirft

[24] Vgl. Ulrich und Hill (1976): Wissenschaftstheoretische Grundlagen (Teil 2), S. 347
[25] Vgl. Adorno et al. (1969): Der Positivismusstreit, S. 104
[26] Vgl. Kubicek (1977): Heuristische Bezugsrahmen, S. 5
[27] Vgl. Ulrich et al. (1984): Management, S. 172
[28] Vgl. Kubicek (1977): Heuristische Bezugsrahmen, S. 13
[29] Vgl. Ulrich et al. (1984): Management, S. 175 ff.
[30] Vgl. Ulrich und Hill (1976): Wissenschaftstheoretische Grundlagen (Teil 1), S. 308

die Idee der vollständigen Beschreibbarkeit, geistigen Beherrschbarkeit und Prognostizierbarkeit der Systeme.[31]

Das Erfahrungswissen des Autors, das diesem Forschungsvorhaben zugrunde liegt, ist maßgeblich durch die Arbeit als wissenschaftlicher Mitarbeiter am Werkzeugmaschinenlabor (WZL) der RWTH Aachen geprägt. Zahlreiche Forschungs- und Industrieprojekte sowie Studien im Bereich des Prozessmanagements finden Eingang in die Problemformulierung und die Lösungsfindung im Rahmen der Arbeit. Neben den Erfahrungen aus der Praxis, wurde die aktuelle und relevante Literatur in den Bereichen Prozessmanagement und Strategisches Management analysiert und berücksichtigt. Der parallel zur Erstellung der Arbeit stattfindende Austausch mit Praktikern und Wissenschaftler ermöglichte die kritische Reflexion dieser Arbeit.

1.4 Aufbau der Arbeit

Der Aufbau der Arbeit richtet sich nach der Forschungsmethodik von ULRICH. Dieser legt besonderen Wert auf den Praxisbezug, indem er den Forschungsprozess mit einem relevanten Problem in der Praxis starten und mit der Überprüfung und Implementierung der entwickelten Lösung in der Praxis enden lässt.[32] In Abbildung 1-2 wird der Forschungsprozess nach ULRICH dem Aufbau der Arbeit gegenübergestellt.

Im ersten und zweiten Kapitel werden relevante Probleme aus der Praxis strukturiert erläutert. Dafür wird in Kapitel 2 zunächst der Betrachtungsbereich dieser Arbeit spezifiziert, um dann die Grundlagen des Prozessmanagements zu beschreiben. Im Anschluss folgt die Darstellung der praktischen Probleme. Hier wird die Notwendigkeit der strategischen Ausrichtung von GPMS aufgezeigt. Dem beschriebenen Praxisproblem aus Kapitel 2 werden dann in Kapitel 3 bestehende Ansätze aus dem Prozessmanagement gegenübergestellt. Ziel dieses Kapitels ist es, einen Überblick über vorhandene Konzepte im Prozessmanagement zu vermitteln und basierend auf deren Bewertung das Forschungsdefizit abzuleiten. In Kapitel 4 werden zusätzliche Lösungsbausteine aus dem strategischen Management aufgezeigt, die für

31 Vgl. Ulrich et al. (1984): Management, S. 168 ff.
32 Vgl. Ulrich et al. (1984): Management, S. 175

die Konstruktion der später vorgestellten Lösung dienlich sind. Das Konzept zur strategischen Ausrichtung von Geschäftsprozessmanagementsystemen wird in Kapitel 5 basierend auf den Anforderungen aus Praxis und Theorie entworfen. Im anschließenden Kapitel 6 werden die Lösungsbausteine des in Kapitel 5 hergeleiteten Konzepts detailliert beschrieben. Die Validierung des entwickelten Konzepts und eine Beschreibung der Anwendung erfolgen in Kapitel 7. Neben der Validierung erfolgt ferner eine kritische Reflexion der Ergebnisse. Die Arbeit schließt in Kapitel 8 mit einer Zusammenfassung der Erkenntnisse und einem Ausblick auf noch offene Forschungsfragen.

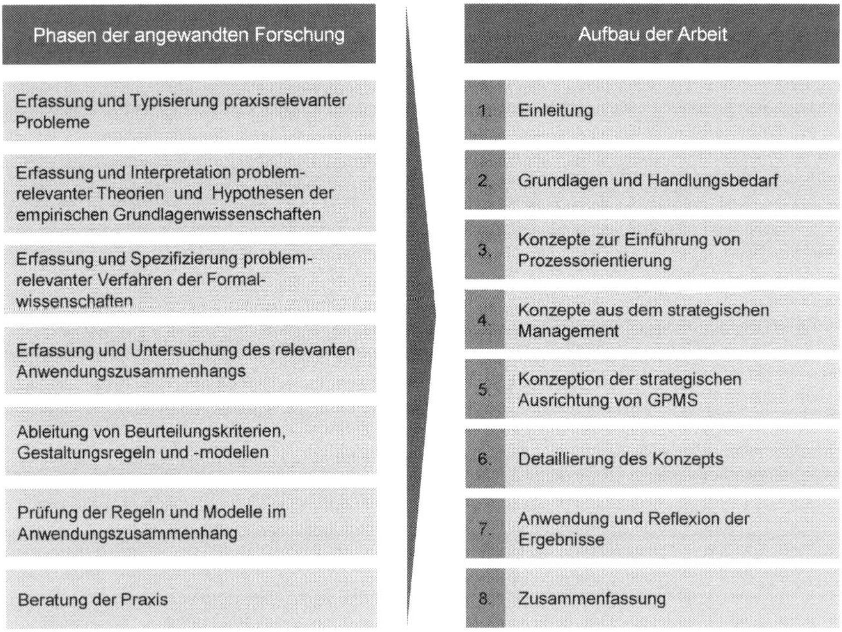

Abbildung 1-2: Forschungsprozess nach ULRICH[33] und Aufbau der Arbeit

[33] In Anlehnung an Ulrich et al. (1984): Management, S. 192

2 Grundlagen und Handlungsbedarf

Das folgende Kapitel dient der Beschreibung der besonderen Charakteristika, relevanten Zusammenhänge und Herausforderungen innerhalb des Betrachtungsbereiches der Automobilzulieferindustrie (Kapitel 2.1) und der Darstellung der für das Verständnis der Arbeit notwendigen Grundlagen des Prozessmanagements (Kapitel 2.2). Anschließend wird aufbauend auf der historischen Entwicklung des Prozessmanagements (Kapitel 2.3) der aktuelle Stand im Themenfeld Geschäftsprozessmanagementsysteme aufgezeigt (Kapitel 2.4). Abschließend wird in Kapitel 2.5 der Handlungsbedarf aus Sicht der Praxis formuliert.

2.1 Betriebstypologische Eingrenzung des Betrachtungsbereichs

Der Betrachtungsbereich dieser Arbeit ist die Automobilzulieferindustrie. Deren besondere Merkmale werden im Folgenden beschrieben.

Die Anfänge der Automobilzulieferindustrie gehen auf die 1970er Jahre zurück. Aufgrund einer steigenden Anzahl an Projekten vergaben Automobilhersteller erstmals kleinere Entwicklungsumfänge an externe Dienstleister. Von einem anfänglichen reinen Personalverleih entwickelten sich die Unternehmen rasch weiter zur verlängerten Werkbank der Original Equipment Manufacturer (OEMs, entspricht hier den Automobilherstellern). Durch den Aufbau von Kompetenzen in der gesamten Wertschöpfungskette haben sich die Zulieferer inzwischen zu systemrelevanten Partnern der OEMs entwickelt.[34]

Der Begriff des Zulieferers ist vom weiter gefassten Begriff des Lieferanten abzugrenzen. Die Produkte des Zulieferers gehen in die Produkte des nachgelagerten Herstellers mit ein und werden Bestandteil eines Kraftfahrzeugs. Für die Klassifizie-

34 Vgl. Kurek (2012): Erfolgsstrategien für Automobilzulieferer, S. 11 f.

rung als Lieferant wird dagegen auch die Befriedigung indirekter Produktionsbedarfe (Maintenance, Repair and Operations (MRO)) berücksichtigt.[35]

Die Zuliefernetzwerke der Automobilindustrie sind regional unterschiedlich aufgebaut. In Japan konzentrieren sich die Hersteller beispielsweise auf wenige Subkontraktoren, mit denen eine enge Kooperation besteht, die auf gegenseitiger Verantwortung und Vertrauen basiert. US-amerikanische Zuliefernetzwerke hingegen sind durch eine eher flache Hierarchie und eine große Anzahl direkter Zulieferer gekennzeichnet, die im Vergleich zu japanischen Zulieferern tendenziell seltener mit Entwicklungskompetenz ausgestattet sind und mit einem starken Fokus auf Kostenreduktion seitens der Autohersteller konfrontiert sind. Die deutsche Zulieferstruktur kann zwischen diesen beiden Ausprägungen eingeordnet werden. Neben einer intensiven Kollaboration zwischen OEM und Zulieferern bei komplexen Komponenten ist ein preisbasierter, globaler Einkauf zu beobachten.[36]

Die Zulieferstruktur kann in vier Ebenen gegliedert werden (vgl. Abbildung 2-1).

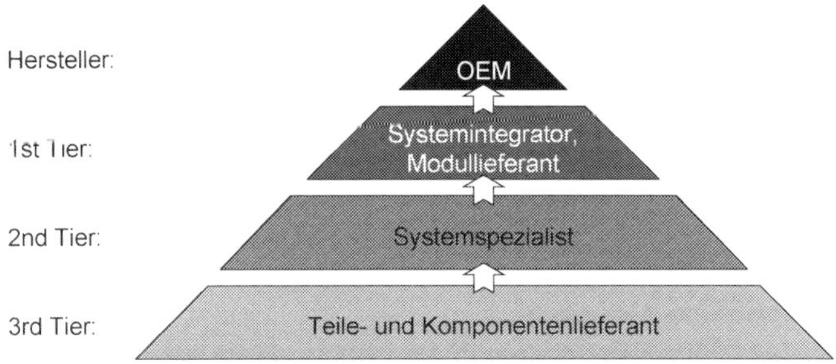

Abbildung 2-1: Zulieferpyramide[37]

Der Teile- und Komponentenlieferant auf der untersten Ebene (3rd Tier) stellt Normteile nach genauer Vorgabe und mit einem hohen Standardisierungsgrad her. Der Systemspezialist (2nd Tier) liefert Baugruppen, Aggregate und Komponenten. Auf oberster Zulieferebene (1st Tier) werden einbaufertige Module entwickelt, montiert und nach den zeitlichen Anforderungen der Hersteller bereitgestellt. Dabei sind Integrationskompetenzen, ein fachübergreifendes Know-how und eine gewisse

[35] Vgl. Daniel (2007): Management von Zuliefererbeziehungen, S. 35
[36] Vgl. Asmussen (2009): Effekte inter-organisationaler Balanced Scorecards, S. 58
[37] In Anlehnung an Becker (2007): Automobilindustrie, S. 168

Unternehmensgröße notwendig, um die häufig sehr umfangreichen Projekte bearbeiten zu können.[38]

Die Zulieferer müssen die teils sehr hohen Entwicklungskosten für Produktinnovationen über die Menge der gelieferten Module selbst amortisieren. Sie tragen damit einen Teil des unternehmerischen Risikos und sind an guten Verkaufszahlen der von ihnen ausgestatteten Fahrzeugmodelle interessiert. In vertikaler Richtung wirken so häufig gegenseitige Abhängigkeiten, während innerhalb einer Pyramidenstufe kompetitive Verhältnisse vorherrschen.[39]

Die Zulieferindustrie sieht sich drei zentralen Herausforderungen gegenüber (vgl. Abbildung 2-2).[40]

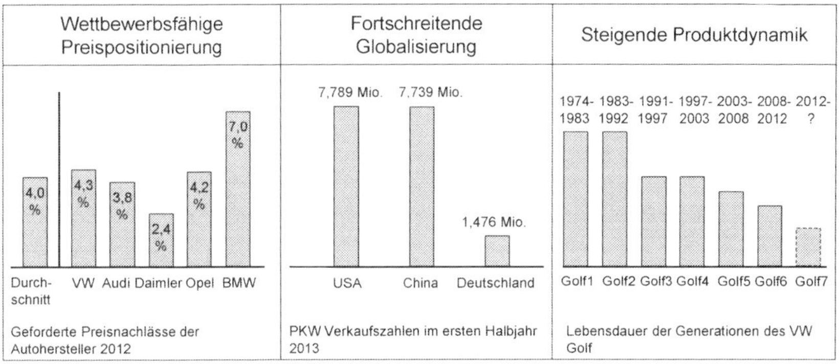

Abbildung 2-2: Herausforderungen der Zulieferindustrie[41]

Die Stagnation der Volumenmärkte in Europa, den USA und Japan und das Ausbleiben von realen Preissteigerungen beim Endkunden, bei zumindest gleichbleibenden Entwicklungskosten, haben den Profitmargendruck bei den Autoherstellern deutlich

[38] Vgl. Becker (2007): Automobilindustrie, S. 169 und Wallentowitz et al. (2009b): Strategien in der Automobilindustrie, S. 40

[39] Vgl. Kurek (2012): Erfolgsstrategien für Automobilzulieferer, S. 14 und Asmussen (2009): Effekte interorganisationaler Balanced Scorecards, S. 39

[40] Vgl. Braun (2012): Supply-Chain-Management-Maßnahmen, S. 1, Kurek (2012): Erfolgsstrategien für Automobilzulieferer, S. 16 und Wallentowitz et al. (2009b): Strategien in der Automobilindustrie, S. 39 f.

[41] Vgl. Flörecke (2012): Preise wie im Reich der Mitte, Kruschke (2013): China wird wichtigster Markt, Kraftfahr-Bundesamt und Volkswagen AG

steigen lassen.[42] Es ist eine Konzentration der Hersteller zu beobachten, von der Synergiepotenziale im Einkauf, in der Entwicklung, in der Produktion und beim Vertrieb erwartet werden. Die Bestellungsbündelung und der innerbetriebliche Preisvergleich in großen Automobilkonzernen gehen zulasten des Preisniveaus für Zulieferteile. Außerdem konkurriert eine Vielzahl von Zulieferern um eine sinkende Anzahl von großen Aufträgen, was die ohnehin schon starke Verhandlungsposition der Hersteller noch weiter verbessert. Die theoretisch gegebene, gegenseitige Abhängigkeit verschiebt sich in der Realität zu Lasten der Zulieferer. Der Kostendruck der Hersteller wird zunächst an die direkten Zulieferer und dann kaskadenförmig an die niedrigeren Stufen der Pyramide weitergegeben. Das sorgt für einen Verdrängungswettbewerb in der gesamten Wertschöpfungskette (vgl. Abbildung 2-3).[43]

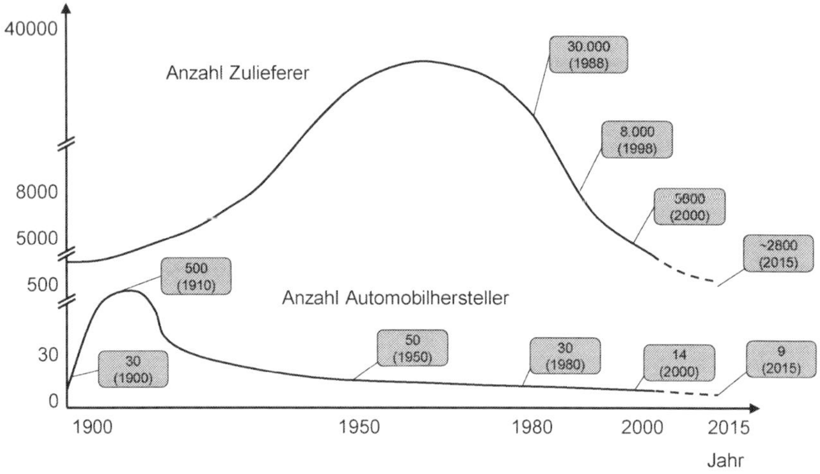

Abbildung 2-3: Anzahl von Unternehmen in der Automobilindustrie[44]

Ein deutliches Wachstum beim Absatz von Automobilen kann hingegen auf den Märkten der BRIC[45]-Staaten verzeichnet werden. Die angestrebte Nähe zum Endkunden und die niedrigeren Lohnkosten haben dazu geführt, dass zahlreiche Her-

[42] Vgl. Roland Berger und Lazard (2014): Global Automotive Supplier Study, S. 25 und Asmussen (2009): Effekte inter-organisationaler Balanced Scorecards, S. 67

[43] Vgl. Wallentowitz et al. (2009b): Strategien in der Automobilindustrie, S. 39

[44] In Anlehnung an Becker (2007): Automobilindustrie, S. 173

[45] BRIC - Brasilien, Russland, Indien, China

steller in diesen Ländern – insbesondere in China – neue Produktionsstätten aufgebaut haben. Die verringerte Lagerhaltung zugunsten einer geringeren Kapitalbindung erfordert von den Zulieferern eine Komponentenbereitstellung Just-in-Time kurz vor der Verarbeitung oder sogar Just-in-Sequence direkt ans Fließband. Für eine kosten- und zeitoptimale Lieferung benötigen die Zulieferer eigene Standorte in der Nähe der weltweiten Standorte ihrer Kunden. Der globale Aufbau von Produktionskapazitäten überfordert die mittelständisch geprägten Zulieferer in ihrer Organisationsstruktur.[46]

Bedingt durch den Wandel vom Verkäufer- zum Käufermarkt, wird nahezu jedes Automobil nach den individuellen Wünschen eines Kunden produziert. Verschiedene Fahrzeugmodelle existieren in mehreren Modellvarianten und mit einer Vielzahl möglicher Spezifikationen.[47] Bei der Realisierung von Wettbewerbsvorteilen durch den Einsatz neuester Technologie ist die Zeit bis zur Marktreife (Time-to-Market) entscheidend und sorgt für einen zunehmenden Innovationsdruck. Die Automobilindustrie profitiert aufgrund verkürzter Modelllebenszyklen und Nachfolgemodellen mit wesentlichen Neuerungen weniger stark von Größeneffekten (Economies of Scale) und Lernkurveneffekten. Entwicklung und Produktion müssen flexibel und kostenorientiert ausgestaltet sein.[48]

Die Automobilhersteller vergeben einen zunehmenden Anteil der Wertschöpfung und möchten gleichzeitig die Anzahl an direkten Zulieferern reduzieren. 1st-Tier-Zulieferer fungieren zunehmend als Integratoren der Leistungen von 2nd-Tier-Zulieferern und werden von den Herstellern als strategische Partner angesehen. Durch die Übernahme ehemaliger Kernkompetenzen der OEMs sind auch die Zulieferer von der zunehmenden Dynamik in der Automobilherstellung betroffen.[49]

Während sich auf zweiter und dritter Ebene der Zulieferpyramide durchaus kleine Nischenanbieter halten können, begünstigen die beschriebenen Herausforderungen auf erster Ebene die Entstehung und das Wachstum großer Zulieferunternehmen,

---

46 Vgl. Reichhuber (2010): Strategie und Struktur in der Automobilindustrie, S. 148; Becker (2007): Automobilindustrie, S. 172

47 Vgl. Kurek (2012): Erfolgsstrategien für Automobilzulieferer, S. 18 f.

48 Vgl. Wallentowitz et al. (2009b): Strategien in der Automobilindustrie, S. 39

49 Vgl. Asmussen (2009): Effekte inter-organisationaler Balanced Scorecards, S. 68; Kurek (2012): Erfolgsstrategien für Automobilzulieferer, S. 22

die ein breit gefächertes Leistungsspektrum weltweit und zu konkurrenzfähigen Preisen anbieten können. Diese Unternehmen weisen als Organisationsform häufig eine Matrixorganisation auf. Exemplarisch sei hier ein deutscher Automobilzulieferer genannt, bei dem über einen Zeitraum von fünf Jahren ein durchschnittliches jährliches Mitarbeiterwachstum von 9% beobachtet werden konnte – und dies bei einem Anfangswert von circa 10.000 Mitarbeitern. Ein anderer Zulieferer hat seine anfangs zehn Produktionsstandorte innerhalb von nur zwölf Jahren vervierfacht. Die übliche Funktionalorganisation wird von einem dynamischen Wachstum in solchen Größenordnungen überfordert. Lange Entscheidungswege und funktionale Abteilungen, mit stark ausgeprägten Abteilungsgrenzen, führen zu Suboptimierungen. Daher gelten eine gute Organisation von Prozessen und Strukturen und die anpassbare Gestaltung von Abläufen für eine schnelle Reaktion auf Veränderungen als entscheidende Erfolgsfaktoren für die Automobilzulieferindustrie.[50]

In einer Studie sehen drei Viertel der Befragten aus der Automobil- und Zulieferindustrie einen hohen bis sehr hohen Beitrag des Geschäftsprozessmanagements zum Unternehmenserfolg. In derselben Umfrage schätzen 71% der Teilnehmer den mittelfristigen Beitrag zum Unternehmenserfolg größer oder erheblich größer als heute ein. Dass der Entwicklungsstand des Geschäftsprozessmanagements im eigenen Unternehmen von nur 4% der Befragten als „sehr weit entwickelt" bezeichnet wird, deutet auf ein enormes Potenzial von Geschäftsprozessmanagementaktivitäten hin (vgl. Abbildung 2-4).[51]

[50] Vgl. Roland Berger und Lazard (2014): Global Automotive Supplier Study, S. 4; McKinsey & Company (2014): Automobilzulieferer

[51] Vgl. pwc (2011): Zukunftsthema Geschäftsprozessmanagement, S. 16 f.

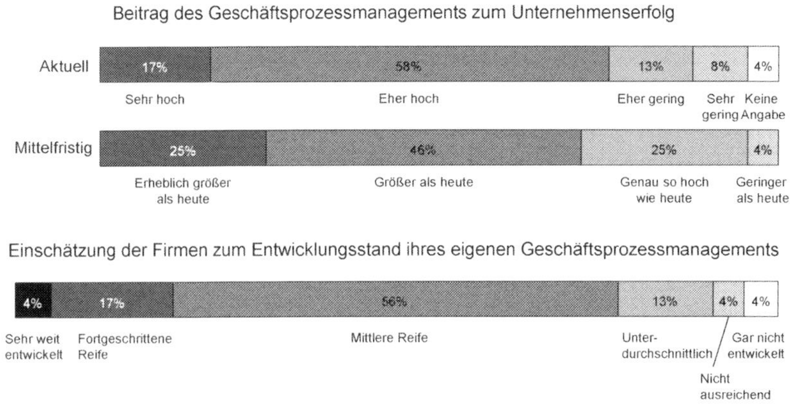

Abbildung 2-4: Zukunftsaufgabe Geschäftsprozessmanagement[52]

Die Größe der Automobilzulieferindustrie und die Heterogenität der Branche erfordern eine weitere Einschränkung des Betrachtungsbereichs dieser Arbeit. Wie zuvor ausgeführt, sind die 1st-Tier-Zulieferer in den vergangenen Jahren stark global gewachsen und die vorhandenen Organisationsstrukturen wurden häufig in Richtung von Matrix-Organisationen angepasst oder befinden sich noch in der Anpassung. Das starke globale Wachstum stellt die Unternehmen vor besondere Herausforderungen in der Koordination ihrer Abläufe. Aufgrund der besonderen Herausforderungen der global tätigen, deutschstämmigen 1st-Tier-Zulieferer die in Matrix-Organisationen mit mehr als 10.000 Mitarbeitern agieren, wird der Betrachtungsbereich der Arbeit auf diese Unternehmen eingeschränkt.

2.2 Grundlagen Prozessmanagement

Im Folgenden werden zunächst die grundlegenden und für diese Arbeit benötigten Begrifflichkeiten im Kontext Prozessmanagement erklärt (Kapitel 2.2.1). Sofern in der Literatur noch kein einheitliches Verständnis vorliegt, wird das der Arbeit zugrunde liegende Verständnis definiert. Anschließend wird der Zusammenhang zwischen Arbeitsteilung und Prozessmanagement (Kapitel 2.2.2) dargelegt. Hierauf

---

[52] Vgl. pwc (2011): Zukunftsthema Geschäftsprozessmanagement, S. 16 f.

aufbauend wird die Verbindung von Prozessmanagement und Organisationsstruktur erläutert (Kapitel 2.2.3).

2.2.1 Geschäftsprozess, Prozessmanagementprozess und Ziele

In der Literatur existieren vielfältige Definitionen der Begriffe im Prozessmanagement. Nachfolgend wird das der Arbeit zugrundeliegende Begriffsverständnis erläutert.

Ein Prozess soll in der vorliegenden Arbeit als strukturiertes Bündel von Aktivitäten verstanden werden, welches festgelegte Inputfaktoren in einer definierten Abfolge und unter Wertsteigerung zu festgelegten Outputfaktoren transformiert und dabei der Planung unterliegt.[53]

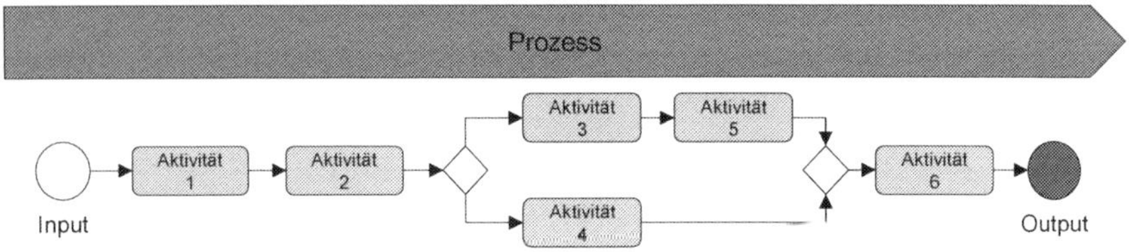

Abbildung 2-5: Makrostruktur eines Prozesses[54]

Der Geschäftsprozess als Sonderform eines Prozesses erfordert eine weitergehende Beschreibung. Die drei kritischen Merkmale funktionsübergreifend, strategierelevant und kundenorientiert werden durch eine empirische Studie von KOCH und HESS gestützt.[55] Bei Vernachlässigung der Kriterien, die auch für Prozesse allgemein gelten („wertschöpfende Aktivität", „Prozessverantwortlicher vorhanden" und „Ziele und Messgrößen" im Sinne des Planungsaspektes), bleiben die oben herausgestellten kritischen Merkmale übrig. Lediglich die Strategierelevanz erhält keine Zustimmung von der Mehrheit der Studienteilnehmer (vgl. Abbildung 2-6).

---

53 Vgl. Corsten (1996): Prozeßmanagement, S. 7, Dumas et al. (2013): Fundamentals of BPM, S. 1, Bergsmann (2012): End-to-End Geschäftsprozessmanagement, S. 11, Becker (2008): Prozessmanagement, S. 4 ff.

54 In Anlehnung an Corsten (1996): Prozeßmanagement, S. 7

55 Vgl. Koch und Hess (2003): Business Process Redesign und Becker (2008): Prozessmanagement, S. 7, Österle (1995): Business Engineering Prozeß- und Systementwicklung, S. 20, Osterloh und Frost (1996): Prozeßmanagement als Kernkompetenz, S. 31

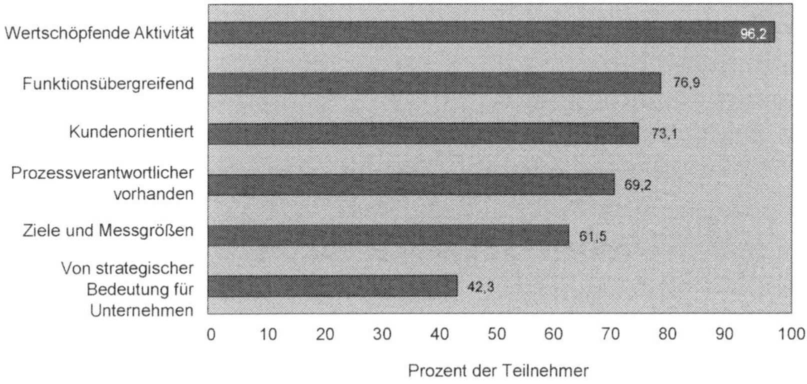

Abbildung 2-6: Kriterien für die Einstufung als Geschäftsprozess[56]

Die Bedingung der Orientierung am Kunden soll in dieser Arbeit durch die Relevanz für die Anspruchsgruppen des Unternehmens ersetzt werden, sodass unternehmensinterne Personengruppen ebenfalls berücksichtigt sind. Dadurch werden beispielsweise auch Personal- oder Controllingprozesse als Geschäftsprozesse klassifiziert.[57]

BERGSMANN fügt dem Begriff des Geschäftsprozesses darüber hinaus ein End-to-End-Verständnis hinzu. Ein Geschäftsprozess sollte durch einen Kundenbedarf ausgelöst und durch dessen Befriedigung abgeschlossen werden.[58] Ein Geschäftsprozess, der dieser Logik folgt ist in Abbildung 2-7 dargestellt.

Abbildung 2-7: End-to-End Verständnis eines Geschäftsprozesses

Insgesamt soll ein Geschäftsprozess in dieser Arbeit an drei Kriterien festgemacht werden. Er ist funktionsübergreifend, relevant für die Anspruchsgruppen des

---

[56] In Anlehnung an Koch und Hess (2003): Business Process Redesign, S. 19

[57] Vgl. Vom Brocke und Rosemann (2014): Handbook on Business Process 2, S. 62 f.

[58] Vgl. Bergsmann (2012): End-to-End Geschäftsprozessmanagement, S. 19 ff.

Unternehmens und er erfüllt BERGSMANNS End-to-End-Verständnis. Am Kriterium des Strategiebezugs wird an dieser Stelle nicht weiter festgehalten, weil es einerseits in der Bedingung der Anspruchsgruppenrelevanz ausreichend abgebildet ist und andererseits Prozesse, bei denen eine Verbindung zur aktuellen Unternehmensstrategie nicht unmittelbar erkennbar ist, vorschnell disqualifizieren würde.[59]

Prozessstruktur

Die Prozessstruktur liefert einen umfassenden Blick auf die Prozesse eines Unternehmens und ihre Verknüpfungen.[60] Die oberste Betrachtungsebene der Prozessstruktur – Prozessebene 1 – beinhaltet die Geschäftsprozesse (vgl. Abbildung 2-8). Eine Aufteilung der Geschäftsprozesse in Teilprozesse, unter Berücksichtigung der Zuordnung zu den funktionalen Unternehmensbereichen, resultiert in Prozessebene 2. Die Zerlegung kann fortgeführt werden, um in der höchsten Detaillierungsstufe schließlich Arbeitsabläufe einzelner Mitarbeiter, Materialbewegungen und Informationsflüsse zu modellieren.

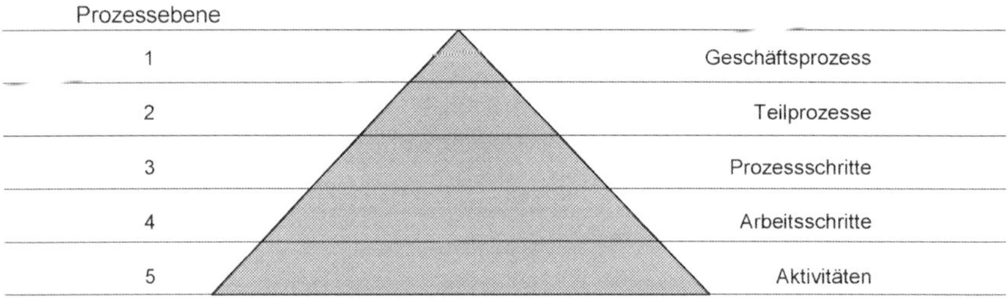

Abbildung 2-8: Ebenen der Prozessstruktur[61]

Neben der Differenzierung von Prozessen nach Detaillierungsgrad, kann speziell auf Ebene der Geschäftsprozesse eine Kategorisierung vorgenommen werden. Das neue St. Galler Managementkonzept unterscheidet Management-, Kern- und Unterstüt-

[59] Vgl. Bergsmann (2012): End-to-End Geschäftsprozessmanagement, S. 27
[60] Vgl. Dumas et al. (2013): Fundamentals of BPM, S. 21
[61] In Anlehnung an Schmelzer und Sesselmann (2013): Geschäftsprozessmanagement in der Praxis, S. 169

zungsprozesse (vgl. Abbildung 2-9).[62] Diese Dreiteilung hat sich als so genannte Prozesslandkarte in der Praxis etabliert.

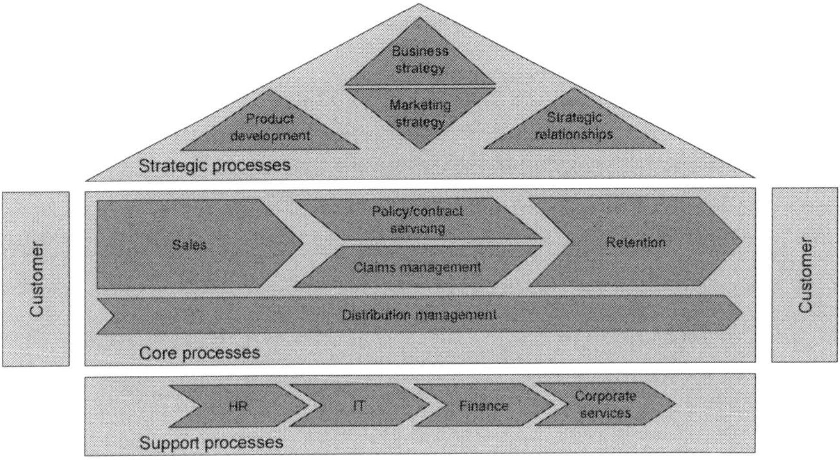

Abbildung 2-9: Prozesslandkarte[63]

Kernprozesse zielen direkt auf die Schaffung von Kundennutzen ab. Unterstützungsprozesse stellen die Infrastruktur und die internen Dienstleistungen bereit, die zur Ausführung der Kernprozesse benötigt werden. Managementprozesse umfassen alle Aufgaben, die mit der Gestaltung, Lenkung und Entwicklung des Unternehmens verbunden sind.[64] Gemäß obigen Ausführungen stellen auch Management- und Unterstützungsprozesse Geschäftsprozesse dar. Sie erbringen eine Leistung für unternehmensinterne Anspruchsgruppen.

Prozessmanagementprozess

Das Prozessmanagement dient dem Erreichen von organisationalen Zielen durch die Planung, Gestaltung, Steuerung, Kontrolle und Weiterentwicklung von Geschäftsprozessen.[65] Die Aufgaben des Prozessmanagements selbst können als Abfolge von

[62] Vgl. Rüegg-Stürm (2005): St. Gallen management model, S. 54

[63] In Anlehnung an Jeston und Nelis (2008): Business process management, S. 95

[64] Vgl. Rüegg-Stürm (2005): St. Gallen management model, S. 55

[65] Vgl. Jeston und Nelis (2008): Business process management, S. 11oder auch Allweyer (2005): Geschäftsprozessmanagement, S. 91 und Corsten (1996): Prozeßmanagement, S. 9 f.

Aktivitäten verstanden und als Prozessmanagementprozess bezeichnet werden. In vielen Modellen wird eine zyklische Anordnung von Schritten gewählt, die den iterativen Charakter des Prozessmanagements unterstreichen soll. Ein Optimum wird nie erreicht, da die Rahmenbedingungen und Prozessziele sich regelmäßig verändern.[66] Anzahl und Benennung der Phasen variieren in der Literatur. Fundamentale Unterschiede im Vorgehen sind aber nicht festzustellen.[67] Dieser Arbeit wird ein einfacher fünf-phasiger Prozess zugrunde gelegt (vgl. Abbildung 2-10). Die Abgrenzung der Phasen ergibt sich aus der Aggregation mehrerer Konzepte.[68]

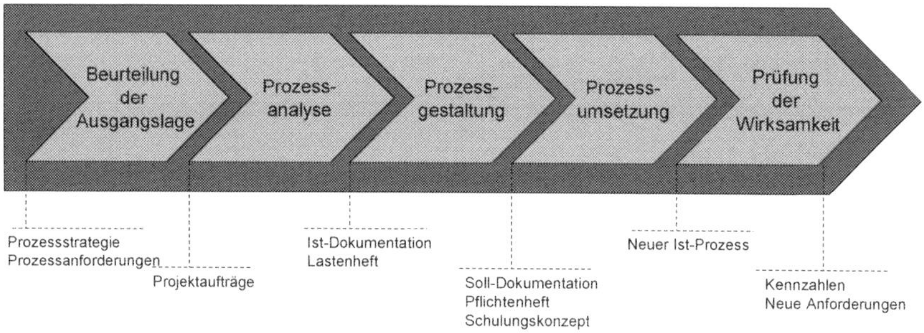

Abbildung 2-10: Prozessmanagementprozess[69]

1. Beurteilung der Ausgangslage: Auf Basis der Prozessstrategie werden Anforderungen bezüglich Initiierung, Änderung und Einstellung von Prozessen gesammelt. Die Anforderungen werden bewertet und zu Projektaufträgen gebündelt.[70]

2. Prozessanalyse: Die Prozessanalyse beginnt mit der Aufnahme des Ist-Zustands eines Prozesses. Dabei werden Schwachstellen identifiziert, wenn möglich quantifiziert und bezüglich ihres Optimierungsaufwands beurteilt. In einem Lastenheft wird festgelegt, in welchen Bereichen eine Umgestaltung stattfinden soll.[71]

---

66 Vgl. Becker (2008): Prozessmanagement, S. 317

67 Vgl. Houy et al. (2010): Empirical research in business process management, S. 621

68 Benennung der Phasen nach Stöger (2009): Prozessmanagement, S. 31 f.; Integration u.a. der Modelle von Becker (2008): Prozessmanagement, S. 313 ff.; Dumas et al. (2013): Fundamentals of BPM, S. 15 ff. und Antonucci (2009): BPM body of knowledge, S. 28 f.

69 Eigene Darstellung in Anlehnung an Stöger (2009): Prozessmanagement, S. 30

70 Vgl. Stöger (2009): Prozessmanagement, S. 31; Weske (2007): Business process management, S. 11; Becker (2008): Prozessmanagement, S. 318

71 Vgl. Stöger (2009): Prozessmanagement, S. 31; Dumas et al. (2013): Fundamentals of BPM, S. 18; Becker (2008): Prozessmanagement, S. 316; Müller (1999): Prozessorientierte Veränderungsprojekte, S. 135 f.

3. Prozessgestaltung: Veränderungsoptionen müssen identifiziert, analysiert und hinsichtlich ihrer Leistungsfähigkeit verglichen werden. Mit der Zusammenfassung der vielversprechendsten Optionen entsteht ein neugestalteter Prozess. Es folgt die Dokumentation des Soll-Prozesses. Darauf aufbauend werden ein Pflichtenheft und ein Schulungskonzept für die Umsetzung erstellt.[72]

4. Prozessumsetzung: Die Schritte zur Transformation des Ist-Zustands in den Soll-Zustand werden koordiniert, durchgeführt und überwacht. Das Ergebnis sollte die routinierte Praktizierung eines neuen Ist-Prozesses sein, der alle Vorgaben bezüglich Qualität, Zeit und Kosten erfüllt.[73]

5. Prüfung der Wirksamkeit: Im laufenden Betrieb wird die Prozessleistung mittels geeigneter Kennzahlen (Process Performance Indicators, PPIs) gemessen. Anhand der Daten werden die Effektivität, die Effizienz und die Compliance des neuen Prozesses beurteilt. Engpässe, wiederkehrende Fehler und Abweichungen vom vorgesehenen Ablauf sind zu identifizieren und entsprechende korrektive Maßnahmen einzuleiten. Daraus können sich neue Probleme in demselben oder angrenzenden Prozessen ergeben, was eine Wiederholung des Zyklus in regelmäßigen Abständen und mit aktualisierten Anforderungen erforderlich macht.[74]

Ziele und Aufgabenschwerpunkt des Prozessmanagements

BERGSMANN sieht den Aufgabenschwerpunkt des Prozessmanagements heute weniger in der Entwicklung von Standards und der Anwendung von Methoden, als vielmehr im tatsächlichen Management. Prozessmanager seien bisher zwar gute Werkzeugverwalter, aber keine Manager im dem Sinne, dass sie Ressourcen, Mitarbeiter, Geschäftspartner und andere Parameter zur Erreichung eines bestimmten Ziels zweckmäßig steuern. Demnach sind sie nicht unmittelbar für die Veränderungen in den Prozessen verantwortlich.[75]

---

[72] Vgl. Stöger (2009): Prozessmanagement, S. 31, Dumas et al. (2013): Fundamentals of BPM, S. 19 und Antonucci (2009): BPM body of knowledge, S. 29

[73] Vgl. Dumas et al. (2013): Fundamentals of BPM, S. 22 und Weske (2007): Business process management, S. 13 f.; Bussler (2006): Business Process Management Workshops, S. 457

[74] Vgl. Stöger (2009): Prozessmanagement, S. 32; Antonucci (2009): BPM body of knowledge, S. 29; Becker (2008): Prozessmanagement, S. 314

[75] Vgl. Bergsmann (2012): End-to-End Geschäftsprozessmanagement, S. 198

Um die zahlreichen Erwartungen an das Prozessmanagement einzugrenzen, entwickelt BERGSMANN ein Zielportfolio, aus dem eine Prozessmanagementstrategie abgeleitet wird. Die Zielgrößen werden hinsichtlich ihres Ist- und Soll-Zustands bewertet. Hieraus resultiert die Ausrichtung der Prozessmanagementaktivitäten (vgl. Abbildung 2-11).[76]

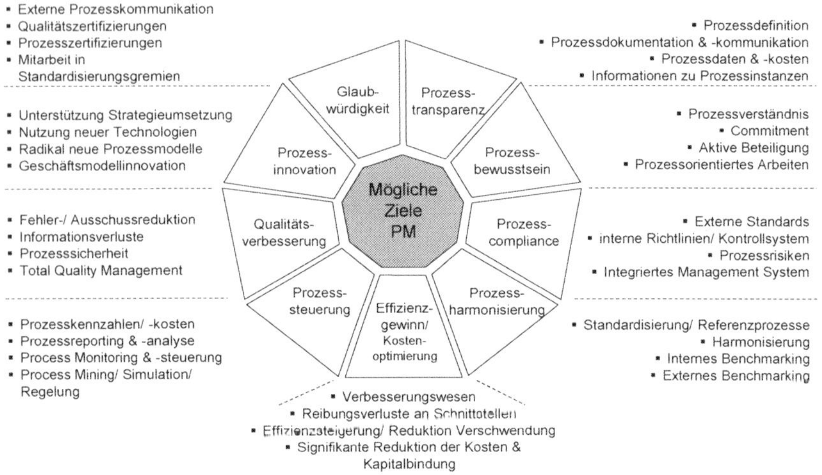

Abbildung 2-11: Zielportfolio des Prozessmanagements[77]

Es sind deutliche Überschneidungen zwischen den Herausforderungen der Automobilzulieferindustrie (vgl. Kapitel 2.1) und den Zielen, die mit dem Prozessmanagement verfolgt werden können, festzustellen. So befasst sich die Prozessharmonisierung mit der gewünschten Standardisierung von Prozessen. Über Referenzprozesse werden global vergleichbare Prozesse erzeugt, die vergleichbare Leistungen erbringen. Die Prozesstransparenz wirkt bestehenden Schnittstellenproblemen entgegen und der Effizienzgewinn trägt den höheren Zeitanforderungen und dem gestiegenen Kostendruck Rechnung. Prozessmanagement ist damit ein geeignetes Werkzeug für die Bewältigung der Herausforderungen in der Automobilzulieferindustrie.

[76] Vgl. Bergsmann (2012): End-to-End Geschäftsprozessmanagement, S. 204 ff.

[77] In Anlehnung an Bergsmann (2012): End-to-End Geschäftsprozessmanagement, S. 205

2.2.2 Prozessmanagement als Koordinationsmechanismus bei Arbeitsteilung

Nachdem die grundlegenden Begrifflichkeiten geklärt worden sind, soll detaillierter darauf eingegangen werden, warum sich das Prozessmanagement als Lösungsansatz für die oben dargestellten Herausforderungen der Automobilzulieferer anbietet. Zur Beantwortung wird im Folgenden auf die Arbeitsteilung als Ursache für den Koordinationsbedarf in Unternehmen durch das Prozessmanagement eingegangen. Die aufbauorganisatorische Trennung erfordert eine ablauforganisatorische Integration durch das Prozessmanagement.

Das Prinzip der Arbeitsteilung zielt auf die Aufteilung einer komplexen Aufgabe in kleinere Teilaktivitäten. Die Standardisierung der einzelnen Schritte und deren Aufteilung auf entsprechend spezialisierte Fachkräfte ermöglicht eine Effizienzsteigerung und Zeitersparnis bei der Bearbeitungszeit.[78] RÜEGG-STÜRM beschreibt, dass als Konsequenz von Arbeitsteilung arbeitsteilige Organisationen angemessene Koordinationsmechanismen benötigen. Es gilt abzuwägen zwischen den Effizienzvorteilen durch Arbeitsteilung und den Aufwänden für die Koordination.[79] Einen solchen Koordinationsmechanismus für das Zusammenfügen der Teilleistungen stellt das Prozessmanagement dar.

Als Arbeitsteilung auf höherer Ebene, also nicht mehr zwischen einzelnen Personen sondern zwischen ganzen Abteilungen, kann die Differenzierung der unternehmerischen Gesamtaufgabe im Rahmen der organisatorischen Gestaltung verstanden werden. Von den horizontalen Differenzierungsmöglichkeiten nach Funktionen, Objekten, Regionen oder Projekten ist die Form der Funktionalorganisation stark verbreitet.[80] Dies führte in den vergangenen Jahrzehnten zur lokal begrenzten Optimierung der Funktionsbereiche.[81] MÜLLER-STEWENS und LECHNER bemängeln die mit dieser Organisation verbundene Eigendynamik und Suboptimierung der Bereiche.[82] Der Abstimmungs- und Koordinationsaufwand zwischen den Abteilun-

---

78 Vgl. Smith (1776): An inquiry into the nature, Kapitel 1

79 Vgl. Rüegg-Stürm (2005): St. Gallen management model, S. 35

80 Vgl. Müller-Stewens und Lechner (2011): Strategisches Management, S. 412 und S. 542

81 Vgl. Becker (2008): Prozessmanagement, S. 4

82 Vgl. Müller-Stewens und Lechner (2011): Strategisches Management, S. 412

gen nimmt mit deren wachsender Autonomie zu.[83] Und je größer ein Unternehmen wird, desto autonomer werden die einzelnen Bereiche. Prozessorientierung und Prozessmanagement sind nach HAMMER in der Lage, den an den Bereichsgrenzen auftretenden Koordinationsaufwand, besonders bei Funktionalorganisationen, zu reduzieren und zu beherrschen.[84]

2.2.3 Prozessmanagement und Organisationsstruktur

Die beschriebenen Probleme von Funktionalorganisationen legen die Organisationsentwicklung hin zu einer Prozessorganisation nahe. An die Stelle einer vertikalen Ausrichtung an Abteilungen und Stellen, rückt bei der Prozessorganisation die horizontale Ausrichtung an Prozessen und Geschäftsfällen.[85] In Abbildung 2-12 wird die Prozessorientierung in verschiedenen Organisationsformen dargestellt.

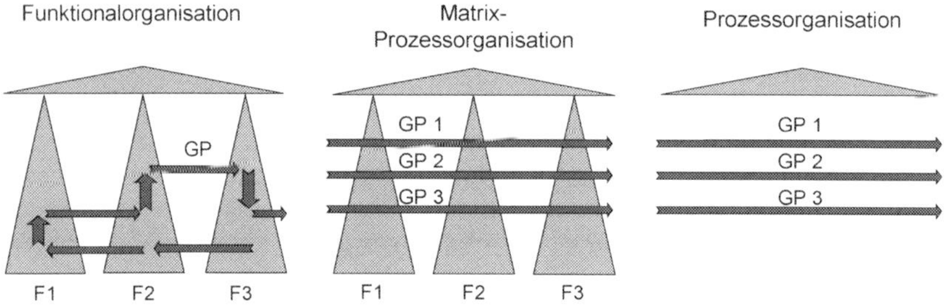

Abbildung 2-12: Prozessorientierung in verschiedenen Organisationsformen[86]

Das Ziel des Prozessmanagements sollte aber nicht die Prozessorganisation sein. MÜLLER-STEWENS und LECHNER ziehen dafür das Bild eines Pendels heran, das zwischen den beiden Extrempositionen der Funktionsorientierung und der Prozess-

[83] Vgl. Becker (2008): Prozessmanagement, S. 4

[84] Vgl. Vom Brocke und Rosemann (2014): Handbook on Business Process 1, S. 7

[85] Vgl. Thommen und Achleitner (2012): Allgemeine Betriebswirtschaftslehre, S. 834 und Schmelzer und Sesselmann (2013): Geschäftsprozessmanagement in der Praxis, S. 43

[86] In Anlehnung an Schmelzer und Sesselmann (2013): Geschäftsprozessmanagement in der Praxis, S. 212, GP - Geschäftsprozess, F - Funktion

orientierung schwingt. Demnach ist ein Kompromiss zwischen funktionaler und prozessualer Exzellenz anzustreben (vgl. Abbildung 2-13).[87]

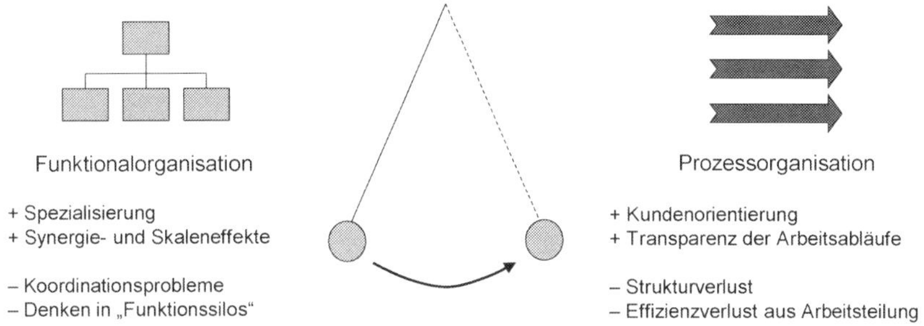

Abbildung 2-13: Vor- und Nachteile von Funktional- und Prozessorganisation[88]

BERGSMANN schlägt vor, Prozesse als sekundäres Strukturierungskriterium zu nutzen, um Schnittstellenprobleme zu lösen und die Defizite bestehender Organisationsformen hinsichtlich der Kundenorientierung zu reduzieren (vgl. das Konzept der Matrix-Prozessorganisation in Abbildung 2-12).[89]

Die Aufgaben im Prozessmanagement sind eng verknüpft mit der Entwicklung von Organisationen. Je nach Entwicklungsstadium steht das Prozessmanagement unterschiedlichen Herausforderungen gegenüber (vgl. Abbildung 2-14).[90]

---

[87] Vgl. Bergsmann (2012): End-to-End Geschäftsprozessmanagement, S. 141 und Müller-Stewens und Lechner (2011): Strategisches Management, S. 412

[88] Eigene Darstellung in Anlehnung an Müller-Stewens und Lechner (2011): Strategisches Management, S. 412

[89] Vgl. Bergsmann (2012): End-to-End Geschäftsprozessmanagement, S. 140 f.

[90] Vgl. Stöger (2009): Prozessmanagement, S. 35 ff.

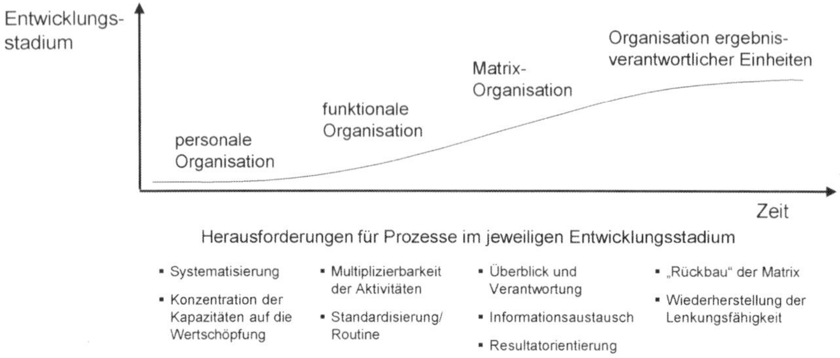

Abbildung 2-14: PM in Abhängigkeit der organisationalen Entwicklung[91]

Zu Beginn – in einer personalen Organisation – sind Marktlage und die internen Aktivitäten eines Unternehmens überschaubar. Das Prozessmanagement betrifft die Systematisierung der Kernprozesse und die Minimierung des Aufwands für Verwaltungsaktivitäten.

In einer funktionalen Organisation sind Tätigkeiten, die sich in ihrer Art der Wertschöpfung ähneln, in Funktionen zusammengefasst. Um einer wachsenden Mitarbeiterzahl und der Mitarbeiterfluktuation gerecht zu werden, müssen Prozesse standardisiert werden. Damit soll eine personenunabhängige Funktionsweise des Unternehmens gewährleistet werden.

Der wachsenden Innensicht und der damit verbundenen Vernachlässigung von externen Einflüssen (Kundenbedürfnisse, neue Konkurrenten, technologischer Wandel) wird mit einer Matrix-Organisation entgegengewirkt. Die Funktionalorganisation wird dafür von einem zweiten Gliederungsmerkmal (zum Beispiel Produktgruppen, Kundengruppen, Absatzregionen oder Prozesse) überlagert und es entsteht eine zweidimensionale Strukturierung (vgl. Abbildung 2-15).[92]

---

[91] In Anlehnung an Stöger (2009): Prozessmanagement, S. 38

[92] Vgl. Stöger (2009): Prozessmanagement, S. 35 ff.

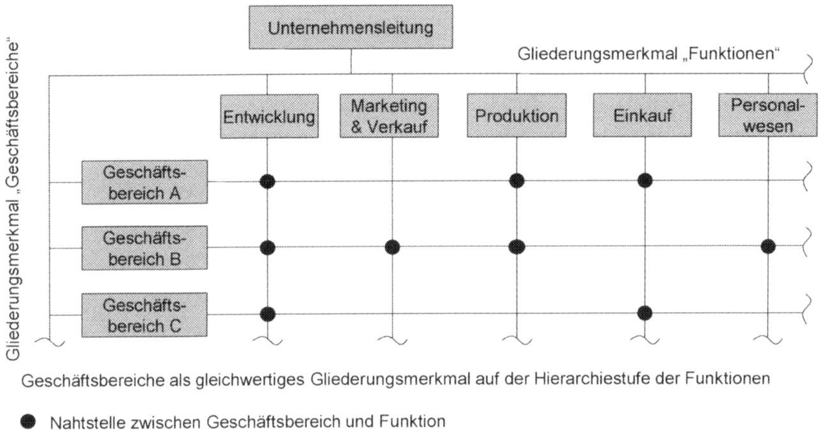

Abbildung 2-15: Aufbau einer Matrix-Organisation[93]

Bei größeren Unternehmen sind häufig auch Kombinationen zwischen mehreren Objektbereichen (zum Beispiel Regionen und Produktgruppen) anzutreffen. Dieser dreidimensionale Fall wird als Tensororganisation bezeichnet.[94]

Da der Betrachtungsbereich der Arbeit in Kapitel 2.1 auf Automobilzulieferer, die nach einer Matrixorganisation strukturiert sind, eingeschränkt wurde, wird an dieser Stelle auf die Besonderheiten der Matrixorganisation genauer eingegangen.

Eine besondere Form der Matrixorganisation stellt die Matrix-Prozessorganisation dar. Die erfolgreiche Umsetzung einer Matrix-Prozessorganisation würde die Vorteile der Funktionalorganisation mit denen einer Prozessorganisation verknüpfen. Die Funktionalorganisation ermöglicht die fachliche Spezialisierung und die Realisierung von Synergiepotenzialen, die Prozesssicht verbessert fachbereichsübergreifende Prozesse durch die Harmonisierung von Schnittstellen und gewährleistet die Orientierung am externen oder internen Kunden.[95] In verschiedenen Industrieprojekten des WZL wurden bei Automobilzulieferer Tensororganisationen, bei denen nach Funktionen, Produktgruppen und Regionen differenziert wird, beobachtet.

---

93 In Anlehnung an Jung (2001): Prozessmanagement - Quo Vadis, S. 9

94 Vgl. Müller-Stewens und Lechner (2011): Strategisches Management, S. 546 f.

95 Vgl. Jung (2001): Prozessmanagement - Quo Vadis, S. 10

Eine Matrixorganisation bringt neue Herausforderungen mit sich. Die Zahl der Schnittstellen vervielfältigt sich und Verantwortlichkeiten sind nicht mehr eindeutig zugeordnet (Doppelzuständigkeiten). Aufgaben, Kompetenzen und Verantwortlichkeiten liegen verteilt vor und sind nur noch schwer zu bündeln. Ein ständiges Mehr an Kommunikation und Qualitätsmanagement wirkt den unübersichtlichen Verhältnissen nur unsystematisch und nicht nachhaltig entgegen. Dem Problem ist von Seiten des Prozessmanagements mit einer Koordination der Tätigkeiten und einem geeigneten Informationssystem entgegenzuwirken. Die Maßnahmen müssen einen Überblick, die Resultatorientierung und den geregelten Informationsaustausch wiederherstellen, sodass die Führung und Steuerung der Organisation möglich bleibt. Um Effizienz und Effektivität nicht zu gefährden, muss dieser Steuerungsapparat auf lange Sicht wieder zurückgebaut werden. In einer Organisation ergebnisverantwortlicher Einheiten sind Aufgabe, Kompetenz und Verantwortung durch das Prozessmanagement wieder miteinander verknüpft. Der Kommunikationsbedarf sinkt und ermöglicht eine Konzentration auf die für den Kunden wesentlichen Leistungen.[96]

2.3 Historische Entwicklung des Prozessmanagements

Die Entwicklung des GPM wurde geprägt von den Erfolgen und Misserfolgen vorangegangener Ansätze zur Erreichung von prozessbasierter organisatorischer Effizienz und Effektivität.[97] Diese vorangegangenen Ansätze werden im Folgenden vorgestellt und sollen zum Verständnis für das Prozessmanagement beitragen.

Es kann zwischen zwei grundlegenden Trends in der Prozessorientierung unterschieden werden: Den Bottom-up-orientierten japanisch geprägten Ansätzen, die auf eine kontinuierliche Prozessverbesserung abzielen und den amerikanischen Top-down-orientierten Ansätzen zur diskontinuierlichen, radikalen Veränderung und Prozesserneuerung.[98] (Abbildung 2-16)

[96] Vgl. Stöger (2009): Prozessmanagement, S. 35 ff.

[97] Vgl. Jeston und Nelis (2008): Business process management, S. 3

[98] Vgl. Schuh (2006): Change Management, S. 3; Koch (2011): Management von Geschäftsprozessen, S. 115

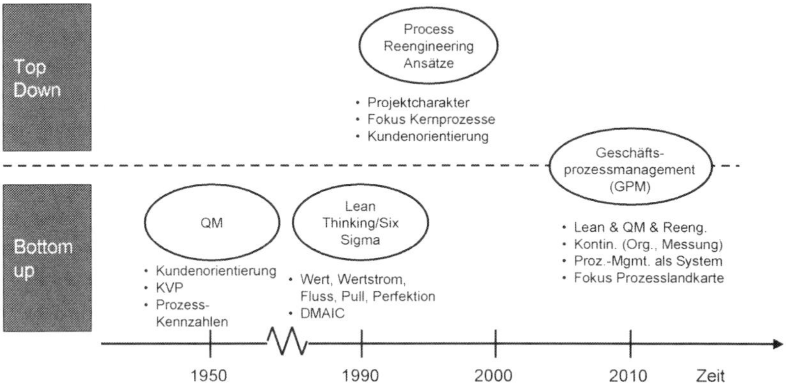

Abbildung 2-16: Die historische Entwicklung des Prozessmanagement[99]

2.3.1 Bottom-up-orientierte Ansätze

Qualitätsmanagement

Das Qualitätsmanagement (QM) stellt eine zentrale Aufgabe des Managements von Unternehmen dar und wird allgemein definiert als alle planerischen, organisatorischen und kontrollierenden Maßnahmen und Aktivitäten, welche zu einer zielgerichteten Steuerung der Qualität von Produkten, Leistungen und Prozessen in einer Organisation beitragen.[100] Entsprechende Qualitätsmanagementsysteme (QMS) zählen zu den meist verbreiteten Managementsystemen.[101]

Die Normreihe DIN EN ISO 9000 ff. stellt heute die grundlegende Norm zur Auditierung und Zertifizierung von QMS dar und setzt einen internationalen Standard, der weltweite Anwendung erfährt.[102] Die ISO 9001 beschreibt wie ein QMS aufzubauen und im Sinne kontinuierlicher Verbesserung weiterzuentwickeln ist.[103] In

---

[99] Eigene Darstellung in Anlehnung an Snabe (2009): Business Process Management

[100] Vgl. Schmelzer und Sesselmann (2013): Geschäftsprozessmanagement in der Praxis, S. 31

[101] Vgl. Ministerium für Umwelt und Verkehr Baden-Württemberg (2000): Prozessorientierte Integrierte Managementsysteme, S. 51

[102] Vgl. Brüggemann und Bremer (2012): Grundlagen Qualitätsmanagement, S. 123

[103] Vgl. Friedli et al. (2014): Konzepte - Modelle - Systeme, S. 163 und auch Brüggemann und Bremer (2012): Grundlagen Qualitätsmanagement, S. 125

Abbildung 2-17 ist schematisch das Modell eines prozessorientierten QMS dargestellt.

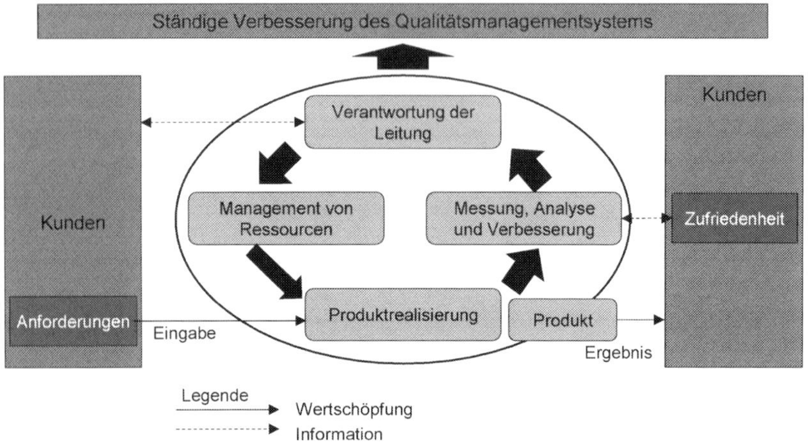

Abbildung 2-17: Modell eines prozessorientieren QMS nach ISO 9001:2008[104]

Da im modernen QM davon ausgegangen wird, dass ein Unternehmen aus einer Reihe von in Wechselwirkung stehenden Prozessen besteht, spielt die Anwendung eines prozessorientierten Ansatzes in der ISO 9001 eine zentrale Rolle.[105]

Das Total Quality Management (TQM) entstand Anfang der 1970er Jahre auf Grundlage der klassischen, auf die Produktion gerichteten Qualitätssicherungen und bildet eine umfassende Qualitätsstrategie für Unternehmen.[106] Beim TQM handelt es sich um eine „(...) auf der Mitwirkung aller ihrer Mitglieder basierende Führungsmethode einer Organisation, die Qualität in den Mittelpunkt stellt und, durch Zufriedenstellung der Kunden, auf langfristigen Geschäftserfolg sowie auf Nutzen für die Mitglieder der Organisation und für die Gesellschaft zielt."[107]

Die Inhalte von TQM konkretisieren sich in Modellen der Business Excellence. Business Excellence bezeichnet die Nutzung umfassender Qualitätsmanagementprinzipien und -methoden und stellt eine anspruchsvolle Unternehmensphilosophie dar.

---

[104] In Anlehnung an Friedli et al. (2014): Konzepte - Modelle - Systeme, S. 164
[105] Vgl. Brüggemann und Bremer (2012): Grundlagen Qualitätsmanagement, S. 125 f.
[106] Vgl. Brüggemann und Bremer (2012): Grundlagen Qualitätsmanagement, S. 178 ff.
[107] Brüggemann und Bremer (2012): Grundlagen Qualitätsmanagement, S. 178

Sie wird durch vier Eigenschaften charakterisiert. Im Mittelpunkt steht die systematische Verbesserung der Geschäftsperformance basierend auf den Grundsätzen Kundenorientierung, Stakeholder Value und Prozessmanagement.[108]

Aufbauend auf dem Business Excellence Gedanken haben sich eine Reihe von Modellen zur Unterstützung bei der Umsetzung von Konzept und Philosophie entwickelt. Eines der verbreitetsten Business Excellence Modelle ist das European Foundation for Quality Management (EFQM) Excellence Model (vgl. Abbildung 2-18).

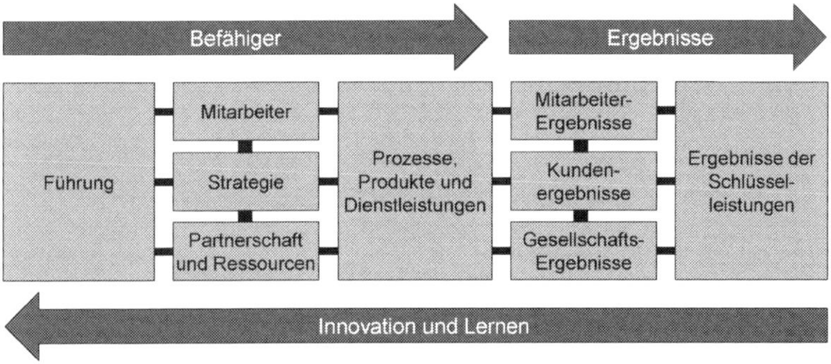

Abbildung 2-18: EFQM Excellence Modell[109]

Die Anforderungen, die das TQM und EFQM-Modell an die Geschäftsprozesse stellen, werden vom Konzept des GPM abgedeckt.[110]

Six Sigma

Bei Six Sigma handelt es sich um ein qualitätsorientiertes Konzept zum Prozessmanagement, welches auf statistischen Methoden aufbaut. Das Ziel von Six Sigma ist die Prozessqualität soweit zu steigern, dass die Fehlerraten im Bereich von Millionsteln liegen. Um in einen Bereich solch geringer Fehlerraten zu kommen, ist es notwendig, die Prozesse über statistische Messgrößen zu überwachen und zu regeln. Dies geschieht über einen standardisierten Verbesserungsprozess. Neben dem

---

[108] Vgl. Snabe (2009): Business Process Management, S. 38
[109] In Anlehnung an Brüggemann und Bremer (2012): Grundlagen Qualitätsmanagement, S. 197
[110] Vgl. Schmelzer und Sesselmann (2013): Geschäftsprozessmanagement in der Praxis, S. 23

Verbesserungsprozess bilden Projektcontrolling und -reporting, ein Promotorenkonzept sowie ein Methodenset die Managementelemente des Six-Sigma-Modells.[111]

Die Methoden von Six Sigma zur Prozessoptimierung und zum Prozessmonitoring sind an vielen Stellen in die Konzepte des Geschäftsprozessmanagement zur kontinuierlichen Verbesserung der Geschäftsprozesse integriert.[112]

Lean Management

Beim Lean Management handelt es sich wie beim TQM um eine Unternehmensphilosophie. Das Lean Management ist ein prozessorientierter Ansatz mit dem Ziel, die Prozesse im Unternehmen nach Möglichkeit so zu gestalten, dass Verschwendung vermieden wird.[113] Dabei stellen die Identifikation des Wertes aus Kundensicht, die Identifikation des Wertstroms, die Umsetzung des Flussprinzips, die Einführung des Pull-Prinzips und das Anstreben von Perfektion die fünf Kernprinzipien des Lean Thinking dar. [114] Diese Kernprinzipien werden erweitert durch die aktive Einbeziehung der Mitarbeiter in die Veränderung. So zählen Gruppenorientierung, Eigenverantwortung, ständiges Feedback in flachen Hierarchien und weite Voraussicht zu den Grundsätzen des Lean Managements.[115]

Viele Konzepte aus dem Lean Management finden sich auch in einem GPMS wieder, insbesondere die Kundenorientierung, die Flussorientierung und die kontinuierliche Verbesserung sowie die Einbeziehung der Mitarbeiter in die Veränderungen sind Bestandteile eines GPMS.[116]

---

[111] Vgl. Masing et al. (2014): Masing Handbuch Qualitätsmanagement, S. 164 ff.

[112] Vgl. Vom Brocke und Rosemann (2014): Handbook on Business Process 1, S. 127 ff.; Snabe (2009): Business Process Management, S. 201 f.

[113] Vgl. Masing et al. (2014): Masing Handbuch Qualitätsmanagement, S. 168

[114] Vgl. Womack und Jones (2004): Lean thinking, S. 23 ff.

[115] Vgl. Schuh (2006): Change Management, S. 11 f.

[116] Vgl. Osterloh und Frost (1996): Prozeßmanagement als Kernkompetenz, S. 112

2.3.2 Top-down-orientierte Ansätze

Business Process Reengineering (BPR) ist ein Prozessmanagementkonzept aus den frühen 1990 Jahren. Es wurde maßgeblich von den Arbeiten von MICHAEL HAMMER und JAMES CHAMPY, HENRY JOHANSSON sowie THOMAS DAVENPORT geprägt.[117]

HAMMER und CHAMPY definieren BPR als „Fundamentales Umdenken und radikales Neugestalten von Geschäftsprozessen, um dramatische Verbesserungen bei bedeutenden Kennzahlen, wie Kosten, Qualität, Service und Durchlaufzeit zu erreichen."[118] Im Ansatz nach HAMMER und CHAMPY werden zwar die grundlegenden Gestaltungsmöglichkeiten einer radikalen Veränderung beschrieben, es fehlt jedoch an einer Detaillierung der Vorgehensweise über Instrumente und Methoden zur Organisationsgestaltung. Methoden und Instrumente zur Überprüfung, Ergänzung oder Erneuerung der Strategie und der Prozessanalyse und -gestaltung im Detail werden ebenfalls nicht berücksichtigt.[119] Auch das Konzept von JOHANSSON ET AL. beschreibt eine Steigerung des Unternehmenserfolgs durch eine Veränderung der Kundennutzenkriterien Qualität, Service, Kosten und Durchlaufzeit. Nach JOHANSSON ET AL. ist Business Process Reengineering ein systematischer Ansatz zur radikalen Verbesserung der Kernprozesse und entscheidender Supportprozesse.[120] DAVENPORT hat mit Process Innovation ein dem BPR ähnliches Konzept entwickelt. Entsprechend seiner Definition umfasst Process Innovation das Vergegenwärtigen von neuen Arbeitsstrategien, das eigentliche Prozessdesign und die Umsetzung des Wandels in all seinen komplexen technischen, menschlichen und organisatorischen Dimensionen.[121] Das BPR liefert die strategische Komponente und die Fokussierung auf wichtige abteilungsübergreifende Prozesse. Diese Elemente finden sich im GPM wieder. Zusätzlich werden die Ansätze des BPR im GPM im Rahmen der Optimierung der Geschäftsprozesse genutzt, um gravierende Performancedefizite zu beheben, denen durch eine kontinuierliche Verbesserung nicht beizukommen ist.[122]

---

[117] Vgl. Schuh (2006): Change Management, S. 4
[118] Vgl. Hammer und Champy (1994): Business reengineering, S. 48
[119] Vgl. Schuh (2006): Change Management, S. 9
[120] Vgl. Johansson und et al. (1993): Business process reengineering, S. 4 und S. 57
[121] Vgl. Davenport (1993): Process innovation, S. 2
[122] Vgl. Schmelzer und Sesselmann (2013): Geschäftsprozessmanagement in der Praxis, S. 410 ff.

2.3.3 MOTION

Der MOTION-Ansatz ist ein im Rahmen eines dreijährigen EU-Projekts[123] entstandenes Konzept zur Durchführung von prozessorientierten Veränderungsprojekten. Auf wissenschaftlicher Seite haben das Institut für Technologiemanagement der Universität St. Gallen und das Werkzeugmaschinenlabor (WZL) der RWTH Aachen an diesem Projekt mitgewirkt, prominentester Partner aus der Industrie war die BMW AG.[124]

MOTION nimmt die jeweiligen Stärken der bereits beschriebenen grundsätzlich gegensätzlichen Konzepte auf und kombiniert diese mit weiteren Bausteinen zu einem integrierten, auf die europäische Unternehmenskultur ausgerichteten Modell. SCHUH sieht dabei drei zentrale methodische Elemente verwirklicht. Im MOTION-Rahmen sind die Ansätze des Top-Down und Bottom-up vereinigt. Damit geht die Berücksichtigung sogenannter weicher Faktoren wie der Mitarbeitermotivation einher, die einen kritischen Erfolgsfaktor bei Veränderungsprojekten darstellt.[125] Weiterhin ermöglicht die Integration bereits bekannter Techniken die Verwendung von MOTION als Methodenwerkzeugkasten, aus dem problemspezifisch die richtigen Hilfsmittel entnommen werden können. Außerdem wird das Prozessmodell herausgestellt, in dem die nötigen Informationen während des Projekts zusammengeführt werden.[126]

MOTION ist für diese Arbeit von besonderer Relevanz, weil es die strategische und die operative Ebene zusammenführt. Aufgrund der hohen Relevanz für die vorliegende Arbeit wird MOTION im Detail in Kapitel 3.4 vorgestellt.

2.4 Geschäftsprozessmanagementsysteme

In Kapitel 2.2 wurde auf die Grundlagen des Prozessmanagements eingegangen. Ergänzend werden im Folgenden Managementsysteme im Allgemeinen erläutert, um darauf aufbauend dann auf Geschäftsprozessmanagementsysteme einzugehen.

---

[123] Esprit-Projekt 8446 "MOTION – Model for Transforming, Identifying and Optimizing Core Processes", 01.01.1995 - 28.12.1997

[124] Vgl. Schuh et al. (1997): MOTION erlaubt Quantensprünge in einer TQM-Kultur, S. 46

[125] Vgl. Eversheim (1998): Das MOTION-Konzept, S. 24

[126] Vgl. Schuh (2006): Change Management, S. 12

2.4.1 Managementsysteme

In diesem Kapitel sollen zunächst allgemeine Grundlagen und Begrifflichkeiten zu Managementsystemen vermittelt werden.

Management

Unter Management wird die Gestaltung, Führung und Entwicklung von Unternehmen und anderen sozialen Systemen verstanden.[127] Unternehmen sind relativ komplexe Gebilde, welche sich aus mehreren Teilbereichen zusammensetzen, in denen eine hohe Arbeitsteilung herrscht. Um ein Unternehmen als Ganzes trotz der verschiedenen Aufgaben, Ziele und Arbeitsweisen in den Teilbereichen sicher zu führen, muss das Handeln der Mitarbeiter koordiniert werden. Aus der Notwendigkeit der Koordination ergeben sich die beiden grundsätzlichen Perspektiven des Managements, die institutionelle und die funktionale Sichtweise.[128]

Unter Management als Institution wird eine Gruppe von Personen verstanden, welche aufgrund rechtlicher oder organisatorischer Regelungen mit Anweisungsbefugnissen ausgestattet ist und berechtigt ist, Einfluss auf andere Personen auszuüben, damit diese im Interesse des gesamten Unternehmens handeln. Es werden im Management die drei Führungsebenen Top, Middle und Lower Management gemäß einer pyramidal hierarchischen Gliederung unterschieden. Auf der unteren Führungsebene sind zum Beispiel Gruppenleiter angesiedelt, welche unmittelbar mit Mitarbeitern ohne Führungsaufgaben zusammenarbeiten. Auf der mittleren Führungsebene finden sich Bereichsleiter oder Hauptabteilungsleiter, wobei ein Unternehmen je nach Größe und Aufbau eine oder mehrere mittlere Führungseben haben kann. Mitglieder der oberen Führungsebene sind beispielsweise der Vorstand beziehungsweise die Geschäftsführung. Das Top Management hat eine Führungsverantwortung und übernimmt Führungsfunktionen für das gesamte Unternehmen. Die Gliederung des Managements eines Unternehmens in verschiedene Führungsebenen ist im Rahmen der Konzeptionierung eines Geschäftsprozessmanagementsystems

127 Vgl. Liesegang und Pischon (1999): Integrierte Managementsysteme, S. 95 und auch Bleicher (2002): Integriertes Management als Herausforderung, S. 3

128 Vgl. Hungenberg und Wulf (2006): Grundlagen der Unternehmensführung, S. 21 ff. und auch Schreyögg und Koch (2010): Grundlagen des Managements, S. 6 f.

relevant, da die verantwortlichen Stellen in die bestehende Managementstruktur eines Unternehmens integriert werden müssen.[129]

Im Gegensatz zur institutionellen Perspektive beschreibt die funktionale Sichtweise des Managements das Handeln und die Steuerungsaufgaben der Personen, die ein Unternehmen führen. Die detaillierte Beschreibung der Tätigkeiten und Funktionen des Managements erfolgt durch den so genannten Managementprozess, der als Phasenmodell ausgeführt wird (vgl. Abbildung 2-19).

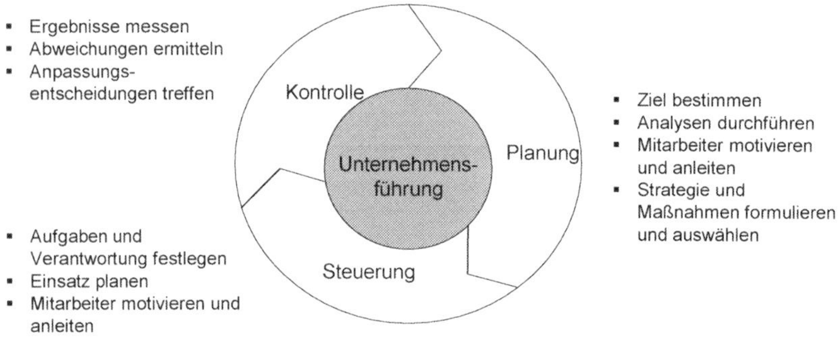

Abbildung 2-19: Managementprozess, Managementfunktionen[130]

In Abbildung 2-19 ist zu erkennen, dass die Unternehmensführung beziehungsweise das Management im Mittelpunkt des Managementprozesses steht und die drei Phasen Planung, Steuerung und Kontrolle systematisch durchlaufen werden. Die Kontrollphase ist Ausgangspunkt für eine neue Planungsphase, in die die Ergebnisse über die Zielerreichung einfließen.[131]

2.4.2 Begriffsabgrenzung Technology vs. Business GPM

Grundsätzlich lassen sich zwei verschiedene Positionen bezüglich des GPM unterscheiden. Von SCHEER werden diese als Business GPM (betriebswirtschaftliches oder

[129] Vgl. Hungenberg und Wulf (2006): Grundlagen der Unternehmensführung, S. 21 ff. und auch Schreyögg und Koch (2010): Grundlagen des Managements, S. 6 f.

[130] In Anlehnung an Hungenberg und Wulf (2006): Grundlagen der Unternehmensführung, S. 25

[131] Vgl. Hungenberg und Wulf (2006): Grundlagen der Unternehmensführung, S. 21 ff. und auch Schreyögg und Koch (2010): Grundlagen des Managements, S. 6 f.

fachliches GPM) und Technology-GPM (IT-GPM) bezeichnet.[132] Der Begriff Business Process Management wurde von der IT-Branche geprägt, da Geschäftsprozesse häufig mit IT-Unterstützung ablaufen.[133] Ausgehend von der Prägung durch die IT-Branche wird unter GPM heutzutage häufig das Technologische GPM verstanden.[134] Der Begriff Geschäftsprozessmanagementsystem (GPMS) wird dementsprechend in der Literatur häufig als Bezeichnung für eine reine Softwarelösungen zur Unterstützung des GPM verwendet.[135]

Business GPM beschreibt im Gegensatz dazu ein Managementkonzept oder eine Managementphilosophie zur Implementierung von Geschäftsprozessmanagement im Unternehmen.[136] SCHMELZER und SESSELMANN definieren das GPM in diesem Verständnis als „integriertes System aus Führung, Organisation und Controlling zur zielgerichteten Steuerung und Optimierung von Geschäftsprozessen. [...] Integriert bedeutet, dass Aufgaben, Teilsysteme, Methoden, Tools und IT-Unterstützung des Geschäftsprozessmanagements aufeinander abgestimmt geplant, koordiniert, kontrolliert sowie gesteuert werden."[137] Entsprechend der Definition des Business GPM wird das GPMS als eine konkrete Umsetzung eines entsprechenden Managementkonzepts und -modells in einem Unternehmen verstanden.[138] Das Verständnis des Business GPM liegt dieser Arbeit zugrunde.

2.4.3 Struktur eines Geschäftsprozessmanagementsystems

In diesem Kapitel wird das dieser Arbeit zugrunde liegende Verständnis eines Geschäftsprozessmanagementsystems definiert.

In Abbildung 2-20 ist die Struktur des GPMS dargestellt. Das System wurde auf Basis verschiedener in der Literatur vorhandener Ansätze aufgebaut.

---

[132] Vgl. Scheer et al. (2006): AGILITY by ARIS Business Process Management, S. 6

[133] Vgl. Snabe (2009): Business Process Management, S. 25

[134] Vgl. Scheer et al. (2006): AGILITY by ARIS Business Process Management, S. 6

[135] Vgl. Weißenberg und Stemmer (2009): Moderne IT-Plattformen für Geschäftsprozessmanagement und Portale, S. 1

[136] Vgl. Scheer et al. (2006): AGILITY by ARIS Business Process Management, S. 6; Vgl. Schmelzer und Sesselmann (2013): Geschäftsprozessmanagement in der Praxis, S. 5 f.

[137] Schmelzer und Sesselmann (2013): Geschäftsprozessmanagement in der Praxis, S. 6

[138] Vgl. Schmelzer und Sesselmann (2013): Geschäftsprozessmanagement in der Praxis, S. 5 ff.; Vgl. Fischermanns (2013): Praxishandbuch Prozessmanagement, S. 515 f.

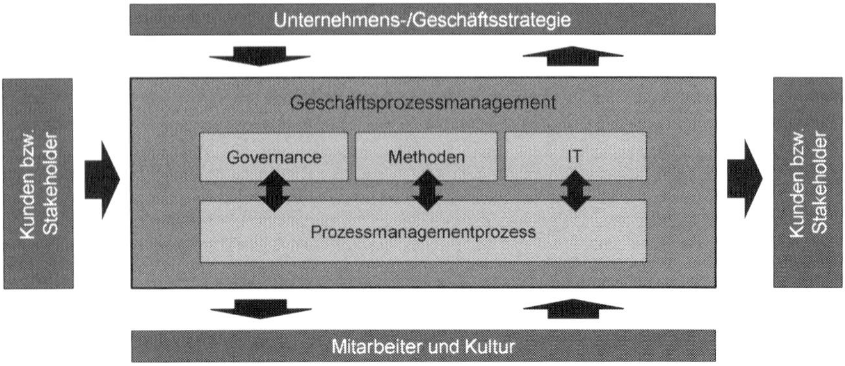

Abbildung 2-20: Aufbau eines Geschäftsprozessmanagementsystems (GPMS)[139]

Das Konzept nach SCHMELZER und SESSELMANN liefert den Ordnungsrahmen des Systems. Es beschreibt die zentrale Stellung des Geschäftsprozessmanagements mit seinen Verknüpfungen zur Unternehmensstrategie, zu Kunden, Stakeholdern, Mitarbeitern, zur IT, zu Methoden und zur Kultur.[140] Aus dem Konzept von SNABE ET AL. entstammt die zentrale Positionierung des Prozessmanagementprozesses.[141] VOM BROCKE und ROSEMANN liefern die sechs Kernelemente, die es in allen Vorhaben des GPM zu berücksichtigen gilt.[142]

Das Geschäftsprozessmanagementsystem hat zwei zentrale Bezugspunkte. Auf der vertikalen Achse in Abbildung 2-20 steht die Unternehmensstrategie beziehungsweise Geschäftsstrategie in Wechselwirkung mit dem System. Das GPMS wird also an der Strategie ausgerichtet. Die Unternehmensstrategie dient der Führung des gesamten Unternehmens und legt fest, in welchen Märkten und mit welchen Produkten das Unternehmen operieren will, wie die verfügbaren Ressourcen verteilt werden und welche Verbundvorteile realisiert werden sollen.[143] Aus der Geschäftsstrategie wird auf einer tieferliegenden Ebene dann die Prozessstrategie abgeleitet.

[139] Eigene Darstellung unter Verwendung von Konzeptbausteinen aus Schmelzer und Sesselmann (2013): Geschäftsprozessmanagement in der Praxis, Snabe (2009): Business Process Management und Rosemann und Vom Brocke (2014): The Six Core Elements of BPM

[140] Vgl. Schmelzer und Sesselmann (2013): Geschäftsprozessmanagement in der Praxis, S. 8

[141] Vgl. Snabe (2009): Business Process Management, S. 96

[142] Rosemann und Vom Brocke (2014): The Six Core Elements of BPM, S. 105 ff.

[143] Vgl. Müller-Stewens und Lechner (2011): Strategisches Management, S. 33

Sie definiert einen Gestaltungs- und Zielrahmen für die mittel- und langfristige Entwicklung des Geschäftsprozessmanagements.[144]

Den zweiten Bezugspunkt des Geschäftsprozessmanagementsystems stellen die Kunden und weitere Stakeholder auf der horizontalen Achse in Abbildung 2-20 dar. Da eine der Hauptaufgaben des Geschäftsprozessmanagements darin liegt, sicherzustellen dass Geschäftsprozesse Kundenbedürfnisse und -anforderungen erfüllen, wird hier festgelegt welche Objekte („Was“) mit welchen Anforderungen („Wie“) in den einzelnen Geschäftsprozessen bearbeitet werden. Die Anknüpfung und Orientierung des Geschäftsprozessmanagements an Kunden beziehungsweise Stakeholdern entspricht im Wesentlichen dem End-to-End Verständnis von Geschäftsprozessen[145]

Kultur und Mitarbeiter stehen ebenfalls in Wechselwirkung mit dem Geschäftsprozessmanagement. Das Element der Mitarbeiter beschreibt alle GPM Bereiche und Fähigkeiten, welche sich im Humankapital einer Organisation widerspiegeln. Unter den Punkt Mitarbeiter fallen Bereiche wie zum Beispiel GPM-Anreizsysteme, GPM-Akzeptanz, Prozesskompetenzen und -fähigkeiten, und das Wissen der Mitarbeiter bezüglich des Prozessmanagements und Prozessen sowie Zusammenarbeit und Kommunikation.[146] Im Zusammenhang mit Mitarbeiterwissen und -fähigkeiten werden ebenfalls professionelle Schulungen und persönliche Unterstützung der mit dem GPM beschäftigten Mitarbeiter adressiert, um diese für die effektive und effiziente Ausführung ihrer Aufgaben zu befähigen. Der Bereich Kultur umfasst alle Verhaltens- und Denkweisen im Unternehmen, die sich in den Normen, Werten, Einstellungen und Handlungen der Mitarbeiter bezüglich des Geschäftsprozessmanagements widerspiegeln.[147]

Das Geschäftsprozessmanagement selbst besteht aus dem Prozessmanagementprozess, als dem zentralen Bezugsobjekt, der Governance, den Methoden und der IT-Unterstützung. Kern des Geschäftsprozessmanagements ist der Prozessmanagementprozess (GPM-Lebenszyklus), welcher die Vorgehensweise des Prozessmanagements in einem Phasenmodell darstellt. Auf die einzelnen Phasen soll hier nicht weiter

[144] Vgl. Schmelzer und Sesselmann (2013): Geschäftsprozessmanagement in der Praxis, S. 10
[145] Vgl. Bergsmann (2012): End-to-End Geschäftsprozessmanagement, S. 29
[146] Vgl. Rosemann und Vom Brocke (2014): The Six Core Elements of BPM, S. 111 ff. und auch Schmelzer und Sesselmann (2013): Geschäftsprozessmanagement in der Praxis, S. 11
[147] Vgl. Fischermanns (2013): Praxishandbuch Prozessmanagement, S. 34 und S. 581 f.

eingegangen werden, da diese schon ausführlich in Kapitel 2.2 beschrieben wurden. Methoden und IT stehen nicht im Fokus der Arbeit, daher wird nachfolgend nur der Aspekt der Governance weiter ausgeführt.

Das durch die Governance geschaffene Rahmenwerk dient der Führung, Festlegung von Verantwortlichkeiten und Motivation der beteiligten Personen.[148] Das Ziel ist es, Verhalten und Einstellung der Mitarbeiter so zu steuern und zu beeinflussen, dass sie grundsätzlich mit den Orientierungen und Zielen des Geschäftsprozessmanagements übereinstimmen und diese entsprechend umsetzen.[149] Wesentliche Inhalte und Aufgaben sind in diesem Zusammenhang zum Beispiel eine Prozessmission und -vision sowie eindeutige Prozessziele zu definieren und überzeugend zu kommunizieren, eine Vertrauensorganisation aufzubauen, Verantwortung an Mitarbeiter zu delegieren, Leistungsanreize zu schaffen oder Erfolge anzuerkennen und entsprechend zu belohnen. Für die Konkretisierung von Zielzuständen für Prozesse kann beispielsweise ein Reifegradmanagement verwendet werden. Governance beinhaltet außerdem organisatorische Aspekte, beispielsweise ein Rollenkonzept mit Verantwortlichkeiten und Befugnissen.[150] Im Folgenden wird auf die Besonderheiten eines Rollenkonzeptes und eines Reifegradmanagements detaillierter eingegangen, da diese beiden Elemente der Governance im späteren Konzept Verwendung finden.

Das Geschäftsprozessmanagement ist durch das Zusammenspiel einer Vielzahl von beteiligten Personen mit unterschiedlichen Aufgaben auf verschiedenen Ebenen des Unternehmens geprägt. In der Praxis existiert entsprechend eine Vielzahl von verschiedenen Rollen und Rollenbezeichnungen.[151] In Abbildung 2-21 ist ein beispielhafter Vorschlag zu Rollen und entsprechenden Aufgaben im Geschäftsprozessmanagement, die von Personen wahrgenommen werden sollten, dargestellt.[152]

[148] Vgl. Snabe (2009): Business Process Management, S. 96
[149] Vgl. Leistert (2006): Führungskoordinierendes Geschäftsprozesscontrolling, S. 187 ff.
[150] Vgl. Markus und Jacobson (2014): The Governance of Business Processes, S. 311
[151] Vgl. Gadatsch (2013): Grundkurs Geschäftsprozess-Management, S. 4
[152] Vgl. Gadatsch (2013): Grundkurs Geschäftsprozess-Management, S. 5; Schmelzer und Sesselmann (2013): Geschäftsprozessmanagement in der Praxis, S. 182 und auch Fischermanns (2013): Praxishandbuch Prozessmanagement, S. 37

Prozesssponsor	Mitglied der Leitung, das als Machtpromotor die Einführung des GPM unterstützt	Einführung
GPM-Projektleiter	Verantwortlich für die Einführung des GPM	
Prozessberater	Konzeptionelle und methodische Unterstützung der Einführungsphase	
Chief Process Officer bzw. Prozessmanager	Verantwortlich für die Weiterentwicklung und Integration des gesamten GPMS	Betrieb
Prozessverantwortlicher	Verantwortlich für die Zielerreichung und Optimierung eines Geschäfts- bzw. Teilprozesses	
Prozesscontroller	Verantwortlich für die Weiterentwicklung und Durchführung des Prozesscontrollings	
Prozessmitarbeiter	Verantwortlich für die Aufgabendurchführung in den Prozess- und Arbeitsschritten	

Abbildung 2-21: Rollen und Aufgaben im Geschäftsprozessmanagement nach SCHMELZER und SESSELMANN[153]

Wie aus der Abbildung ersichtlich ist, werden für die Einführung und den Betrieb unterschiedliche Rollen benötigt. Eine Überführung der Rollen aus der Einführung in die Rollen im Betrieb ist anzustreben.

Im Weiteren wird nun das dieser Arbeit zugrunde liegende Reifegradmanagement vorgestellt.

Neben der Leistung eines Prozesses, welche üblicherweise über KPIs (Key Performance Indicators) im Rahmen des Prozessmonitorings erfasst wird, ist ebenfalls die Reife eines Prozesses für die Prozessbewertung von Interesse. Im Rahmen dieser Arbeit wird nicht nur die Reife einzelner Geschäftsprozesse, sondern auch die Reife des gesamten GPMS betrachtet.

Mit Hilfe von Prozessassessments lässt sich der Reifegrad einzelner Geschäftsprozesse, des GPMS und der gesamten Organisation unter Zuhilfenahme von Reifegradmodellen bewerten.[154] Prozessassessments stützen sich auf Reifegradmodelle. Sie dienen als Vergleichsbasis für die Bewertung des jeweiligen Bewertungsobjektes. Das entsprechende Objekt wird im Rahmen des Prozessassessments mit dem Reifegrad-

[153] In Anlehnung an Schmelzer und Sesselmann (2013): Geschäftsprozessmanagement in der Praxis, S. 182

[154] Vgl. Schmelzer und Sesselmann (2013): Geschäftsprozessmanagement in der Praxis, S. 359und Dumas et al. (2013): Fundamentals of BPM, S. 39 f.: Organisationsbezogene Reifegrade beurteilen Vollständigkeit und Qualität aller innerhalb einer Organisation durchgeführten Prozesse.

modell abgeglichen, um eventuelle Schwachstellen aufzudecken und so Möglichkeiten zur Steigerung der Reife aufzuzeigen.[155] Reifegradmodelle beinhalten mehrere Stufen, welche die Entwicklung von einer Ausgangssituation zu einem Zielzustand beschreiben.[156] Eine hohe Reife bedeutet, dass die Voraussetzungen für eine hohe Prozesseffektivität und -effizienz gegeben sind. Weiterhin ist sie ein Indiz für eine hohe Flexibilität und Anpassungsfähigkeit.[157]

Für das Vorhaben dieser Arbeit soll die Bewertung einzelner Geschäftsprozesse und des gesamten GPMS möglich sein. Dieser Anforderung genügt das Reifegradmodell von SCHMELZER und SESSELMANN. Es besteht aus zwei Teilen und unterscheidet zwischen der Bewertung des gesamten Geschäftsprozessmanagementsystems einer Organisation (RGPM-Modell, vgl. Abbildung 2-22) und der Bewertung einzelner Geschäftsprozesse (RGP-Modell, vgl. Abbildung 2-23). Diese beiden Teile werden im Weiteren kurz vorgestellt.

	Prozess-strategie	Geschäfts-prozesse	Prozess-mitarbeiter, Prozess-organisation	IT, Methoden	Prozess-kultur
Optimizing 5	Integrierte Geschäftsprozess- und IT Strategie	Nachhaltige Prozessoptimierung, proaktive Prozesse	Hohe Prozessqualifikation und -identifikation der Mitarbeiter	Integrierte IT Architektur, BPM-System/SOA	Durchgehend gelebte Prozess- und Kundenorientierung, Kompetenzdenken
Managed 4	Process Governance	Prozessmessung und -verbesserung	Prozessorganisation, CPO,GPM-Office	PPM-System, Prozessplattform, Kaizen, Six Sigma	Wachsende Prozess- und Kundenorientierung, Leistungsdenken
Defined 3	Strategische Prozessgewichtung	Standardisierte unternehmensweite Prozesse	Definierte Prozessrollen, Prozessverantwortliche und -teams	Prozessmodell, GPM-Tools, Prozessportal	Parallele Funktions- und Prozessorientierung
Repeatable 2	Strategieplanungsprozess	Dokumentierte und implementierte Prozesse	Prozesstraining	Integrierte Anwendungssoftware, Modellierungstools	Singuläre Prozessorientierung
Initial 1	Unzureichende Geschäftsstrategie	Einzelne unkoordinierte Prozessaktivitäten	Geringes Prozesswissen	Isolierte Anwendungssoftware, keine Prozessmethoden	Abteilungs- und Funktionsorientierung, Kostendenken

Abbildung 2-22: Reifegradmodell für Geschäftsprozessmanagementsysteme[158]

Das RGPM-Reifegradmodell hat folgende Ziele und Aufgaben:[159]

155 Vgl. Schmelzer und Sesselmann (2013): Geschäftsprozessmanagement in der Praxis, S. 359 f.

156 Vgl. Röglinger et al. (2012): Maturity models in business process management, S. 329

157 Vgl. Schmelzer und Sesselmann (2013): Geschäftsprozessmanagement in der Praxis, S. 383

158 In Anlehnung an Schmelzer und Sesselmann (2013): Geschäftsprozessmanagement in der Praxis, S. 377

- Feststellung des Reifegrades einzelner Geschäftsprozesse, beziehungsweise des gesamten Geschäftsprozessmanagementsystems
- Messung des Fortschritts von GPM-Einführungsprojekten
- Feststellen und aufzeigen von Defiziten, Schwachstellen und Verbesserungsmöglichkeiten
- Festlegung von priorisierten Verbesserungsmaßnahmen und -programmen

Beide Modelle sind, wie alle bekannten Reifegradmodelle, fünfstufig aufgebaut, wobei sich die Reifegradstufen des RGP-Modells an der Vorgehensweise zur Einführung von Geschäftsprozessen orientieren.[160]

Stufe	Reife	Charakteristiken
5	Prozessoptimierung	• Der Geschäftsprozess wird kontinuierlich verbessert • Das Management unterstützt wirksam den Geschäftsprozess • Fallweise werden Prozesserneuerungen vorgenommen • Es werden deutliche Leistungssteigerungen nachgewiesen
4	Prozesssteuerung	• Der Geschäftsprozess wird laufend gemessen • Zielabweichungen werden laufend analysiert und führen zu Korrekturmaßnahmen • Prozessberichte informieren über Zielerreichung und Prozessperformance
3	Prozesszielplanung	• Prozessziele werden aus den Geschäftszielen abgeleitet • Für die Prozessziele sind Prozesskennzahlen (Process Performance Indicators) festgelegt
2	Prozessverantwortung	• Verantwortung und Rollen des Geschäftsprozesses sind festgelegt und etabliert • Der Geschäftsprozess ist effizient in der Organisation verankert
1	Prozessdefinition	• Der Geschäftsprozess ist identifiziert, dokumentiert, abgestimmt und freigegeben • Die Prozessdokumentation erfüllt regulatorische Anforderungen

Abbildung 2-23: Reifegradmodell für Geschäftsprozesse (RGP-Modell)[161]

SCHMELZER und SESSELMANN weisen darauf hin, dass Prozessmanagementaktivitäten meist auf mehreren Reifegradstufen parallel ansetzen. Es ist zum Beispiel denkbar, dass gleichzeitig Geschäftsprozesse definiert und Prozessverantwortliche ernannt werden. Aus diesem Grund werden die von ihnen definierten Reifegrade gleichzeitig und unabhängig voneinander bewertet. Weiterhin ist es möglich die Reifegradstufen unterschiedlich zu gewichten, sowie Zielwerte für jeden einzelnen Reifegrad vorzu-

---

159 Vgl. Schmelzer und Sesselmann (2013): Geschäftsprozessmanagement in der Praxis, S. 376

160 Vgl. Schmelzer und Sesselmann (2013): Geschäftsprozessmanagement in der Praxis, S. 376 f.

161 In Anlehnung an Schmelzer und Sesselmann (2013): Geschäftsprozessmanagement in der Praxis, S. 376

geben. Der Verzicht auf konkrete Reifegrade im Sinne von nacheinander erreichbaren Stufen vermeidet eine Fixierung auf Zertifizierungen und ermöglicht es die Reife von Geschäftsprozessen und des Geschäftsprozessmanagementsystems differenziert zu betrachten. Das Ergebnis des Prozessassessments ist somit kein klar abgegrenzter Reifegrad, sondern ein prozentualer Erfüllungsgrad, welcher aus verschiedenen Konstellationen resultieren kann. Der Gesamtreifegrad dient dann als Maß für die Qualität des Geschäftsprozesses oder des GPMS und weist auf Defizite und Risiken hin. Aus dem Reifegrad lässt sich entsprechender Handlungsbedarf ableiten.[162] Die Möglichkeit, unterschiedliche Zielvorgaben je nach Fähigkeitsbereich festzulegen, kommt der Forderung nach einer Berücksichtigung von Unternehmenscharakteristiken und Umweltvariablen nach.[163] Weiterhin erfüllt das GPM-Reifegradmodell die Anforderungen an eine gute Darstellbarkeit der Ergebnisse, eine leichte Verständlichkeit sowie eine kosten- und zeitgünstige Durchführung.[164]

2.5 Probleme bei Konzeptionierung, Einführung und Betrieb von Geschäftsprozessmanagementsystemen

Bei der Einführung von GPMS sehen sich Unternehmen mit verschiedenen Problemen konfrontiert. Diese resultieren aus Problemen bei der Konzeptionierung und setzen sich beim Betrieb von GPMS fort. Die Probleme liegen in der unzureichenden Ausrichtung des GPMS an der Unternehmensstrategie und an der unzureichenden Ausrichtung des GPMS an seinen Stakeholdern, insbesondere den Führungskräften und Mitarbeitern des Unternehmens. Die Probleme werden entsprechend der Struktur in Abbildung 2-24 im Folgenden erläutert.

[162] Vgl. Schmelzer und Sesselmann (2013): Geschäftsprozessmanagement in der Praxis, S. 378 ff.
[163] Vgl. Niehaves et al. (2014): BPM capability development - a matter of contingencies, S. 281
[164] Vgl. Schmelzer und Sesselmann (2013): Geschäftsprozessmanagement in der Praxis, S. 376 f.

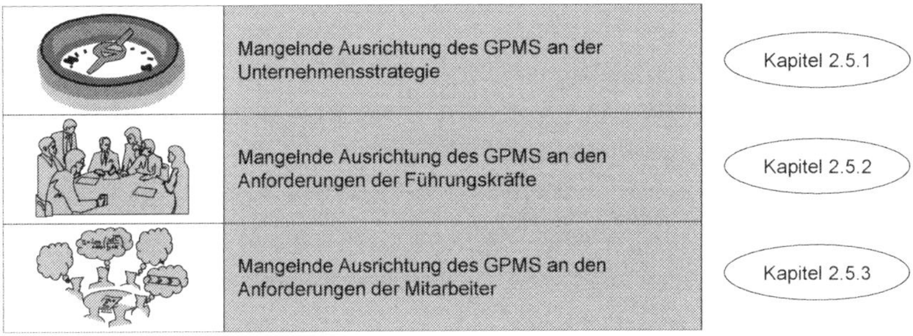

Abbildung 2-24: Probleme bei Konzeptionierung, Einführung und Betrieb von GPMS

2.5.1 Mangelnde Ausrichtung des GPMS an der Unternehmensstrategie

Die mangelnde Ausrichtung des GPMS an der Unternehmensstrategie beinhaltet die fehlende Berücksichtigung der Wettbewerbsstrategie des Unternehmens, die unzureichende Ausrichtung an übergeordnetem Managementkonzept und -modell, die häufig nicht stattfindende Anknüpfung des GPMS an den Strategieprozess und die mangelhafte Verknüpfung der Unternehmensziele mit dem GPMS. Diese Aspekte der mangelnden Ausrichtung des GPMS werden im Folgenden erläutert.

Berücksichtigung der Wettbewerbsstrategie des Unternehmens

In Literatur und Praxis wird eine strategische Ausrichtung als wesentlicher Faktor für einen langfristigen Erfolg des Geschäftsprozessmanagementsystems angesehen.[165] Das Fehlen einer Verknüpfung zwischen Strategie und dem GPMS stellt einen der Hauptgründe für das Scheitern eines GPMS dar.[166]

Die Strategie bezieht sich auf das Außenverhältnis eines Unternehmens gegenüber seinen relevanten Anspruchsgruppen.[167] Die Ausrichtung des GPMS insbesondere an den Kunden ist somit eine Basisanforderung.[168] Werden externe Anspruchsgruppen

---

[165] Vgl. Krüger (2009): Excellence in Change, S. 48 ff. und auch Schmelzer und Sesselmann (2013): Geschäftsprozessmanagement in der Praxis, S. 81

[166] Vgl. Trkmann (2010): Critical Success Factors BPM, S. 6

[167] Vgl. Müller-Stewens und Lechner (2011): Strategisches Management, S. 25

[168] Vgl. Schmelzer und Sesselmann (2013): Geschäftsprozessmanagement in der Praxis, S.VII

wie Kunden nicht in die Konzipierung der Geschäftsprozesse mit einbezogen, besteht die Gefahr die Geschäftsprozesse nicht effektiv zu gestalten, sodass der Kundennutzen noch Potenziale aufweist. Bezüglich der Einbeziehung der Kunden ist die vom Unternehmen festgelegte Wettbewerbsstrategie richtungsweisend. Die Wettbewerbsstrategie ist schließlich die Positionierungsentscheidung des Unternehmens gegenüber den Kunden im Wettbewerb. Obwohl die Kundenorientierung eine große Rolle spielt und eine gemeinsame Optimierung der Prozesse mit den Partnern vielversprechend scheint, ist eine systematische Einbeziehung von Kunden in der Definition von Geschäftsprozessen eher selten.[169]

Während die Relevanz und Bedeutung einer strategischen Ausrichtung in der Literatur allgemein anerkannt und verbreitet ist, bleibt die praktische Umsetzung in Unternehmen eine der wesentlichen Herausforderungen und offenen Fragen im Prozessmanagement.[170] Die Praxis zeigt, dass strategieorientiertes Geschäftsprozessmanagement in Unternehmen nicht weit verbreitet ist (vgl. Abbildung 2-25).

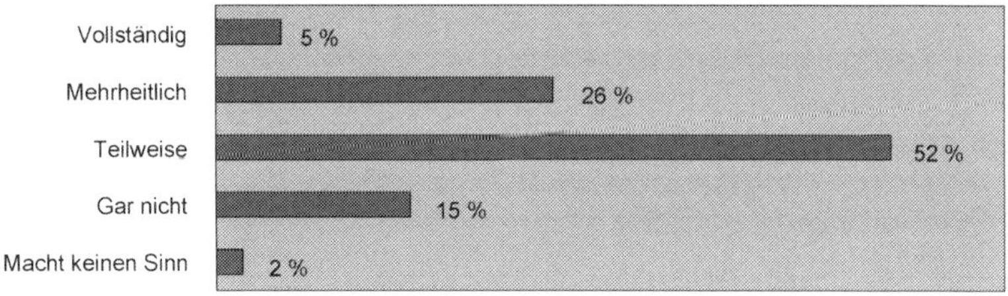

Abbildung 2-25: Verbindung von Strategie und Geschäftsprozessen[171]

Dieser Umstand kann auch auf das grundsätzliche Verständnis des Prozessmanagements in Unternehmen zurückgeführt werden. Dieses wird häufig als reiner Verbesserungsansatz des operativen Geschäfts verstanden. Potenziale des Prozessmanagements für die Strategieumsetzung bleiben häufig ungenutzt.[172] Verschiedene Studien und Umfragen stützen diese Aussagen:

---

[169] Vgl. Komus (2011): BPM Best Practice, S. 24 f.

[170] Vgl. Schmelzer und Sesselmann (2013): Geschäftsprozessmanagement in der Praxis, S. 82 und Rosemann und Vom Brocke (2014): Strategic Alignment, S. 1

[171] In Anlehnung an Knuppertz et al. (2011): Status Quo Prozessmanagement 2010/2011, S. 7

[172] Vgl. Bergsmann (2012): End-to-End Geschäftsprozessmanagement, S. 51, Spanyi (2007): More for less. The power of process management, S. 66 und Jeston und Nelis (2008): Business process management, S. 25 f.

- Studie BUSINESS PROCESS MANAGEMENT 2011 - STATUS QUO UND ZUKUNFT: Lediglich 14 % der Befragten leiten ihre Geschäftsprozesse mehrheitlich oder vollständig von der Strategie ab.[173]
- Umfrage STATUS QUO PROZESSMANAGEMENT 2011: Die Verbindung von strategischen Herausforderungen mit Prozessen fällt schwer.[174]
- BPTRENDS-REPORT 2012: Nur 31% der Unternehmen richten das Geschäftsprozessmanagement an der Strategie aus.[175]
- BPTRENDS-REPORT 2014: Auf die Frage, für welche Aufgabe externe Berater auf Unternehmensebene eingesetzt würden, antworteten 45% der Teilnehmer mit „Definition der Verknüpfung zwischen Strategie und Prozess“ [176]
- BEARINGPOINT 2012: Die fehlende Verknüpfung des GPM mit der Unternehmensstrategie zählt zu den drei meistgenannten Problemen, welche die Definition einer nachhaltigen BPM-Strategie behindern.[177]

Einen bedeutenden Einfluss hat die strategische Ausrichtung bereits in der Einführung des GPMS. Zu einer strategischen Ausrichtung gehört insbesondere die Einführung des GPMS als Teil der Unternehmensstrategie zu verstehen. Das Erreichen von strategischen Zielen beruht auf effektiven und effizienten Prozessen. Werden die strategischen Vorteile des GPMS nicht klar kommuniziert, führt das zu einer geringen Akzeptanz und Bereitschaft zur Veränderung seitens der Beteiligten.[178]

Ursächlich für die fehlende Ausrichtung des GPMS an der Wettbewerbsstrategie ist häufig das fehlende einheitliche Verständnis über die Wettbewerbsstrategie des Unternehmens. In diesem Fall wird die Ausrichtung des GPMS nur zufällig für die aktuelle Positionierung des Unternehmens förderlich sein. Außerdem ist zu beobachten, dass der Fokus bei der Verbesserung der Prozesse häufig auf den Kosten liegt, obwohl gemäß der Wettbewerbsstrategie das entscheidende Differenzierungskriterium Durchlaufzeiten sind. Hierbei kommt dann erschwerend hinzu, dass die

173 Vgl. Minonne et al. (2011): Business Process Management 2011, S. 17

174 Vgl. Knuppertz et al. (2011): Status Quo Prozessmanagement 2010/2011, S. 4 ff.

175 Vgl. Wolf und Harmon (2012): The State of BPM

176 Vgl. Harmon und Wolf (2014): The State of BPM, S. 26

177 Vgl. BearingPoint (2012): Business Process Management-Studie 2012, S. 25

178 Vgl. Snabe (2009): Business Process Management, S. 102 und Sikdar et al. (2014): managing organizational change, S. 67

Strategie der Kostenführerschaft tendenziell stärker von der Funktionsorganisation als von der Prozessorganisation unterstützt wird.[179] Es lässt sich auch des Öfteren beobachten, dass eine Differenzierung über Qualität angestrebt wird, obwohl Qualität heute bereits als Grundvoraussetzung für das Zustandekommen von Geschäften angesehen werden kann.[180] Weitere in diesem Kontext zu beobachtende Probleme liegen in der Zweckentfremdung des Prozessmanagements begründet. Das Prozessmanagement soll Aufgaben bewältigen, die weder im Betrachtungs- noch im Kompetenzbereich des Prozessmanagements liegen. Exemplarisch seien hier die Differenzierung über den Leistungsumfang oder die Technologie genannt.

Praxisbeispiele aus Industrieprojekten des WZL bei großen deutschen Automobilzulieferern belegen, dass eine fehlende Ausrichtung des GPMS an der Unternehmensstrategie Probleme bei der Konzeptionierung des Systems zur Folge hat. Es fehlt bei der Auswahl und Ausgestaltung der Elemente des GPMS eine klare Stoßrichtung. Folglich werden die falschen Elemente bei der Konzeptionierung des GPMS priorisiert, was zum Aufbau ineffektiver und ineffizienter Strukturen führt und folglich zu einer geringen Güte des gesamten Systems. Insbesondere sind im Feld der Governance Mängel zu beobachten. So werden beispielsweise im Rollenkonzept an entscheidenden Stellen keine starken Process Owner eingesetzt und Weisungsbefugnisse falsch zugeordnet. Außerdem werden nicht die erforderlichen Kennzahlen definiert und damit keine oder falsche Anreize gesetzt. Ebenso kann eine mangelnde Ausrichtung an der Wettbewerbsstrategie dazu führen, dass die falschen Prozesse verbessert werden.

Ausrichtung an übergeordnetem Managementkonzept und -Modell

In Industrieprojekten des WZL konnte außerdem festgestellt werden, dass für die Mitarbeiter bei der Konzeptionierung und Einführung des GPMS das Selbstverständnis des Unternehmens wichtig ist. Ist das Unternehmen eher konservativ und bleiben diese Werte auch bestehen, oder soll nun die bisher eher kontinuierliche Entwicklung durch eine diskontinuierliche Entwicklung abgelöst werden? Ohne die Beantwortung derartiger Fragen entsteht bei der Belegschaft Unsicherheit und dann

---

[179] Vgl. Schmelzer und Sesselmann (2013): Geschäftsprozessmanagement in der Praxis, S. 101

[180] Vgl. Wallentowitz et al. (2009a): Strategien in der Automobilindustrie, S. 39, Stockmar (2014): Erfolgsfaktoren für Automobilzulieferer, S. 222 ff., Kurek (2012): Erfolgsstrategien für Automobilzulieferer, S. 76

oftmals Ablehnung oder Widerstand gegen Veränderungen. Die Belegschaft möchte wissen, welche Spielregeln bezüglich der Veränderung des Unternehmens gelten. Sollen durch Produktivitätssteigerungen beispielsweise Stellen abgebaut werden oder Umstrukturierungen erfolgen? Insbesondere bei vorstehenden Veränderungen, sind die Kommunikation und das Vorleben der Unternehmenswerte wichtig. Hier herrscht Unsicherheit bezüglich des angemessenen Verhaltens vor. Es sind Richtlinien für das soziale Handeln erforderlich. Es gilt zu klären, was als angemessen erachtet wird und was nicht.

Wenn die gemeinsame Basis, also Werte und Verhaltensweisen, klar ist, möchten Mitarbeiter eine Begründung für die durchzuführenden Aktivitäten erhalten. Warum wird gerade der Prozess an dem ich beteiligt bin umstrukturiert? Wieso ist überhaupt eine Veränderung erforderlich? An welcher Leitidee für die Entwicklung des Unternehmens können Handlungen ausgerichtet werden? Mitarbeitern fehlt es häufig an der Erklärung der Sinnhaftigkeit, und die für eine große Veränderung benötigte Motivation bleibt aus. Anstatt gemeinsam mit den Kollegen auf ein Ziel hinzuarbeiten, arbeitet jeder Mitarbeiter separat in Richtung seiner persönlichen Ziele. Ohne eine übergeordnete Orientierungshilfe fehlt neben der Ausrichtung und Motivation dann häufig auch die für den Mitarbeiter notwendige Legitimation seines Handelns gegenüber Kollegen und Führungskräften.[181]

Eine Studie von BEARINGPOINT ergab, dass bei mehr als zwei Drittel der befragten Unternehmen Vision, Mission und strategische Ziele für das GPM fehlen, obwohl sie einen besonders hohen Beitrag für ein erfolgreiches Veränderungs- und Kommunikationsmanagement leisten.[182] Bei der Formulierung einer Vision geht es darum, eine einheitliche Vorstellung über die zukünftige Situation des Unternehmens zu schaffen.[183] Fehlt die Vision für den Wandel wird es ungemein schwierig, Zustimmung von den Mitarbeitern und dem Management zu erhalten.[184]

181 Vgl. Müller-Stewens und Lechner (2011): Strategisches Management, S. 229
182 Vgl. BearingPoint (2012): Business Process Management-Studie 2012, S. 19
183 Vgl. Müller-Stewens und Lechner (2011): Strategisches Management, S. 225 ff.
184 Vgl. Vom Brocke und Rosemann (2014): Handbook on Business Process 2, S. 29

Anknüpfung des GPMS an den Strategieprozess

Damit die Anstrengungen des Prozessmanagements ihre maximale Wirkung entfalten können, sollten Abläufe identifiziert werden, die einen wesentlichen Beitrag zu den strategischen Absichten eines Unternehmens leisten. Eine Optimierung von Prozessen, die nur einen geringen Mehrwert liefern, bindet begrenzte Ressourcen und verhindert die Beschäftigung mit strategischen Schlüsselprozessen. Im Sinne des allgemeinen Managementverständnisses muss vom Versuch abgerückt werden, alle Dinge permanent im Fokus zu behalten, und stattdessen bei den Aktivitäten priorisiert werden. Erst durch die Konzentration der Kräfte auf einige wenige, wichtige Prozesse kann eine überlegene Position im Wettbewerb erzielt werden.[185]

Bei einer Umfrage von BEARINGPOINT zählt die fehlende Verknüpfung mit der Unternehmensstrategie zu den drei meistgenannten Problemen, welche die Definition einer nachhaltigen GPM-Strategie behindern.[186] Neben der initialen Ausrichtung des GPMS an der Strategie ist auch im Betrieb der Strategiebezug von Bedeutung. Die Unternehmensstrategie ist Änderungen unterworfen und es entstehen regelmäßig neue strategische Initiativen. Wenn diese strategischen Veränderungen nicht ins GPMS einfließen, laufen Unternehmensstrategie und GPMS auseinander.

Eine Studie brasilianischer Forscher befasst sich mit der Frage, wie die Strategie in Prozessmanagementprozessen Berücksichtigung findet. Im Rahmen einer Literaturauswertung wurden dafür sieben Prozessmanagementprozesse genauer untersucht. Die Studie kommt zu dem Schluss, dass der strategischen Planung wenn überhaupt nur geringe Beachtung geschenkt wird.[187]

Verknüpfung der Unternehmensziele mit dem GPMS

In einem Praxisbeispiel hat ein Unternehmen bei der Einführung des GPMS Ressourcen in Aktivitäten investiert, die für das Gesamtziel des Unternehmens im Nachhinein nur bedingt zuträglich waren. Um einen langfristigen Erfolg des Geschäftsprozessmanagements und eine damit verbundene Maximierung des Werts der

[185] Vgl. Bergsmann (2012): End-to-End Geschäftsprozessmanagement, S. 257
[186] Vgl. BearingPoint (2012): Business Process Management-Studie 2012, S. 25
[187] Vgl. de Morais, Rinaldo Macedo et al. (2014): An analysis of BPM lifecycles

Prozessverbesserung zu gewährleisten, ist eine enge Verknüpfung zwischen den Zielen des Unternehmens und dem GPMS notwendig.[188]

Das Festlegen von Zielen ist eine wichtige Grundlage für die Einführung eines nachhaltigen GPM.[189] Werden für das GPM keine klaren Ziele formuliert oder Potenziale abgeschätzt, wird die interne Kommunikation behindert. Beteiligten Mitarbeitern, aber auch potenziellen Nutzern, können die Vorteile des GPMS und die zeitliche Planung nicht zufriedenstellend mitgeteilt werden. Dies wirkt sich nachteilig auf die Unterstützung des GPMS beziehungsweise dessen Einführung aus. In der Konsequenz entstehen zeitliche Verzögerungen und inhaltliche Schwächen des GPMS. Die fehlende Potenzialabschätzung und der fehlende Nachweis von Erfolgen führen außerdem zu Zweifeln im Top Management, ob das GPMS ein sinnvolles Investment ist.[190]

Zu Beginn des Kapitels wurde erläutert, dass die strategische Ausrichtung die Einbeziehung der verschiedenen Anspruchsgruppen beinhaltet. Neben der Berücksichtigung der Kunden über die Wettbewerbsstrategie ist auch eine Berücksichtigung der internen Anspruchsgruppen entscheidend. Eine Nichtberücksichtigung der internen Anspruchsgruppen lässt die Einführung des GPMS aufgrund mangelnder Akzeptanz scheitern.[191] Außerdem entstehen inhaltliche Schwächen, wenn das vorhandene Know-how der Mitarbeiter nicht einbezogen wird. In der Konzeptionierung des GPMS müssen daher nicht nur die Bedürfnisse und Erwartungen wichtiger Kunden miteinbezogen werden sondern auch die Bedürfnisse und Erwartungen weiterer Stakeholder, beispielweise die der Führungskräfte und Mitarbeiter.[192]

---

[188] Vgl. Trkmann (2010): Critical Success Factors BPM, S. 134; Zairi (1997): Business process management, S. 67 und Schmelzer und Sesselmann (2013): Geschäftsprozessmanagement in der Praxis, S. 81

[189] Vgl. Komus et al. (2014): BPM Quintessenz, S. 18 f.

[190] Vgl. Komus et al. (2014): BPM Quintessenz, S. 66

[191] Vgl. Jeston und Nelis (2008): Business process management, S. 179 ff.

[192] Vgl. Vom Brocke und Rosemann (2014): Handbook on Business Process 1, S. 113 f.

2.5.2 Mangelnde Ausrichtung des GPMS an den Anforderungen der Führungskräfte

Die mangelnde Ausrichtung an den Anforderungen der Führungskräfte drückt sich in einer fehlenden Systematik für die Gewinnung der Unterstützung des Top Managements, einem fehlenden Gesamtkonzept, einem fehlenden Gesamtüberblick über die Prozesse und einer unsystematischen Auswahl von Prozessen für die Optimierung aus.

Systematik zur Gewinnung der Unterstützung des Top Managements

Eines der häufigsten Probleme bei der Einführung eines GPMS ist die fehlende Unterstützung des Top Managements. Eine Metastudie der Universität Koblenz stellt fest, dass im Durchschnitt 74% der befragten Unternehmen die Unterstützung des Top Managements als den wichtigsten Erfolgsfaktor in der Einführung des GPMS betrachten.[193] Aufgrund einer hohen Zahl an Projekten ist die Unternehmensleitung häufig nicht gewillt oder schlicht nicht in der Lage ein GPMS konsequent einzuführen.[194] Ohne die Unterstützung des Top Managements werden die Projekte nicht mit den entsprechenden Ressourcen ausgestattet, die fehlende Aufmerksamkeit führt zu einer niedrigeren Priorisierung und die Möglichkeit zum abteilungsübergreifenden Arbeiten ist stark eingeschränkt.[195] Beispielsweise wurden aufgrund der fehlenden Überzeugung der Geschäftsführung bei einem deutschen Automobilzulieferer für die Einführung des GPMS nur sehr zögerlich Ressourcen zur Verfügung gestellt. Es wurde zwar eine Zentralabteilung für das GPMS aufgebaut, diese jedoch nicht mit eigenem Personal ausgestattet, so dass über mehr als zwei Jahre nur ein Mitarbeiter die Konzeptionierung des GPMS in Teilzeit übernommen hat. Durch die fehlenden personellen Ressourcen entstanden massive zeitliche Verzögerungen.

In einem Industrieprojekt des WZL bei einem anderen deutschen Automobilzulieferer, der global aufgestellt ist, ist ein Mitglied der Geschäftsleitung von dem Konzept des GPM überzeugt und sieht die Notwendigkeit der Prozessorientierung, um langfristig im internationalen Wettbewerb bestehen zu können. Die weiteren

[193] Vgl. Komus et al. (2014): BPM Quintessenz, S. 67 f.
[194] Vgl. Schmelzer und Sesselmann (2013): Geschäftsprozessmanagement in der Praxis, S. 522
[195] Vgl. Jeston und Nelis (2008): Business process management, S. 307 f.

Mitglieder der Geschäftsleitung sehen die Veränderung hin zur Prozessorientierung als notwendig an, stehen einer unternehmensweiten Umstrukturierung aber skeptisch gegenüber. Es herrscht somit keine einheitliche Unterstützung durch das Top Management. Durch die fehlende Unterstützung des Top Managements können abteilungsübergreifende, potenzialträchtige Prozesse nicht in den Fokus der Verbesserungsbestrebungen gerückt werden. Hierdurch werden die ohnehin schon begrenzten Kapazitäten in weniger wichtigen oder weniger erfolgversprechenden Prozessoptimierungen gebunden. Durch geringere Erfolge und ein schlechteres Aufwand-Nutzen-Verhältnis steigen die Zweifel an der GPMS-Einführung.

Gesamtkonzept für die Einführung des GPMS

Das Gesamtkonzept kann, basierend auf der Erfahrung aus mehreren Industrieprojekten des WZL, untergliedert werden in ein Vorgehensmodell in Form einer Roadmap, ein Rollenkonzept, ein Zielbild, das beispielsweise durch ein Reifegradmodell und Kennzahlenkonzept konkretisiert und unterstützt werden kann und ein Informations-, Kommunikations- und Schulungskonzept. Die Probleme, die auftreten, wenn diese Bestandteile eines Gesamtkonzeptes für ein GPMS nicht vorhanden sind, werden im Folgenden beschrieben.

In einem Industrieprojekt des WZL war die Absicht zur Einführung eines GPMS vorhanden. Es fehlte allerdings an einer strukturierten Vorgehensweise. Hierdurch wurden wichtige Phasen vergessen und Inhalte unstrukturiert kommuniziert. Beispielsweise wurden GPMS Inhalte geschult, ohne dass das Gesamtkonzept klar war. Dies hat bei den Mitarbeitern Unzufriedenheit ausgelöst und Widerstände gegen das GPMS entstehen lassen. In einem weiteren Beispiel führte das Fehlen eines Gesamtkonzeptes zu starken zeitlichen Verzögerungen, da ohne das Gesamtkonzept auch keine sinnvolle zeitliche Planung durchgeführt und Ziele gesetzt werden konnten.

Mit der Ausrichtung an Geschäftsprozessen und einer strukturellen Veränderung der Organisation gehen auch eine Veränderung der hierarchischen Strukturen und eine Verschiebung von Verantwortlichkeiten einher.[196] Daher werden durch die Einführung von GPM sowohl neue organisatorische Rollen als auch Entscheidungsgremien

[196] Vgl. Schmelzer und Sesselmann (2013): Geschäftsprozessmanagement in der Praxis, S. 515

notwendig, die besondere Fähigkeiten in Bezug auf das Prozesswissen erfordern.[197] Eine Umfrage im Rahmen einer Studie von BEARINGPOINT ergab, dass 95 % der Teilnehmer ein eindeutiges Rollenkonzept für eine organisatorische Verankerung des GPMS für wichtig oder sehr wichtig halten, jedoch nur knapp die Hälfte der Befragten Unternehmen mit der aktuellen organisatorischen Verankerung zufrieden ist. Zusätzlich ergab eine Studie von BEARINGPOINT, dass nachhaltiges GPM, also fest etablierte dauerhafte Strukturen von 90 % der Teilnehmer in Zukunft als wichtig eingeschätzt wird, jedoch der aktuelle Umsetzungsgrad bei 74 % der Unternehmen gering ist.[198] Ein GPM-Projekt startet mit einer Projektorganisation, die sich von den Rollen im vollständig etablierten GPM unterscheidet.[199] In einem Industrieprojekt des WZL wurde es versäumt, die zukünftige dauerhafte Organisationsstruktur des GPMS vorzudenken und in der Projektorganisation zu berücksichtigen. Die späteren GPMS Verantwortlichen in den Hauptabteilungen wurden in der Projektphase nicht ausreichend eingebunden und standen, als die Einführung des GPMS in ihren Bereichen anstand, mangels vorheriger Einbeziehung dem GPMS skeptisch gegenüber. Durch den Bruch im Übergang von Einführungsprojekt GPMS zum kontinuierlichen Betrieb des GPMS war eine konzeptionelle Überarbeitung des Systems erforderlich, die eine mehrmonatige Verzögerung der Einführung zur Folge hatte. Der Übergang von einer Projektorganisation zu dauerhaften Strukturen ist Bestandteil des Einführungsprozesses. Bereits im Prozess der Einführung muss daher ein Konzept erarbeitet werden, dass nicht nur die Verantwortlichkeiten in der Einführung, wie die Projektleitung oder das Projektteam, und die Rollen im GPM selber, wie Geschäftsprozessverantwortliche oder Mitglieder einer zentralen GPM-Abteilung, festlegt, sondern auch den Wandel von der Projektorganisation zu einer dauerhaften Organisation beschreibt.

In mehreren Industrieprojekten des WZL konnte beobachtet werden, dass von Unternehmen der Versuch unternommen wird, Prozessorientierung über einzelne Prozessoptimierungsprojekte, welche spezifische Probleme im Unternehmen lösen sollen, einzuführen. Die Optimierung oder Neugestaltung einzelner Prozesse oder Bereiche führt nur zu singulären Erfolgen. Langfristig und nachhaltig kann Prozess-

---

[197] Vgl. Snabe (2009): Business Process Management, S. 118

[198] Vgl. BearingPoint (2012): Business Process Management-Studie 2012, S. 19ff.

[199] Vgl. Jeston und Nelis (2008): Business process management, S. 331 ff.

orientierung nur durch die Einrichtung dauerhafter Strukturen erfolgreich gelingen. Die dauerhafte Einrichtung eines GPMS sowie die Etablierung einer nachhaltigen prozessorientierten Denkweise und Kultur sind wesentliche Faktoren um das Potenzial des Geschäftsprozessmanagements voll auszuschöpfen.[200] Verschiedene Praxisbeispiele aus Projekten des WZL zeigen, dass ohne dedizierte Ressourcen größere Erfolge häufig ausbleiben. So hat sich ein deutscher Automobilzulieferer aufgrund der hohen Kosten über mehrere Jahre nicht zur Schaffung von Vollzeitstellen für das GPMS durchringen können. In der Konsequenz wurde das GPMS nicht zufriedenstellend, in zeitlicher und inhaltlicher Dimension, konzeptioniert und eingeführt.

In einer Studie von PRICEWATERHOUSECOOPERS zum Status quo des Geschäftsprozessmanagements beantwortet nur ein Viertel der Teilnehmer aus der Automobil- und Zulieferindustrie die Frage nach einer systematischen Kennzahlenerhebung aller Geschäftsprozesse mit „zutreffend“, lediglich 12% aller Teilnehmer reagieren auf alle Kennzahlabweichungen mit einem dokumentierten Vorgehen. Ebenso fehlt es an einer durchgängigen Bewertung des Entwicklungsstands von Prozessen. [201] Trotz der, durch Studien belegten, allgemeinen Forderung der Unternehmen nach einer Erhöhung der Transparenz der Prozesslandschaft findet das Reifegradmanagement in der Praxis keine große Anwendung (vgl. Abbildung 2-26).

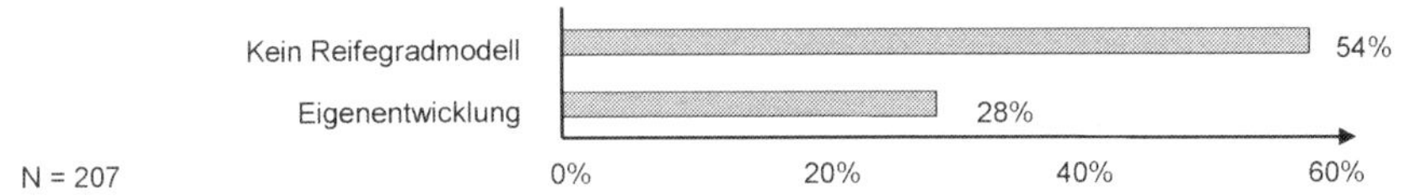

Abbildung 2-26: Verbreitung von Reifegradmodellen[202]

Mit der stärkeren Fokussierung der Prozessorientierung gehen vielfältige Veränderungen für die Mitarbeiter und das gesamte Unternehmen einher. Mit solchen Veränderungen sind immer auch Verunsicherungen und Ängste verbunden, die dann zum Teil zur Ablehnung der Veränderung führen. Dies ist insbesondere dann zu beobachten, wenn die Mitarbeiter nicht ausreichend und frühzeitig informiert

[200] Vgl. Vom Brocke et al. (2014): Ten principles of BPM, S. 534 f.
[201] Vgl. pwc (2011): Zukunftsthema Geschäftsprozessmanagement, S. 32 ff.
[202] In Anlehnung an Schmelzer und Sesselmann (2013): Geschäftsprozessmanagement in der Praxis, S. 378

werden. Widerstände gegen die Veränderung sind besonders auch dann zu beobachten, wenn mit der Einführung neuer Rollen die Rolleninhaber nicht entsprechend qualifiziert werden.

Gesamtüberblick über Prozesse

Die erfolgreiche Abgrenzung strategisch relevanter Prozesse kann nur gelingen, wenn ein gemeinsames Verständnis über die Geschäftsprozesse und ihre Verbindungen untereinander sowie zu internen oder externen Kunden vorliegt. Das Top Management lehnt jedoch häufig die Erstellung einer Prozesslandkarte mit Ebenenmodell mit Verweis auf den hohen Dokumentationsaufwand ab und blockiert damit gleichzeitig die Festlegung von Prozessverantwortlichen auf oberster Ebene.[203] Diese Gegebenheiten begünstigen ein Festhalten an den funktionalen Strukturen, wodurch Verbesserungsbestrebungen in abteilungsübergreifenden, potenzialträchtigen Prozessen ausgebremst werden. Dies bestätigen Praxiserfahrungen aus Projekten des WZL bei Automobilzulieferern.

Systematik für die Auswahl von Prozessen für die Optimierung

In Industrieprojekten des WZL konnte festgestellt werden, dass Veränderungsprojekte sich häufig entweder auf ein vom Top Management initiiertes und autoritär durchgesetztes Reengineering konzentrieren, dessen Nachhaltigkeit stark begrenzt ist. Oder sie setzen auf einen evolutionären und partizipativen Verbesserungsprozess, bei dem der Blick für das große Ganze verloren geht. Einem erfolgreichen Konzept müsste es gelingen, die Vorteile beider Ansätze sinnvoll miteinander zu verknüpfen. Bei einem Praxisbeispiel konnte festgestellt werden, dass aufgrund einer fehlenden Systematik die entscheidenden Prozesse wenn überhaupt nur zufällig analysiert und optimiert wurden. Dadurch wurde allenfalls ein geringer Teil des möglichen Potenzials gehoben. Mehrere Projekte des WZL bei großen deutschen Automobilzulieferern zeigen, dass die Prozessauswahl zur Optimierung häufig auf solche Prozesse

---

[203] Vgl. auch BearingPoint (2012): Business Process Management-Studie 2012, S. 25 und Harmon und Wolf (2014): The State of BPM, S. 21

fällt, die ohnehin überarbeitet werden sollten oder für die genug Freiwillige bereit standen.[204]

2.5.3 Mangelnde Ausrichtung des GPMS an den Anforderungen der Mitarbeiter

Neben der erfolgreichen Ausrichtung an den Führungskräften, ist auch die Ausrichtung an den Mitarbeitern erforderlich. Ohne eine ausreichende Berücksichtigung der Mitarbeiter kann es zu Problemen kommen. Der Erfolg des gesamten Geschäftsprozessmanagements hängt wesentlich von Erfahrungen, Kreativität, Sachverstand und Fähigkeiten der Mitarbeiter ab.[205] Dies bedeutet im Umkehrschluss auch, dass ein GPMS nicht ohne die Unterstützung der Mitarbeiter erfolgreich umgesetzt werden kann.[206] In einem Praxisbeispiel bei einem Automobilzulieferer wurden beispielsweise aufgrund fehlender Unterstützung durch die Geschäftsleitung die späteren Nutzer des GPMS nur zögerlich und in zu geringem Umfang einbezogen. Ein Großteil der Konzeptionierung fand in einem kleinen Team innerhalb einer Abteilung und nicht in interdisziplinären Teams statt. Weiterhin wurde die Funktionalität des Systems nicht optimal auf die späteren Nutzer ausgerichtet und es mangelte an einer ausreichenden personellen Verankerung in den Abteilungen. Dies führte folglich zu einer geringen Akzeptanz und Unterstützung des GPMS durch die Nutzer und es entstanden sogar Widerstände gegen die Einführung.[207]

Die Ausrichtung an den Mitarbeitern beinhaltet insbesondere die Synchronisierung des GPMS mit bereits vorhandenen Lean- und Qualitätsmanagementsystemen sowie ein angemessenes Change Management. Probleme bei diesen Aspekten der Ausrichtung an den Mitarbeitern werden im Folgenden beschrieben.

Synchronisierung mit vorhandenen Qualitäts- und Lean-Management-Systemen

Sowohl eine fehlende beziehungsweise unzureichende Zusammenführung des GPMS mit bestehenden Managementsystemen (insbesondere Qualitätsmanagement-

---

[204] Vgl. auch Schmelzer und Sesselmann (2013): Geschäftsprozessmanagement in der Praxis, S. 622

[205] Vgl. Schmelzer und Sesselmann (2013): Geschäftsprozessmanagement in der Praxis, S. 11

[206] Vgl. Rosemann und Vom Brocke (2014): The Six Core Elements of BPM, S. 117 f.

[207] Vgl. hierzu auch Vom Brocke et al. (2014): Ten principles of BPM, S. 536 f.

system), als auch eine mangelhafte Einbeziehung des Lean-Management-Systems und hier insbesondere von etablierten Produktionssystemen, stellen wesentliche Probleme bei Konzeptionierung, Einführung und Betrieb eines GPMS dar. Deshalb sollen diese zwei wesentlichen Aspekte hier weiter erläutert werden.

Wird das GPMS ohne Abstimmung mit den bestehenden Systemen aufgebaut, kann es in der Praxis zu verschiedenen Problemen kommen.[208] So kann es beispielsweise vorkommen, dass im Rahmen des GPMS Prozesse umgestaltet beziehungsweise optimiert werden, jedoch ohne Abstimmung mit ähnlichen Projekten anderer Systeme, zum Beispiel des Qualitätsmanagementsystems.[209] Außerdem kann es zu Redundanzen und Überschneidungen der Managementsysteme kommen, die zu einer umfangreichen und ineffizienten Dokumentation, Doppelarbeiten und Informationsverlusten führen.[210] Zusätzlich können Probleme beim Personaleinsatz auftreten, der nur unzureichend bereichsübergreifend gesteuert wird. Die Folge ist ein ineffizienter Personaleinsatz und eine unzureichende Nutzung der vorhandenen Kompetenzen. Ein weiterer Nachteil des Betriebs verschiedener paralleler Managementsysteme in einem Unternehmen ist außerdem ein höherer Kostenaufwand, der aus der Implementierung, Aufrechterhaltung und Verbesserung der einzelnen Managementteilsysteme resultiert.[211] Ein Industrieprojekt des WZL bei einem deutschen Automobilzulieferer belegt die Notwendigkeit einer Integration verschiedener Managementsysteme. So war im Qualitätsmanagementsystem umfangreiches Wissen bezüglich der Prozesse vorhanden. Die Mitarbeiter verfügten über Erfahrungen in der Analyse, Dokumentation und Optimierung von Prozessen. Eine fehlende Einbeziehung des Qualitätsmanagementsystems führte bei den Mitarbeitern zu Widerständen gegen die Einführung des neuen Systems. Außerdem entstanden inhaltliche Schwächen des GPMS aufgrund der fehlenden Nutzung vorhandener Expertise.

---

208 Vgl. Liesegang und Pischon (1999): Integrierte Managementsysteme, S. 275 f.

209 Vgl. Seghezzi (1997): Notwendigkeit und Realität ganzheitlicher Unternehmensführung, S. 3 ff.

210 Vgl. Bayerisches Staatsministerium für Wirtschaft, Infrastruktur, Verkehr und Technologie (2014): Aktuelle normierte Managementsysteme, S. 41 und auch Liesegang und Pischon (1999): Integrierte Managementsysteme, S. 2 f.

211 Vgl. Liesegang und Pischon (1999): Integrierte Managementsysteme, S. 1 ff.

Bei einer mangelnden Synchronisierung mit dem im Unternehmen bereits vorhandenen Lean-Management-System konnten in Industrieprojekten des WZL ebenfalls Probleme beobachtet werden. Da Lean Management selbst ein umfangreiches Managementkonzept beziehungsweise eine Managementphilosophie darstellt, wird es in Form von Produktionssystemen in Unternehmen systematisiert und eingeführt. In einem Praxisbeispiel hat die Produktion eines großen deutschen Automobilzulieferers über die letzten Jahre ein umfangreiches Produktionssystem entwickelt und implementiert, welches neben den direkten Produktionsprozessen auch indirekte Prozesse in den Werken, wie Logistik-, Einkaufs-, Lieferantenmanagement- und Arbeitsvorbereitungsprozesse optimiert. Somit war bereits ein breites Wissen über Prozesse und übergreifendes Prozessmanagement vorhanden. Durch eine geringe Unterstützung der Geschäftsführung wurden die umfangreichen Vorarbeiten im Rahmen des Produktionssystems nur in geringem Umfang bei der Konzeptionierung des GPMS berücksichtigt. Beispielsweise wurden die relevanten Mitarbeiter mit ihrem Expertenwissen nicht aktiv in die Gestaltung des GPMS mit einbezogen. Dies führte dazu, dass Potenziale nicht gehoben wurden, Synergieeffekte ausblieben und es zu Widerständen kam. Außerdem führte die mangelhafte Abstimmung mit Inhalten des Produktionssystems bei den Mitarbeitern, insbesondere auf Werksebene, zu Verwirrung. Dort sollten nun konkurrierende, teils widersprüchliche, teils redundante Konzepte, mit unterschiedlichen Begrifflichkeiten aus dem GPMS und dem Produktionssystem genutzt werden. In Folge sanken gleichermaßen die Qualität des gesamten GPMS wie auch die Akzeptanz bei den Nutzern, insbesondere in den Werken und der Entwicklung.

Umfassendes Change Management

Die Einführung von GPMS bedeutet für ein Unternehmen einen weitgehenden strukturellen Wandel.[212] Nach DAVENPORT setzt eine erfolgreiche Einführung von Prozessorientierung grundlegende organisatorische Veränderungen in Bezug auf die Organisationsstruktur und -kultur sowie für den Managementprozess voraus.[213] Diese Veränderungen wirken sich auf die personalbezogenen Aspekte des Manage-

212 Vgl. Schmelzer und Sesselmann (2013): Geschäftsprozessmanagement in der Praxis, S. 23

213 Vgl. Davenport (1993): Process innovation, S. 95 ff.

ments aus, da es die Neugestaltung von Aufgaben und Beziehungen zwischen den Mitarbeiter in der Ausführung der Geschäftsprozesse beinhaltet.[214] Veränderung, besonders in Bezug auf die Unternehmenskultur, erzeugen Bedenken sowie Ängste und lösen damit Widerstände aus.[215]

Eines der weitgehendsten Probleme bei der Einführung von Prozessorientierung ist die fehlende Akzeptanz der Mitarbeiter. Die aus der Prozessorientierung resultierende Veränderung der organisatorischen Strukturen hat nur dann bestand, wenn die Veränderung von den Mitarbeitern getragen wird. Dabei werden die „weichen" Faktoren wie Rollen, Kooperation, Transformation oder Verhalten in der Einführung wichtiger bewertet als die „harten" Themen Struktur, Steuerung oder Prozesse.[216] Die Verankerung von Change Management als Management des Wandels ist nicht nur in der Einführung sondern auch in der Ausführung des GPMS von größter Bedeutung.[217] In der Praxis wird das Change Management meist nicht in dem erforderlichen Umfang angewendet.[218]

Change Management im Rahmen von GPM bedeutet, die Mitarbeiter aktiv in den Wandel miteinzubeziehen. Dazu gehört eine offene und transparente Kommunikation, die den Mitarbeitern zu Beginn die Notwenigkeit der Veränderung aufzeigt und im weiteren Verlauf über die Fortschritte informiert. Weiterer wichtiger Bestandteile sind Schulungen der beteiligten Mitarbeiter, die erforderliches Prozesswissen vermitteln, sowie das Schaffen von Motivation und Anreizen.[219]

Ein wichtiger Aspekt im Change Management ist, bereits bestehende Konzepte und Methoden zum Prozessmanagement oder generellen Effizienz- und Effektivitätssteigerung bei der Gestaltung und Einführung von GPMS miteinzubeziehen. In Literatur und Praxis existieren zahlreiche Ansätze, die häufig in einer engen Beziehung zum GPM stehen.[220]

---

[214] Vgl. Sikdar et al. (2014): managing organizational change, S. 975

[215] Vgl. Schmelzer und Sesselmann (2013): Geschäftsprozessmanagement in der Praxis, S. 515

[216] Vgl. Komus et al. (2014): BPM Quintessenz, S. 62 ff.

[217] Vgl. Schmelzer und Sesselmann (2013): Geschäftsprozessmanagement in der Praxis, S. 23

[218] Vgl. BPM&O (2011): Status Quo Prozessmanagement 2010/2011, S. 15

[219] Vgl. Jeston und Nelis (2008): Business process management, S. 281 ff., Snabe (2009): Business Process Management, S. 233 f. oder Schmelzer und Sesselmann (2013): Geschäftsprozessmanagement in der Praxis, S. 513 ff.

[220] Vgl. Schmelzer und Sesselmann (2013): Geschäftsprozessmanagement in der Praxis, S. 17

2.6 Handlungsbedarf für das Prozessmanagement aus der Praxis

In den vorangegangenen Kapiteln wurden zunächst die allgemeinen Herausforderungen der Automobilzulieferer dargestellt. Für diese Herausforderungen eignet sich das Prozessmanagement als Lösungsansatz. Viele Unternehmen haben das erkannt und befinden sich aktuell bei der Einführung eines GPMS. Bei der Konzeptionierung, Einführung und dem Betrieb von GPMS treten verschiedene Probleme auf. Insbesondere konnten Probleme bei der strategischen Ausrichtung von GPMS identifiziert werden. Die strategische Ausrichtung weist in Bezug auf die Unternehmensstrategie und wichtige Stakeholder des GPMS Probleme auf, die den Erfolg eines GPMS deutlich einschränken, oder die Einführung sogar scheitern lassen können. Abbildung 2-27 gibt einen Überblick über die Probleme bei der strategischen Ausrichtung von GPMS.

	**Mangelnde Ausrichtung des GPMS an der Unternehmensstrategie** ▪ Berücksichtigung der Wettbewerbsstrategie des Unternehmens ▪ Ausrichtung an übergeordnetem Managementkonzept und -modell ▪ Anknüpfung des GPMS an den Strategieprozess ▪ Verknüpfung der Unternehmensziele mit dem GPMS
	**Mangelnde Ausrichtung des GPMS an den Anforderungen der Führungskräfte** ▪ Gesamtkonzept für die Einführung ▪ Systematik zur Gewinnung der Unterstützung des Top Managements ▪ Gesamtüberblick über Prozesse ▪ Systematik für die Auswahl von Prozessen für die Optimierung
	**Mangelnde Ausrichtung des GPMS an den Anforderungen der Mitarbeiter** ▪ Synchronisierung mit vorhandenen Qualitäts- und Lean-Management-Systemen ▪ Umfassendes Change Management

Abbildung 2-27: Probleme und Anforderungen der strategischen Ausrichtung von GPMS

In Bezug auf die Ausrichtung an der Unternehmensstrategie wurde ausgeführt, dass dem GPMS häufig eine übergeordnete Stoßrichtung fehlt und dadurch Aktivitäten nicht zielgerichtet erfolgen. Die erhofften Ergebnisse bleiben dann aus. Der Nutzen des GPMS für das Unternehmen bleibt besonders dann hinter den Erwartungen des Managements zurück, wenn die Wettbewerbsstrategie des Unternehmens keine Berücksichtigung findet. Als weiteres Problem wurde der fehlende Bezug zur Unternehmensvision und den Werten des Unternehmens herausgestellt. Dies folgt aus der mangelnden Ausrichtung an übergeordnetem Managementkonzept und -modell, sofern dieses vorhanden ist. Im Betrieb des GPMS war zu beobachten, dass eine mangelnde Berücksichtigung neuer strategischer Initiativen zum Auseinanderlaufen von GPMS und Unternehmensstrategie führt. Hier wurde eine fehlende Anknüpfung des GPMS an den Strategieprozess identifiziert. Schließlich führte die Ermangelung an konkreten Zielen für das GPMS zu Problemen. Eine Verknüpfung der Unternehmensziele mit dem GPMS wurde häufig unterlassen.

Bei der Ausrichtung an Führungskräften wurde festgestellt, dass ohne ein Gesamtkonzept für ein GPMS, die Führungskräfte nicht überzeugt werden können. Außerdem führte ein fehlendes Gesamtkonzept häufig zu inhaltlichen Schwächen und zeitlichen Verzögerungen. Das Commitment des Top Managements wurde als kritischer Erfolgsfaktor identifiziert. Dort wo dieses Commitment fehlte, erfolgte die Einführung nicht oder nicht mit der entsprechenden Priorität. Des Weiteren wurde ausgeführt, dass der häufig nicht oder nur eingeschränkt vorhandene Gesamtüberblick über Prozesse problematisch ist. In Kombination mit einer fehlenden Systematik für die Auswahl von Prozessen für die Optimierung führt er zur zufälligen Auswahl von Prozessen und zur Generierung nur lokaler Optima.

Bei der Ausrichtung des GPMS an den Anforderungen der Mitarbeiter konnte insbesondere die fehlende Synchronisierung mit vorhandenen Qualitäts- und Lean-Management-Systemen als Problem beobachtet werden. Dies führte neben Akzeptanzproblemen zu inhaltlichen Schwächen der GPMS-Konzepte. Daneben wurden Probleme beim Change Management beobachtet. Neben der zu geringen Einbindung der Mitarbeiter wurden Kommunikations- und Informationsprobleme beschrieben.

Auf Basis der dargestellten Problemstellung der Unternehmen lässt sich folgende Fragestellung formulieren:

Wie kann die strategische Ausrichtung eines Geschäftsprozessmanagementsystems erfolgreich gestaltet werden?

Im folgenden Kapitel werden vorhandene Konzepte aus dem Prozessmanagement vorgestellt und bezüglich ihres Beitrags zur Lösung der Fragestellung und damit des beschriebenen Praxisproblems bewertet.

3 Konzepte zur Einführung von Prozessorientierung

Mit der Vorstellung der nachfolgenden Konzepte werden zwei Ziele verfolgt: Zum einen werden wichtige Grundlagen für das weitere Verständnis der Arbeit vermittelt. Zum anderen wird auf Basis der Bewertung der bestehenden Ansätze und unter Berücksichtigung des Handlungsbedarfes aus der Praxis (vgl. Kapitel 2.6) der Forschungsbedarf abgeleitet.

Für die Einführung von Prozessorientierung im Unternehmen existiert eine Vielzahl verschiedener Ansätze. Die im Rahmen dieser Arbeit durchgeführte Literaturrecherche zeigte eine breite Behandlung der Thematik in der Forschung und in Unternehmensberatungen. Viele der bestehenden Ansätze fokussieren jedoch stark auf den technischen Teil des Prozessmanagements mit Verbindung zur IT. Bei der Auswahl der in dieser Arbeit vorgestellten Ansätze wurde darauf geachtet, dass die ganzheitliche Betrachtung der Prozessorientierung im Vordergrund steht.

Es wurden sechs Konzepte ausgewählt, die der Zielstellung der Arbeit am ehesten entsprechen. Diese werden zunächst grob skizziert, bevor sie im Detail vorgestellt werden:[221]

- Praxishandbuch Prozessmanagement von GUIDO FISCHERMANNS[222]

  Das Vorgehen nach FISCHERMANNS fokussiert, ähnlich wie der Ansatz nach VOM BROCKE und ROSEMANN, nicht nur auf ein konkretes GPMS, sondern definiert einen Bezugsrahmen für das Prozessmanagement. Das Konzept integriert mehrere Methoden in einem ganzheitlichen Ansatz. Zur grafischen Darstellung des Prozessmanagementkonzepts wird das ibo-Prozessfenster® verwendet, welches vier Methoden beinhaltet.

- Das 7FE-Framework von JOHN JESTON und JOHN NELIS[223]

---

[221] Die Vorstellung der Konzepte erfolgt in alphabetischer Reihenfolge

[222] Vgl. Fischermanns (2013): Praxishandbuch Prozessmanagement ff.

Dem Framework von JESTON und NELIS liegt deren jahrelange Erfahrung in der Beratung für GPM Projekte zugrunde. Das 7FE-Framework liefert eine sehr umfassende Betrachtung der Einführung von Prozessorientierung mit einem besonders hohen Grad der Detaillierung.

- Praxiserprobter Vorschlag zur Einführung des Geschäftsprozessmanagements von HERMANN SCHMELZER und WOLFGANG SESSELMANN[224]

  Die Vorgehensweise von SCHMELZER und SESSELMANN wurde aufgrund ihrer umfassenden Betrachtung des Themenfelds des GPM ausgewählt. In ihrer Arbeit werden neben dem Modell zur Einführung viele weitere Aspekte des GPM beleuchtet. Unter anderem wird die konkrete Ausgestaltung eines GPMS, samt aller relevanten Teilbereiche, Aufgaben und Bezugspunkte beschrieben. Zusätzlich wird der Standort des Geschäftsprozessmanagements im Verhältnis zu anderen Managementkonzepten und -methoden definiert.

- Das MOTION Konzept von GÜNTHER SCHUH[225]

  Bei MOTION handelt es sich um ein Modell zur Einführung von Prozessorientierung, welches insbesondere auf strategische Aspekte eingeht. Zusätzlich liefert es wertvolle Ansätze zur Kombination von Top-down und Bottom-up orientiertem Vorgehen zur Einführung von Prozessorientierung.

- Die SAP Roadmap von Jim Hagemann Snabe, Ann Rosenberg, Charles Møller und Mark Scavillo[226]

  Die SAP Roadmap beschreibt, wie der Name bereits andeutet, das GPM in der Umgebung von SAP. Die Autoren beschreiben außerdem ein konzeptionelles Rahmenwerk des GPM. Dieses Konzept stellt den Prozessmanagementprozess in den Mittelpunkt und versteht Menschen, Technologie und die Organisation als Kern des gesamten GPM. Dieser Ansatz wurde aufgrund der umfassenden Branchenkenntnis von SAP und der erfolgreichen Einführung von GPM bei der SAP AG selbst ausgewählt.

---

[223] Vgl. Jeston und Nelis (2008): Business process management

[224] Vgl. Schmelzer und Sesselmann (2013): Geschäftsprozessmanagement in der Praxis

[225] Vgl. Schuh (2006): Change Management

[226] Vgl. Snabe (2009): Business Process Management

- Handbook on Business Process Management von JAN VOM BROCKE und MICHAEL ROSEMANN[227]

  Der Ansatz von vom BROCKE und ROSEMANN beschreibt weniger ein konkret ausgestaltetes GPMS, sondern einen allgemeinen Bezugsrahmen für das GPM. Dieser beinhaltet sechs Kernelemente und entsprechende Unterpunkte.

Im Folgenden werden diese Konzepte mit den für die vorliegende Arbeit relevanten Bestandteilen vorgestellt.

3.1 FISCHERMANNS: Praxishandbuch Prozessmanagement

FISCHERMANNS beschreibt das Prozessmanagement als Ansatz zur Umsetzung der Prozessorganisation in Unternehmen. Prozessmanagement wird definiert als ganzheitliches Rahmenkonzept, das die Verknüpfung der Prozesse mit der Unternehmensstrategie, die Gestaltung und Optimierung der Prozesse sowie die Entwicklung des Prozessmanagementsystems selbst beinhaltet. In den folgenden Ausführungen werden analog zu FISCHERMANNS die Begriffe Prozess und Geschäftsprozess synonym verwendet.[228]

3.1.1 ibo-Prozessfenster® - Gesamtübersicht über das Prozessmanagement

FISCHERMANNS führt das ibo-Prozessfenster ein, das als Übersicht für das Prozessmanagement dient. Das Prozessfenster beinhaltet die vier Bausteine Strategische Prozessorganisation, Prozessgestaltung, Kontinuierliche Prozessoptimierung und Prozessmanagement-Entwicklung.[229] In Abbildung 3-1 ist die Gesamtübersicht über das ibo-Prozessfenster, inklusive aller Methoden, Vorgehensmodelle, Rollen, IT-Systeme und kulturellen Anforderungen dargestellt.

---

[227] Vgl. Vom Brocke und Rosemann (2014): Handbook on Business Process 1 und Vom Brocke und Rosemann (2014): Handbook on Business Process 2

[228] Vgl. Fischermanns (2013): Praxishandbuch Prozessmanagement, S. 13 ff.

[229] Vgl. Fischermanns (2013): Praxishandbuch Prozessmanagement, S. 27 ff.

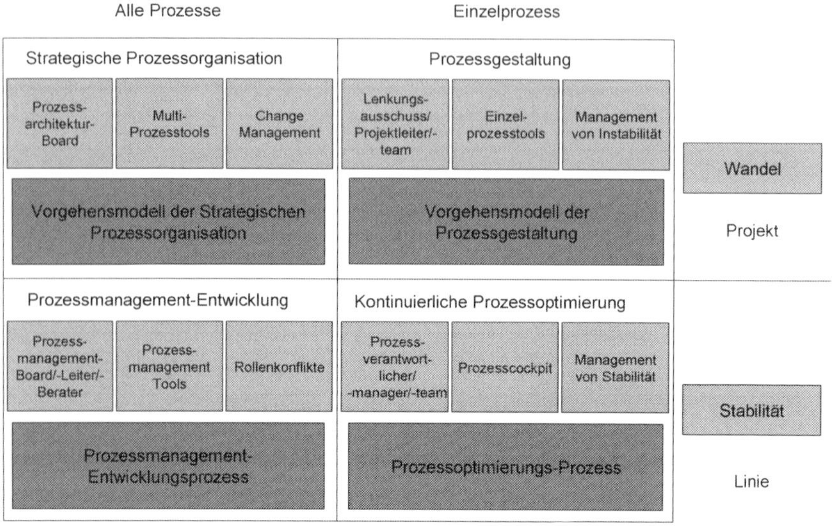

Abbildung 3-1: ibo-Prozessfenster® - Themenbereiche des Prozessmanagements[230]

Die Bausteine beinhalten in der Regel eine Vorgehensweise, die empfiehlt in welcher Reihenfolge Aufgaben und die zugehörigen Techniken eingesetzt werden sollen. Ebenso sind Vorschläge zur Organisation, zur Kultur, zum Personal und zur IT, welche insgesamt der Problemlösung dienen, enthalten.[231]

Auf der vertikalen Achse wird zwischen einmaligen Veränderungen im Rahmen von Projekten und dem laufenden Betrieb des Prozessmanagements unterschieden. Horizontal findet eine Unterscheidung zwischen den Betrachtungsbereichen der Prozessorganisation beziehungsweise des Prozessmanagements als Ganzem (alle Prozesse) und einzelnen Prozessen statt. Idealtypisch werden die vier Bausteine des Prozessmanagements im Uhrzeigersinn, angefangen bei der Strategischen Prozessorganisation, durchlaufen. Die drei Bausteine strategische Prozessorganisation, Prozessgestaltung und kontinuierliche Prozessoptimierung bilden hierbei den Prozesslebenszyklus, wohingegen die Prozessmanagement-Entwicklung als Prozessma-

[230] In Anlehnung an Fischermanns (2013): Praxishandbuch Prozessmanagement, S. 41

[231] Vgl. Fischermanns (2013): Praxishandbuch Prozessmanagement, S. 26 f.

nagement-Lebenszyklus beschrieben wird.[232] Der Autor stellt also ein umfassendes Konzept für die Einführung von Prozessmanagement vor.

Im Folgenden soll auf jedes einzelne der vier Konzepte kurz eingegangen werden, indem die wichtigsten Aspekte beschrieben werden.

3.1.2 Strategische Prozessorganisation

FISCHERMANNS definiert die strategische Prozessorganisation (vgl. Abbildung 3-2) als projektorientiertes Konzept zur grundsätzlichen Ausrichtung aller Prozesse an der Unternehmensstrategie, zur Steigerung der Kundenzufriedenheit und zur Erhöhung der Leistungsfähigkeit. Das Konzept wird als langfristiger und unternehmensweiter Ansatz angesehen, dessen Ergebnis ein Maßnahmenplan zur Realisierung eines prozessorientierten Unternehmens ist.[233]

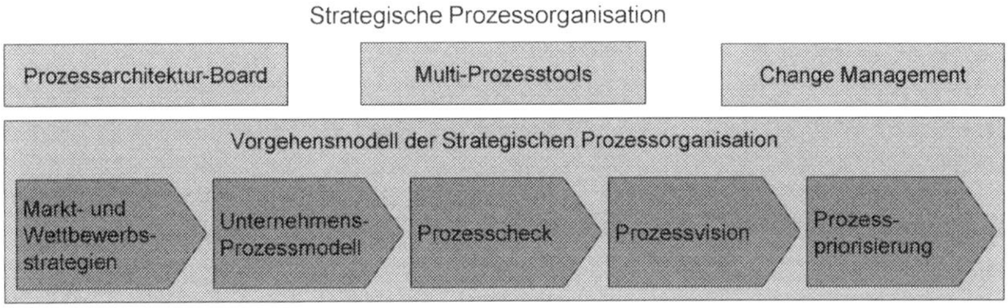

Abbildung 3-2: Themen der Strategischen Prozessorganisation[234]

Für alle identifizierten Prozesse liegt eine Prozessvision vor, die beschreibt wie Abläufe in Zukunft grob zu organisieren sind. Die Schritte zur Strategieumsetzung erfolgen dann entweder durch Projekte zur Prozessgestaltung oder kontinuierliche Optimierung. Zu Anfang stehen Markt- und Wettbewerbsstrategien, welchen zum Beispiel folgende Fragen zugrunde liegen: „Welche langfristigen Ziele, beispielsweise beim Wachstum, verfolgt das Unternehmen? In welchen Märkten mit welchen Produkten bei welchen Kunden sollen die Ziele erreicht werden? Welche Wettbe-

232 Vgl. Fischermanns (2013): Praxishandbuch Prozessmanagement, S. 26 f.
233 Vgl. Fischermanns (2013): Praxishandbuch Prozessmanagement, S. 27
234 In Anlehnung an Fischermanns (2013): Praxishandbuch Prozessmanagement, S. 28

werbsposition nimmt das Unternehmen ein?"[235] Aus der Strategie wird im Anschluss das Unternehmens-Prozessmodell deduktiv (soll-orientiert) entwickelt, wobei einzig die zukünftige strategische Ausrichtung des Unternehmens für die Konzeptionierung der Prozesse als Maßstab dient. Das Unternehmens-Prozessmodell stellt die relevanten Prozesse unter Zuhilfenahme einer Prozesslandkarte dar. Der Prozesscheck klärt, in welchem Umfang Prozesse bereits strategiekonform gestaltet sind und wo Schwächen vorliegen. Die Prozessvision dient schließlich der Erarbeitung und dem Abwiegen von verschiedenen Gestaltungsoptionen je Prozess. Aufgrund begrenzter Kapazitäten, bedarf es abschließend einer Priorisierung der Prozesse, welche anhand verschiedener Faktoren, wie kritischen Erfolgsfaktoren, Kernkompetenzen oder Verbesserungspotenzialen erfolgen kann. Zur Prozesspriorisierung können Methoden wie zum Beispiel eine ABC- oder eine Portfolio-Analyse genutzt werden. Zur Umsetzung der Schritte der strategischen Prozessorganisation beschreibt der Autor ausführlich das Change Management.[236]

3.1.3 Prozessgestaltung

Die Prozessgestaltung beschreibt ein projektorientiertes Konzept, welches das Projektmanagement, den Prozessablauf und die kulturelle sowie technische Unterstützung bei der Überarbeitung oder grundsätzlichen Neugestaltung eines einzelnen Prozesses regelt.[237]

Die zu durchlaufenden Phasen haben das übergeordnete Ziel der Schaffung eines optimierten Prozesses. FISCHERMANNS beschreibt mit den drei Phasen der Prozessplanung, welche in Prozesserhebung/-modellierung/-analyse, Prozessanforderungsermittlung, Prozessdesign und Prozessbewertung unterteilt ist, der Prozessrealisierung sowie der Prozesseinführung den Ablauf des Prozessmanagementprozesses. Zur Umsetzung der Prozessgestaltung müssen organisatorische Fragen des Projektmanagements, technische Anforderungen der Einzelprozesstools sowie die Anforderung, auf kultureller Ebene mit Instabilität umgehen zu können, berücksichtigt werden.[238]

---

235 Fischermanns (2013): Praxishandbuch Prozessmanagement, S. 28
236 Vgl. Fischermanns (2013): Praxishandbuch Prozessmanagement, S. 28 f.
237 Vgl. Fischermanns (2013): Praxishandbuch Prozessmanagement, S. 29 ff.
238 Vgl. Fischermanns (2013): Praxishandbuch Prozessmanagement, S. 215 f.

3.1.4 Kontinuierliche Prozessoptimierung

Das Vorgehensmodell der kontinuierlichen Prozessoptimierung wird als Prozessoptimierungs-Prozess bezeichnet und definiert ein linienorientiertes Konzept, das alle Diagnose-, Messungs- und Steuerungsaktivitäten umfasst, die eine empirische und beständige Verbesserung eines Prozesses bezüglich vorher definierter Prozesskennzahlen unterstützen.[239]

Ein wesentlicher Aspekt liegt hierbei auf der Festlegung von wenigen, dafür aber wichtigen Kennzahlen, den Key Performance Indicators (KPI), welche durch eindeutige Bezugsgrößen messbar sind. An die Definition schließt sich direkt die fortlaufende Messung der aktuellen Ist-Werte der Kennzahlen an. Die Messungen können zum Beispiel durch echtzeitbasiertes Monitoring, punktuelle Erhebungsverfahren oder einmalige Auditierungen erfolgen. Die anschließende Prozessleistungsdiagnose dient der Aufdeckung von Soll-Ist-Abweichungen der Prozesskennzahlen und der Suche nach Gründen hierfür. Den Abschluss der kontinuierlichen Prozessoptimierung bildet die Einleitung von Steuerungsmaßnahmen.[240]

3.1.5 Prozessmanagement-Entwicklung

Die Prozessmanagement-Entwicklung beinhaltet alle Vorgehensweisen, Verantwortlichkeiten, IT-Unterstützungen und kulturbezogenen Maßnahmen zur Umsetzung eines Prozessmanagementsystems (vgl. Abbildung 3-3).[241]

---

[239] Vgl. Fischermanns (2013): Praxishandbuch Prozessmanagement, S. 31

[240] Vgl. Fischermanns (2013): Praxishandbuch Prozessmanagement, S. 32

[241] Vgl. zu den nachfolgenden Ausführungen zur „Prozessmanagement-Entwicklung" Fischermanns (2013): Praxishandbuch Prozessmanagement, S. 32 ff. und S. 517 ff.

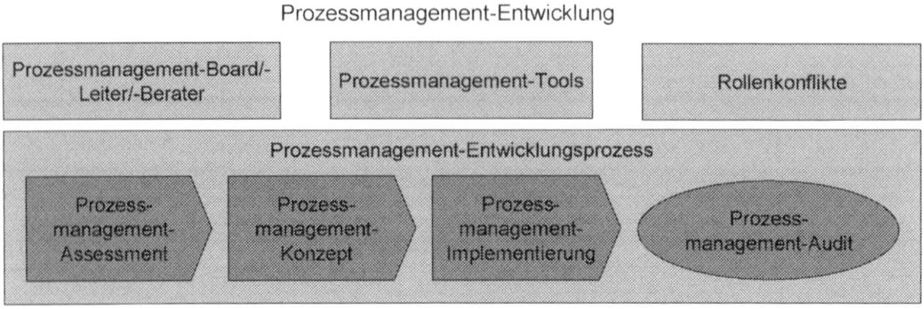

Abbildung 3-3: Themen der Prozessmanagement-Entwicklung[242]

Prozessmanagement-Assessments dienen der Feststellung des Reifegrads des gesamten Prozessmanagementsystems sowie des Reifegrads einzelner Prozesse. Nach der Standortbestimmung durch das Prozessmanagement-Assessment wird ein Prozessmanagement-Konzept erarbeitet, in dessen Rahmen zu allen Komponenten des Prozessmanagements Alternativen erstellt, bewertet und ausgewählt werden. Das Ergebnis sind im Unternehmen verbindlich geregelte Vorgehensstandards zu allen vier Bausteinen des ibo-Prozessfensters.

Die Prozessmanagementimplementierung adressiert schließlich die konkrete Einführung des Systems im Unternehmen, welche unter anderem Schulungen und Coaching, der in der Prozessorganisation involvierten Mitarbeiter beinhaltet. Zusätzlich finden Informationsveranstaltungen und Marketingaktionen zur Überzeugung der Mitarbeiter und zum Abbau von eventuellen Widerständen statt.

Nach erfolgreicher Implementierung sind im laufenden Betrieb des Systems regelmäßige Prozessmanagement-Audits nötig, welche die eingeführten Standards auf ihre Praxistauglichkeit und Zweckmäßigkeit überprüfen.

Neben dem eigentlichen Prozessmanagement-Entwicklungsprozess müssen Regelungen bezüglich neu definierter Prozessrollen und Verantwortlichkeiten geschaffen werden. Die Erarbeitung und Implementierung eines solchen Rollenkonzepts nehmen einen großen Umfang bei der Konzeptionierung eines GPMS ein.[243]

---

[242] In Anlehnung an Fischermanns (2013): Praxishandbuch Prozessmanagement, S. 34

[243] Vgl. zu den vorangegangenen Ausführungen zur „Prozessmanagement-Entwicklung“ Fischermanns (2013): Praxishandbuch Prozessmanagement, S. 32 ff. und S. 517 ff.

3.1.6 Prozessorganisation und andere Managementkonzepte

In der Praxis existiert eine Reihe von Managementkonzepten, Methoden und Techniken im Kontext Prozessorganisation. Entsprechend ihrer Hauptstoßrichtung können diese Konzepte den vier verschiedenen Bausteinen des Prozessmanagements zugeordnet werden (vgl. Abbildung 3-4).[244]

Abbildung 3-4: Systematisierung von Managementkonzepten[245]

Im Rahmen dieser Arbeit sind insbesondere die Integration des Lean Managements in die strategische Prozessorganisation und die Einbeziehung verschiedener Managementkonzepte und Ansätze des Qualitätsmanagements (ISO 9001 ff., TQM und EFQM Modell) in die Prozessmanagement-Entwicklung von Bedeutung.[246]

3.2 JESTON und NELIS: Das 7FE Projekt Framework

JESTON und NELIS konzipieren das 7FE Project Framework. Das Modell unterscheidet vier Hauptphasen (4 Fs: Foundations, Findings and Solutions, Fulfillment und Future) und drei Essentials (3 Es: Leadership, BPM Project Management und People Change Management) – daher der Name 7FE (vgl. Abbildung 3-5).[247]

---

[244] Vgl. Fischermanns (2013): Praxishandbuch Prozessmanagement, S. 54

[245] In Anlehnung an Fischermanns (2013): Praxishandbuch Prozessmanagement, S. 54

[246] Vgl. Fischermanns (2013): Praxishandbuch Prozessmanagement, S. 54

[247] Vgl. zu den nachfolgenden Ausführungen zum „7FE Projekt Framework“ Jeston und Nelis (2008): Business process management, S. 49 ff.

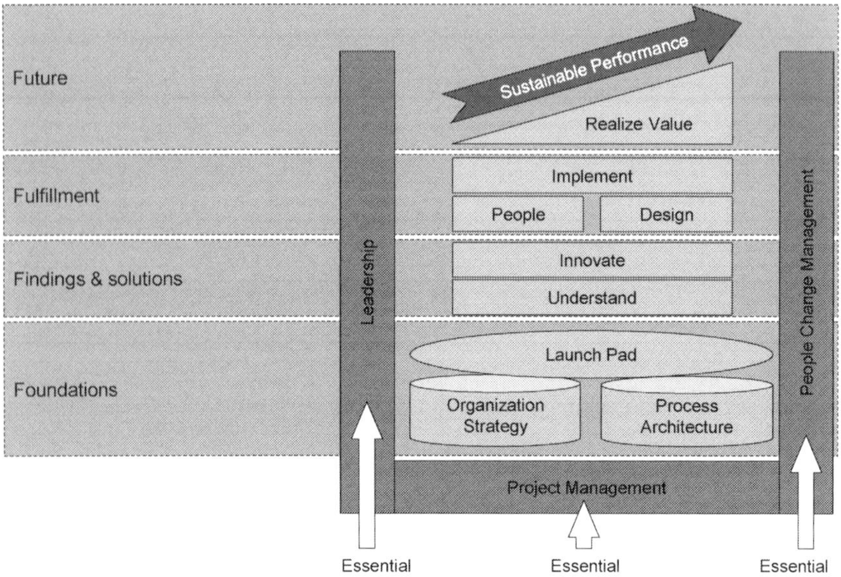

Abbildung 3-5: Das 7FE Project Framework[248]

Das Framework von JESTON und NELIS erhebt nicht den Anspruch universell einsetzbar zu sein, sondern sollte für die jeweilige spezielle Situation des Unternehmens bei Bedarf angepasst werden. Die grundsätzliche Herangehensweise hängt im Besonderen vom Umfang der Unterstützung durch das Top Management und dem Grad der organisatorischen Erfahrungen mit GPM ab. Um dem gerecht zu werden beschreiben JESTON und NELIS drei verschiedene Ansätze für die Initiierung von GPM.

Im Top-down orientierten, strategiegetriebenen Ansatz ist die Entscheidung über die Einführung von GPM im Rahmen der Festlegung der Unternehmensstrategie getroffen worden. Der geschäftsvorfallgetriebene Ansatz ist, wie der Name schon vermuten lässt, eine Initiative, die von operativen Problemen eines Unternehmens, einer Geschäftseinheit oder Abteilung angetrieben wird. Der prozessgetriebene Ansatz bezieht sich auf ein Projekt, das von einem Prozessteam aufbauend auf Untersuchungen zur Möglichkeit von Effizienzsteigerungen initiiert wurde.

[248] In Anlehnung an Jeston und Nelis (2008): Business process management, S. 53

Weiterhin werden von JESTON und NELIS vier Szenarien für die Einführung von GPM beschrieben. „Business as usual" beschreibt das Szenario in dem die Organisation und Unternehmensleitung von der Notwendigkeit einer prozessorientierten Organisation überzeugt sind und das GPM-Projekt somit zum Tagesgeschäft wird. Bei „In the driver seat" treibt eine GPM-erfahrene Führungskraft, die vom GPM-Projekt überzeugt ist, die Umsetzung des Projekts voran. Das „Pilot Project" bietet sich an, wenn es eine Führungskraft gibt, die noch vom GPM überzeugt werden muss, aber bereit ist, es im kleinen Rahmen auszutesten. „Under the radar" kommt bei Organisationen vor, wo eine Führungskraft noch nicht vom GPM überzeugt ist und dem GPM keine oder kaum Aufmerksamkeit innerhalb der Organisation geschenkt wird. Dieses Szenario könnte ein Projekt unter dem Deckmantel der Prozessverbesserung sein, in dem GPM vorerst überhaupt nicht erwähnt wird.[249]

3.2.1 Foundations

Das Ziel der ersten Phase – der Organisationsstrategie-Phase - ist es sicherzustellen, dass das GPM eine deutliche Verbindung zur Unternehmensstrategie aufweist und diese unterstützt. Die Resultate der Organisationstrategie-Phase sind wichtige Grundlage für die folgenden Phasen und beinhalten insbesondere die Dokumentation von Vision, Mission, Zielen, strategischer Absicht, Zielsetzung und Umsetzungsstrategie des Unternehmens sowie ein Geschäftsmodell, das Kunden, Dienste und Produkte, Liefertanten und Partner, Hauptunterscheidungsmerkmale und Ressourcen miteinbezieht. Eines der Risiken in dieser Phase ist es, keine Unterstützung von Führungskräften zu erhalten. Sollte dies der Fall sein, empfehlen JESTON und NELIS mit kleinen Verbesserungen zu starten und schnelle Erfolge zu erzielen um schrittweise Aufmerksamkeit und Unterstützung zu erhalten.[250]

In der zweiten Phase – der Prozessarchitektur-Phase – wird die Verbindung zwischen der Organisationsstrategie-Phase und der Launch-Pad-Phase geschaffen und die Grundlage für prozessbezogene Projekte einer Organisation gelegt. Die Ergebnis-

[249] Vgl. zu den vorangegangenen Ausführungen zum „7FE Projekt Framework" Jeston und Nelis (2008): Business process management, S. 49 ff.

[250] Vgl. zu den nachfolgenden Ausführungen zu „Foundations" Jeston und Nelis (2008): Business process management, S. 71 ff.

se der Prozessarchitektur-Phase sind eine dokumentierte und vereinbarte Prozessarchitektur, eine Architektur für den Projektstart, die Prozesssicht der Organisation und eine Liste von End-to-End Prozessen. Dabei ist die Ausgestaltung der Prozessarchitektur-Phase abhängig von dem GPM Szenario, dem Reifegrad der Organisation in der Architektur sowie vom Umfang und der Ausrichtung der Architektur.

In der dritten Phase – der Launch-Pad-Phase wird festgelegt, wo innerhalb der Organisation das GPM Projekt startet. Die Prozessziele werden abgestimmt und das Projekt wird in Gang gesetzt. Weitere Inhalte der Phase sind die Definition des Projektumfangs, die Festlegung des Projektteams und die Ermittlung der Erwartungen der Stakeholder. Die Resultate der Launch-Pad-Phase beinhalten die Definition der in das Projekt involvierten Stakeholder, eine Prozessauswahlmatrix, eine Liste der Geschäftsprozesse mit ersten Kennzahlen und vereinbarten Prozesszielen, priorisierte Prozesse für die Verständnisphase, eine erste Umsetzungsstrategie, Dokumente für das Projektmanagement sowie die Entwicklung des anfänglichen Business Cases.[251]

3.2.2 Findings & Solutions

Die Verständnisphase dient dazu, bei den Mitgliedern des Projektteams und dem Unternehmen ein Verständnis der aktuellen Geschäftsprozesse zu erzeugen. Das beinhaltet ein Prozessmodell der aktuellen Prozesse in Kombination mit der Erhebung geeigneter Kennzahlen, die als Grundlage für die Priorisierung in der Innovationsphase dienen. Zusätzlich wird in der Verständnisphase der aktuelle Stand in der Prozessorientierung bewertet und Prioritäten für die Verbesserung im Rahmen des Projekts gesetzt.[252]

Bereits bei der Überprüfung der aktuellen Prozesse legen Jeston und Nelis Wert auf eine End-to-End Betrachtung, da nur so sichergestellt werden kann, dass alle Aspekte eines Prozesses beachtet werden.

---

[251] Vgl. zu den vorangegangenen Ausführungen zu „Foundations" Jeston und Nelis (2008): Business process management, S. 71 ff.

[252] Vgl. zu den nachfolgenden Ausführungen zu „Findings & Solutions" Jeston und Nelis (2008): Business process management, S. 132 ff.

Das Ziel der Innovationsphase ist es, die Prozesse im Rahmen des Projekts so effizient und effektiv wie möglich zu gestalten, um die aktuellen und zukünftigen Erwartungen der Stakeholder zu erfüllen. Diese Phase dient weiterhin einer strengeren Quantifizierung der Vorteile, die im ursprünglichen Business Case skizziert wurden. Bei der Festlegung des Innovationsgrades gilt es zwischen einer kontinuierlichen Verbesserung und dem Reengineering zu entscheiden. In dem Zusammenhang sollte auch entschieden werden, ob und in welchem Umfang Prozesse, die bereits effizient gestaltet sind, automatisiert werden. Zusätzlich werden in der Innovationsphase ein anfänglicher Kommunikationsplan für die Stakeholder und ein erstes Dokument für die Strategie des Change Managements erstellt. Für ein gutes Resultat der Innovationsphase ist es notwendig, dass das Unternehmen eine Vision für die Phase entwickelt und darauf aufbauend Prozessziele formuliert.[253]

3.2.3 Fulfillment

Die People-Phase hat zur Aufgabe, ein Rollenkonzept und personenbezogene Lösungen zur Performancemessung zu entwickeln. In dieser Phase werden für die Mitarbeiter und das Management die Arbeitsziele definiert und Stellenbeschreibungen überarbeitet beziehungsweise erstellt. Die Art und Weise, in der ihre Leistung gemessen und gesteuert wird, wird auch verändert oder entwickelt, damit sie den Prozesszielen und der neuen Organisationsstruktur entsprechen.[254]

In der Entwicklungsphase geht es primär um die Entwicklung von Automatisierungslösungen für das GPM. Im Einzelnen liefert die Entwicklungsphase eine allgemeine Übersicht der IT-Lösungen in Bezug auf detaillierte Geschäftsanforderungen sowie Soft- und Hardware für die Unterstutzung des GPM.

Die Implementierungsphase ist die Phase, in der alle entworfenen und entwickelten Prozessverbesserungen tatsächlich umgesetzt werden. In dieser Phase laufen die Aktivitäten des Change Managements zusammen.

[253] Vgl. zu den vorangegangenen Ausführungen zu „Findings & Solutions" Jeston und Nelis (2008): Business process management, S. 132 ff.

[254] Vgl. zu den nachfolgenden Ausführungen zu „Fulfillment" Jeston und Nelis (2008): Business process management, S. 178 ff.

Nach der Implementierungsphase besitzt die Organisation eine geschulte und motivierte Mannschaft sowie verbesserte oder neu gestaltete Prozesse, die den Anforderungen und Bedürfnissen der identifizierten Stakeholder entsprechen.[255]

3.2.4 Future

Die Realisierung der Wertschöpfung des Projektes passiert selten unmittelbar nach der Durchführung des Projekts. Teilweise kann eine Verzögerung von drei bis sechs Monaten auftreten, obwohl bereits die vorgelagerten Phasen zur Wertschöpfung durch das Projekt beitragen können. Das Ergebnis der Wertschöpfungsphase beinhaltet jeweils nutzenbezogene Meilensteine, Netzwerkmatrix, Liefermatrix und Realisierungsregister.[256]

Die nachhaltige Leistungsphase ist die letzte Phase des GPM Frameworks und nimmt Bezug auf die Notwendigkeit einer Bewegung von einer projektorientierten zu einer businessorientierten GPM Umgebung. Prozessverbesserungen, die nicht nachhaltig sind, verfehlen ihre Wirkung. Das Ziel dieser Phase ist es somit die Nachhaltigkeit der laufenden Prozessverbesserungen zu gewährleisten.[257]

3.2.5 Essentials

Nach Jeston und Nelis beinhaltet das GPM-Projektmanagement das Change Management und das Stakeholder Management. Ein gut ausgeführtes Projektmanagement vermindert die Risiken des Projekts deutlich und erhöht die Wahrscheinlichkeit, dass Ziele und Nutzen des GPM umgesetzt werden. Jeston und Nelis legen bei dem Projektmanagement besonderen Wert auf das Durchlaufen verschiedener „key gates". Dabei handelt es sich um die Stakeholderanalyse, ein Verständnis über die Größe der Veränderung, die Veränderungskapazität der Organisation, die Akzeptanz des GPM in der Organisation und eine technische Beurteilung. Stakeholder in Bezug auf das GPM können einzelne Führungskräfte, Mitarbeiter, andere interne Ge-

---

[255] Vgl. zu den vorangegangenen Ausführungen zu „Fulfillment" Jeston und Nelis (2008): Business process management, S. 178 ff.

[256] Vgl. Jeston und Nelis (2008): Business process management, S. 228 ff.

[257] Vgl. Jeston und Nelis (2008): Business process management, S. 228 ff.

schäftseinheiten, Lieferanten, Kunden, Vertriebskanäle, die Gesellschaft, die Umwelt oder der Markt sein.[258]

Während eines GPM-Projekts, es sei denn, es ist ein sehr kleines und isoliertes Projekt, muss die Unternehmenskultur behandelt werden. Change Management ist ein Kernbestandteil für eine erfolgreiches GPM-Projekte und ein Bereich, der im gesamten Projekt fokussiert werden muss.

Im Rahmen des GPM Projektes identifizieren JESTON und NELIS drei Ebenen von Führung. Auf der obersten Ebene stehen die Geschäftsführung oder die Leiter der Geschäftsbereiche. Auf ihr Engagement kommt es besonders in den Szenarien "business as usual" oder „in the driver's seat" an. Auf der zweiten Ebene stehen der Programm- beziehungsweise Projektsponsor, der Programmdirektor und Projektmanager. Die dritte Ebene umfasst das Projektteam und die Mitarbeiter, die als „Leiter in der Veränderung" in kleineren Teilen der Organisation auftreten. Die Rolle, die die einzelnen „Leader" spielen, hängt stark vom ausgewählten Szenario ab. Die jeweiligen Führungsebenen unterscheiden sich in ihrem Einflussbereich, ihrer Verankerung in der Organisationsstrategie, Art der Führung, Kommunikation und ihren Beziehungen.[259]

3.3 SCHMELZER und SESSELMANN: Einführung des Geschäftsprozessmanagements

SCHMELZER und SESSELMANN betrachten das Geschäftsprozessmanagement als „[...] integriertes System aus Führung, Organisation und Controlling zur zielgerichteten Steuerung und Optimierung von Geschäftsprozessen."[260]

3.3.1 Aufbau und Zielsetzungen des GPMS

In Abbildung 3-6 ist der Aufbau eines GPMS nach SCHMELZER und SESSELMANN dargestellt.

---

258 Vgl. zu den nachfolgenden Ausführungen zu „Essentials" Jeston und Nelis (2008): Business process management, S. 260 ff.

259 Vgl. zu den vorangegangenen Ausführungen zu „Essentials" Jeston und Nelis (2008): Business process management, S. 260 ff.

260 Schmelzer und Sesselmann (2013): Geschäftsprozessmanagement in der Praxis, S. 6

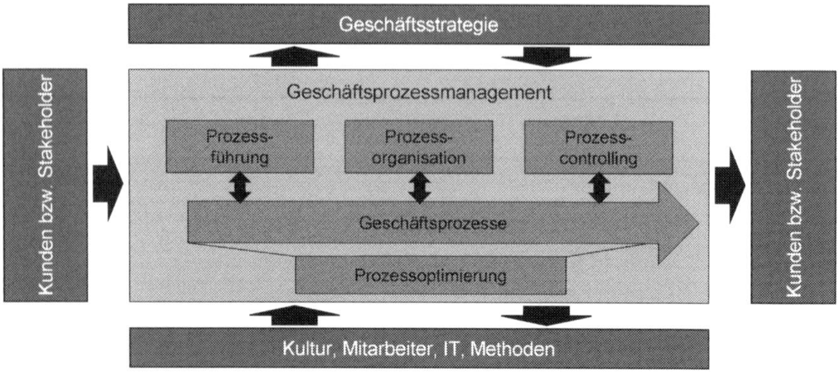

Abbildung 3-6: Geschäftsprozessmanagementsystem nach SCHMELZER und SESSELMANN[261]

Das Geschäftsprozessmanagement bildet den Kern des Systems und beinhaltet als zentrales Bezugsobjekt die Geschäftsprozesse sowie zusätzlich die Aufgabenfelder Prozessführung, Prozessorganisation, Prozesscontrolling und Prozessoptimierung. Um einen Überblick über relevante Geschäftsprozesse zu erhalten, sehen die Autoren eine Darstellung der Prozesse in einer Prozesslandkarte vor und beschreiben zusätzlich ein Reifegradmodell zur detaillierten Analyse der Prozessbeherrschung.[262] Das Geschäftsprozessmanagement hat hier zwei zentrale Bezugspunkte. Der erste Bezugspunkt ist die Geschäftsstrategie auf der vertikalen Achse (vgl. Abbildung 3-6). Die Geschäftsstrategie legt die relevanten und erforderlichen Geschäftsprozesse fest und bestimmt zusätzlich welche strategischen Ziele in den Geschäftsprozessen umzusetzen sind. So können die Geschäftsprozesse identifiziert und an den Unternehmenszielen ausgerichtet werden. Geschäftsprozesse und Geschäftsstrategie sind eng verbunden, so dass eine Änderung der Strategie zwangsläufig Änderungen in den Geschäftsprozessen nach sich zieht. Die Verknüpfung wird im strategischen Geschäftsprozessmanagement konkretisiert, welches das Ziel hat, erfolgskritische Potenziale auf- und kontinuierlich auszubauen, um die Wettbewerbsfähigkeit des Unternehmens langfristig zu sichern. Der Fokus wird hier auf wettbewerbsrelevante, also in der Regel primäre Geschäftsprozesse gelegt. Im Rahmen des strategischen

[261] In Anlehnung an Schmelzer und Sesselmann (2013): Geschäftsprozessmanagement in der Praxis, S. 8
[262] Vgl. Schmelzer und Sesselmann (2013): Geschäftsprozessmanagement in der Praxis, S. 72 ff. und S. 376 ff.

GPM sollen ebenfalls die Unternehmensziele mit dem GPMS synchronisiert und als Basis des weiteren Vorgehens eine Prozessvision und -mission formuliert werden. Zusätzlich zählt die Gewichtung der Geschäftsprozesse anhand verschiedener Kriterien und Methoden zum Aufgabenfeld des strategischen GPM. Die Autoren sehen eine Verbindung des strategischen und operativen GPM vor. Den zweiten Bezugspunkt stellt die Verbindung zu den Kunden und Stakeholdern (Anspruchsgruppen) auf der horizontalen Achse dar. Da die Hauptaufgabe von Geschäftsprozessen in der Erfüllung von Kundenbedürfnissen, -erwartungen und -anforderungen liegt, wird hier festgelegt, welche Objekte mit welchen Anforderungen in den einzelnen Geschäftsprozessen zu bearbeiten sind. Die beiden Bezugspunkte Geschäftsstrategie sowie Kunden und Stakeholder sind für eine erfolgreiche Umsetzung des GPM aufeinander abzustimmen.[263]

3.3.2 Aufgabenfelder des GPMS

Um sicherzustellen, dass Geschäftsprozesse sowohl die Kundenbedürfnisse und operativen Ziele als auch die strategischen Ziele erfüllen, beinhaltet das Geschäftsprozessmanagement die übergeordneten zentralen Aufgabenfelder Prozessführung, Prozessorganisation, Prozesscontrolling und Prozessoptimierung. Die Aufgabenfelder schaffen die Voraussetzung dafür, dass Geschäftsprozesse ihre Ziele erreichen und optimiert werden können.[264] In Abbildung 3-7 ist eine Übersicht über die einzelnen Aufgabenfelder des Geschäftsprozessmanagements nach SCHMELZER und SESSELMANN dargestellt.

---

263 Vgl. Schmelzer und Sesselmann (2013): Geschäftsprozessmanagement in der Praxis, S. 5 ff. und S. 81 ff.
264 Vgl. Schmelzer und Sesselmann (2013): Geschäftsprozessmanagement in der Praxis, S. 8

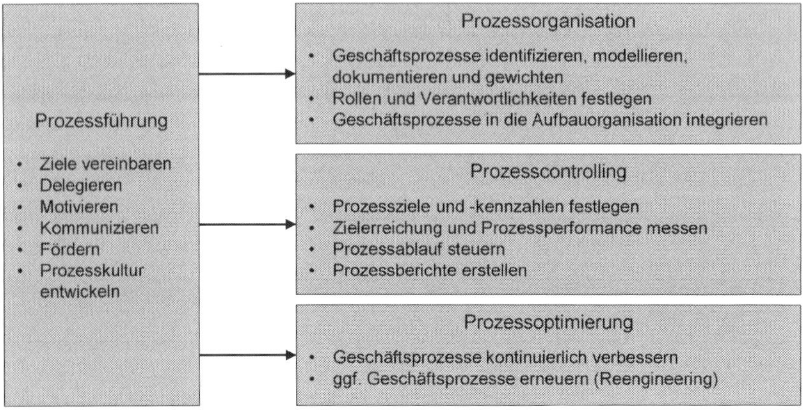

Abbildung 3-7: Aufgabenfelder des Geschäftsprozessmanagements[265]

Die Prozessführung bezieht sich auf die Führung von Mitarbeitern, die an Geschäftsprozessen beteiligt sind. Das Hauptziel der Prozessführung ist es, Verhalten und Einstellungen der Mitarbeiter so zu beeinflussen, dass sie den Orientierungen und Zielen des Geschäftsprozessmanagements zustimmen und diese motiviert umsetzen.[266] Die Personen, welche mit den Aufgaben der Prozessführung beauftragt sind, werden im Rahmen eines Rollenkonzepts für das GPM beschrieben. Prozessführung beginnt an der Spitze bei der Geschäftsleitung. Weiterhin werden Führungsaufgaben vom Chief Process Owner und den Geschäfts- und Teilprozessverantwortlichen wahrgenommen.[267]

Unter den Punkt Prozessorganisation fallen alle Aufgaben, die sich auf die Identifizierung, Gestaltung und Dokumentation der Geschäftsprozesse sowie ihre Integration in die Aufbauorganisation des Unternehmens beziehen. Die Prozessorganisation beinhaltet außerdem das Rollenkonzept für das GPMS.[268]

Das Prozesscontrolling beschreibt die Gesamtheit aller Aufgaben, Methoden und Techniken, die sich auf die Planung der Prozessziele sowie die Steuerung und Kontrolle der Zielerreichung beziehen. Es lässt sich grundsätzlich in eine strategi-

---

[265] In Anlehnung an Schmelzer und Sesselmann (2013): Geschäftsprozessmanagement in der Praxis, S. 9

[266] Vgl. Leistert (2006): Führungskoordinierendes Geschäftsprozesscontrolling, S. 187 ff.

[267] Vgl. Schmelzer und Sesselmann (2013): Geschäftsprozessmanagement in der Praxis, S. 9 f.

[268] Vgl. Schmelzer und Sesselmann (2013): Geschäftsprozessmanagement in der Praxis, S. 10

sche und eine operative Komponente unterteilen. Die wichtigsten Komponenten des Prozesscontrollings sind Prozessziele, -kennzahlen und das Prozessberichtswesen.[269]

3.3.3 Befähiger des GPM

Der Erfolg des Geschäftsprozessmanagements hängt maßgeblich von den Befähigern – Prozessstrategie, Mitarbeiter, Kultur, IT und Methoden – ab.[270] In Abbildung 3-8 wird eine Übersicht über die Befähiger, mit den einzelnen zugehörigen Elementen gegeben.

Prozessstrategie	Prozesskultur	Prozess-Mitarbeiter / Kompetenzen	IT	Prozess-methoden
▪ Strategische Prozessziele, -erfolgsfaktoren und -potenziale ▪ Prozessbezogene Kernkompetenzen ▪ Prozessarchitektur und -modell ▪ Strategisches Prozessprogramm	▪ Vertrauen ▪ Verantwortung ▪ Identifikation ▪ Fairness ▪ Zusammenarbeit ▪ Anerkennung ▪ Änderungsbereitschaft ▪ Organisationales Lernen ▪ Kunden-, Prozess-orientierung	▪ Mitarbeiterfähigkeiten ▪ GPM-Wissen ▪ GPM-Erfahrungen ▪ GPM-Akzeptanz ▪ GPM-Motivation ▪ GPM-Anreizsystem ▪ Mitarbeiterzufriedenheit	▪ IT-Strategie ▪ IT-Architektur ▪ IT-Applikationen (ERP..) ▪ BPM-Tools für BPM-Lifecycle ▪ BPM-Systeme/ SOA ▪ BPM-Portale, -Plattformen ▪ Workflow Management Systeme ▪ Social BPM	Methoden für: ▪ Prozessführung ▪ Prozessorganisation ▪ Prozesscontrolling ▪ Prozessoptimierung ▪ Prozesskommunikation ▪ Prozesseinführung ▪ Prozessausführung

Abbildung 3-8: Befähiger des Geschäftsprozessmanagements[271]

3.3.4 GPM im Vergleich mit anderen Managementkonzepten

In der Praxis und der Literatur existiert eine Vielzahl von verschiedenen Methoden und Konzepten, deren Ziel es ist, die Probleme der Unternehmen zu lösen und deren Wettbewerbsfähigkeit zu stärken. SCHMELZER und SESSELMANN zeigen die Zusammenhänge zwischen diesen Managementkonzepten und -methoden und dem GPM auf.[272] In Abbildung 3-9 wird eine beispielhafte Übersicht über wichtige Zusammenhänge gegeben.

[269] Vgl. Schmelzer und Sesselmann (2013): Geschäftsprozessmanagement in der Praxis, S. 10 und S. 265 ff.
[270] Vgl. Schmelzer und Sesselmann (2013): Geschäftsprozessmanagement in der Praxis, S. 10 ff.
[271] In Anlehnung an Schmelzer und Sesselmann (2013): Geschäftsprozessmanagement in der Praxis, S. 11
[272] Vgl. Schnaitmann (2000): Prozeßorientierte Unternehmensführung, S. 366 ff.

Strategisches Management	→	Voraussetzung für GPM
Change Management	→	notwendig für GPM
Lean Management	→	von GPM unterstützt
Business Process Reengineering	→	in GPM integriert
Kaizen / KVP	→	in GPM integriert
Six Sigma	→	in GPM integriert
Qualitätsmanagement, TQM	→	von GPM unterstützt

Abbildung 3-9 Beziehungen zwischen GPM und anderen Managementkonzepten und -methoden[273]

SCHMELZER und SESSELMANN beschreiben den Zusammenhang zwischen dem Lean Management und dem GPM derart, dass beide Konzepte grundsätzlich unterschiedliche Ausrichtungen aufweisen und somit andere Ziele verfolgen. So verfügt das Lean Management, im Gegensatz zum GPM, nicht über ein übergeordnetes Ziel- und Steuerungssystem und kann deshalb nicht gewährleisten, dass die Aktivitäten direkte Beiträge zur Erfüllung der Geschäftsziele und -strategie leisten. Jedoch können einzelne Methoden des Lean Managements (z.B. Kaizen) nutzbringend und effektiv in ein GPMS integriert werden.[274]

Die Autoren beschreiben den Zusammenhang zwischen dem Qualitätsmanagement, hier insbesondere dem prozessorientierten Qualitätsmanagement (ISO 9000 ff.) sowie dem Total Quality Management (TQM) und dem GPM derart, dass zwischen den Konzepten eine enge Beziehung besteht. Das vorgestellte GPMS deckt alle Forderungen, Empfehlungen und Bewertungskriterien des Qualitätsmanagements ab. Zusätzlich gehen Initiativen zur Einführung eines GPMS in Unternehmen häufig von bereits vorhandenen Qualitätsmanagementsystemen aus.[275]

3.3.5 Vorgehensweise zur Einführung des GPM

SCHMELZER und SESSELMANN beschreiben ein umfangreiches praxiserprobtes Konzept zur Einführung eines GPMS in einem Unternehmen. In diesem Zusammenhang werden die Ziele und Aufgaben des Change Managements detailliert beschrieben. Die Einführungsstrategie legt den zukünftigen Anwendungsbereich sowie das

---

[273] In Anlehnung an Schmelzer und Sesselmann (2013): Geschäftsprozessmanagement in der Praxis, S. 17

[274] Vgl. Schmelzer und Sesselmann (2013): Geschäftsprozessmanagement in der Praxis, S. 440 f.

[275] Vgl. Schmelzer und Sesselmann (2013): Geschäftsprozessmanagement in der Praxis, S. 21 ff.

grundsätzliche Vorgehen der Einführung fest. Variante A der Einführungsstrategie implementiert zunächst einen Geschäftsprozess in einer Geschäftseinheit des Unternehmens. Variante B verfolgt die parallele Einführung der Geschäftsprozesse in einer Geschäftseinheit. Variante C beinhaltet die parallele Einführung aller Geschäftsprozesse in dem Unternehmen. In Tabelle 3-1 sind die Einführungsstrategien mit Vor- und Nachteilen aufgeführt. Welche Einführungsstrategie gewählt werden sollte machen SCHMELZER und SESSELMANN abhängig von dem Commitment der Geschäftsleitung, der Dringlichkeit des Geschäftsprozessmanagements, den verfügbaren Ressourcen des Projekts, der Umsetzungsdauer der Einführung, den Widerständen gegen das GPM sowie den Umsetzungsrisiken. SCHMELZER und SESSELMANN gehen allerdings nicht genauer darauf ein, wie in Abhängigkeit der Ausprägung der einzelnen Kriterien verfahren werden soll.[276]

Tabelle 3-1: Einführungsstrategien primärer Geschäftsprozesse[277]

Variante		Vorteile	Nachteile
A	Pilotierung eines primären Geschäftsprozesses in einer Geschäftseinheit	▪ Geringe Projektkomplexität ▪ Niedriger Abbruchschaden ▪ Erfahrungsgewinn für weitere Einführungen	▪ Schnittstellenprobleme ▪ Isolierte Prozess-orientierung ▪ Punktueller Nutzen
B	Parallele Implementierung aller primären Geschäfts-prozesse in einer Geschäftseinheit	▪ Ziel- und Organisationsklarheit sowie durchgehende Prozessorientierung in Geschäftseinheiten ▪ Hoher Nutzen für Geschäftseinheit	▪ Relativ hohe Projektkomplexität ▪ Mehr Projektressourcen ▪ Hoher Abbruchsschaden
C	Parallele Implementierung aller primären Geschäftsprozesse in allen Geschäftseinheiten des Unternehmens	▪ Unternehmensweite Ziel- und Organisationsklarheit sowie Prozessorientierung ▪ Geringe Reibungsverluste ▪ Hoher Nutzen für Gesamtunternehmen	▪ Hohe Projektkomplexität ▪ Umfangreiche Projektressourcen ▪ Sehr hoher Abbruchschaden

Die Einführung des Geschäftsprozessmanagements erfolgt nach SCHMELZER und SESSELMANN anhand von vier Phasen (vgl. Abbildung 3-10).

[276] Vgl. Schmelzer und Sesselmann (2013): Geschäftsprozessmanagement in der Praxis, S. 87 und 513 ff.
[277] Vgl. Schmelzer und Sesselmann (2013): Geschäftsprozessmanagement in der Praxis, S. 538

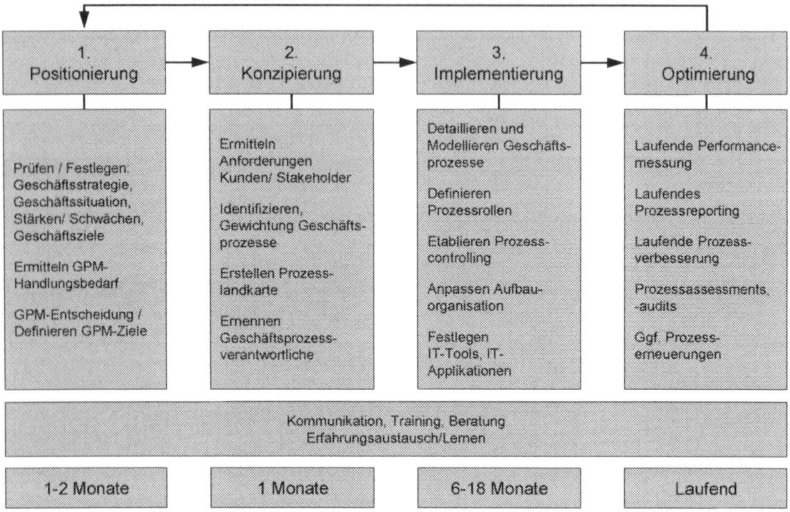

Abbildung 3-10: Inhalte und Dauer der Ablaufphasen[278]

Die in Abbildung 3-10 aufgeführten zeitlichen Angaben beruhen auf durchschnittlichen Erfahrungswerten, abhängig von verschiedenen Einflussfaktoren, wie der Einführungsstrategie, der Größe des Unternehmens und dem Engagement der Geschäftsleitung. Ein weiterer wichtiger Bestandteil ist, in der Einführung des GPM, ein zu den Phasen parallel laufendes Kommunikations- und Trainingsprogramm, welches den Beteiligten die relevanten Informationen und entsprechendes Prozesswissen vermittelt. Es unterstützt besonders im Hinblick darauf, Ängsten der Mitarbeiter vorzubeugen und Widerstände abzubauen. Die Bedeutung von Information und Kommunikation bleibt im Laufe der Ausführung der Geschäftsprozesse bestehen, daher sollte dem Kommunikationsprogramm in der Einführung eine systematische und kontinuierliche Prozessinformation und -kommunikation folgen.[279]

Im Weiteren werden die einzelnen Phasen in der Einführung des GPM nach SCHMELZER und SESSELMANN vorgestellt.

---

278 In Anlehnung an Schmelzer und Sesselmann (2013): Geschäftsprozessmanagement in der Praxis, S. 546

279 Vgl. Schmelzer und Sesselmann (2013): Geschäftsprozessmanagement in der Praxis, S. 547 ff.

Positionierung

Die Phase der Positionierung dient der Analyse der strategischen Ausrichtung der Organisation sowie der Entscheidung über die Einführung von GPM und der Festlegung seiner Vision und Ziele. Entscheidend ist, die Mitarbeiter bereits in der Positionierung mit einzubeziehen und sie mit Inhalten und Methoden vertraut zu machen. Die Positionierung an sich erfolgt anhand einzelner Schritte.[280]

Den Beginn macht die strategische Analyse. Da sich die Geschäftsprozesse an der Geschäftsstrategie ausrichten sollten, ist es notwendig, sich zuerst einmal über die Geschäftsstrategie Klarheit zu verschaffen. Ist die Geschäftsstrategie nicht ausreichend transparent, empfiehlt sich die Durchführung eines Strategieworkshops zur Klärung der Strategie und der zukünftigen Ausrichtung des Geschäfts.

Der nächste Schritt in der Positionierung beinhaltet die Analyse der Gesamtsituation des Unternehmens. Dazu empfehlen SCHMELZER und SESSELMANN ein Assessment, dem die Kriterien und Methoden des EFQM-Modells zugrunde liegen. Das Assessment dient dazu, Stärken und Schwächen des Unternehmens, insbesondere in Bezug auf den Stand der Prozessorientierung im Unternehmen aufzuzeigen.

Eine auf das GPM bezogene Stakeholder-Analyse identifiziert die für das GPM relevanten Stakeholder inklusive ihrer Erwartungen, Forderungen an das GPM sowie ihrer Bedeutung für das Unternehmen. Die durch die Stakeholder-Analyse gewonnen Informationen können genutzt werden, um die Stakeholder von der Notwendigkeit des GPM zu überzeugen. SCHMELZER und SESSELMANN nehmen dabei besonderen Bezug auf Kunden und Mitarbeiter, da sie in ihrem Verständnis die wichtigsten Stakeholder für das GPM darstellen.

Anschließend erfolgt eine Erarbeitung von Vision und Zielen des GPM. Bei der Formulierung der Prozessvision und der strategischen Prozessziele geht es darum, eine Vorstellung davon zu erhalten, was das Unternehmen in Zukunft mit dem GPM erreichen will. Sie dient als Orientierungshilfe für die Mitarbeiter und soll diese motivieren. Darauf aufbauend können die strategischen Prozessziele formuliert werden. Ist die Prozessvision noch eine eher abstrakte Vorstellung der zukünftigen

---

[280] Vgl. zu den nachfolgenden Ausführungen zur „Positionierung" Schmelzer und Sesselmann (2013): Geschäftsprozessmanagement in der Praxis, S. 54 ff. und S. 547 ff.

Situation, so geben die strategischen Prozessziele konkret an, was im strategischen Planungszeitraum erreicht werden soll.

Aufbauend auf den Erkenntnissen der vorherigen Schritte kann unter Abwägung der Risiken eine Entscheidung über die Einführung des GPM getroffen werden. In dem Zusammenhang sollte auch eine Entscheidung über die zu wählende Einführungsstrategie getroffen werden. Das Ergebnis der Entscheidung sollte zusammen mit der Vision und den Zielen zeitnah den Mitarbeitern mitgeteilt werden. SCHMELZER und SESSELMANN schließen die Phase der Positionierung mit einem Geschäftsprozesstraining ab. Das Geschäftsprozesstraining dient dazu, die Mitarbeiter der von der Einführung betroffenen Geschäftsbereiche zu qualifizieren und das weitere Vorgehen abzustimmen.[281]

Konzipierung

Die Phase der Konzipierung dient der Identifizierung und Beschreibung der relevanten Geschäftsprozesse mit den dazugehörigen Teilprozessen. Weiterhin werden die Geschäftsprozesse gewichtet und die Prozessparameter, wie Prozessziele und -kennzahlen sowie die Geschäftsprozessverantwortlichen festgelegt. Ein gemeinsam entwickeltes Verständnis für die Identifizierung und Strukturierung der Geschäftsprozesse ist dabei deutlich wichtiger als ein möglichst hoher Detaillierungsgrad der einzelnen Prozesse.[282]

Im ersten Schritt des Workshops werden die primären Geschäftsprozesse auf Grundlage von Leistungsprogramm, Kundengruppen, Kundenanforderungen, kritischen Erfolgsfaktoren sowie Stärken und Schwächen des Geschäftes identifiziert. SCHMELZER und SESSELMANN legen dabei zwei Gestaltungsregeln fest. Nämlich das jeder Geschäftsprozess beim Kunden beginnt und endet, und, dass jeder Geschäftsprozess ein Objekt bearbeitet. Für die identifizierten primären Geschäftsprozesse wird ein Steckbrief erstellt, der einen kurzen Überblick über alle relevanten Information für den jeweiligen Geschäftsprozess beinhaltet. Die Identifizierung der sekundären Geschäftsprozesse erfolgt analog zum Vorgehen für die primären Ge-

[281] Vgl. zu den vorangegangenen Ausführungen zur „Positionierung" Schmelzer und Sesselmann (2013): Geschäftsprozessmanagement in der Praxis, S. 54 ff. und S. 547 ff.

[282] Vgl. zu den nachfolgenden Ausführungen zur „Konzipierung" Schmelzer und Sesselmann (2013): Geschäftsprozessmanagement in der Praxis, S. 556 ff.

schäftsprozesse, mit dem Unterschied, dass die „Kunden" der sekundären Geschäftsprozesse jeweils die primären Geschäftsprozesse sind.

Anschließend erfolgt eine Strukturierung der Geschäftsprozesse. Dafür werden die Geschäftsprozesse in Teilprozesse unterteilt. Für jeden Teilprozess sollen Prozessinhalt, Input und Output definiert werden. Zusätzlich wird ein Prozess-Organisations-Diagramm (PO-Diagramm) erstellt, das die einzelnen Teilprozesse des Geschäftsprozesses mit den dazugehörigen Organisationsabteilungen visualisiert. Laut SCHMELZER und SESSELMANN hat sich dieses Top-down-Vorgehen zur Identifizierung der Geschäftsprozesse in der Praxis bewährt.

Sind die Geschäftsprozesse und ihre Teilprozesse identifiziert und strukturiert, können die Prozessziele und -kennzahlen festgelegt werden. Der Fokus liegt auf Kundenzufriedenheit, Prozesszeit, Termintreue, Prozessqualität und Prozesskosten. Anhand dieser Kernziele werden für die Geschäftsprozesse Prozesskennzahlen zur Messung der Zielerreichung und Performance der Prozesse abgeleitet.

Im nächsten Schritt erfolgt die Ernennung der Geschäftsprozessverantwortlichen. Aufgrund des Umfangs der Aufgaben empfehlen SCHMELZER und SESSELMANN dem Geschäftsprozessverantwortlichen nur die Verantwortung für einen Geschäftsprozess zu übertragen. Weiterhin sollte der Geschäftsprozessverantwortliche aus dem Top Management stammen, da ihm nur so die notwendigen Informationen über Ziele und Prioritäten zukommen. Da eine verzögerte Ernennung der Geschäftsprozessverantwortlichen die Einführung des GPM erheblich hemmt, sollten nach Möglichkeit alle Geschäftsprozessverantwortlichen, das heißt alle Verantwortlichen für die Prozesse auf Ebene 1 der Prozesslandkarte, frühzeitig bestimmt werden.[283]

Implementierung

Im Zentrum dieser Phase steht die Implementierung der Geschäftsprozesse und des Prozesscontrollings. Jeder Geschäftsprozessverantwortliche ernennt für die Teilprozesse des Geschäftsprozesses, für den er zuständig ist, Teilprozessverantwortliche. Ähnlich wie bei der Ernennung der Geschäftsprozessverantwortlichen ist darauf zu achten, dass auch Teilprozesse aufgrund des Umfangs der ihnen übertragen Aufga-

---

[283] Vgl. zu den vorangegangenen Ausführungen zur „Konzipierung" Schmelzer und Sesselmann (2013): Geschäftsprozessmanagement in der Praxis, S. 556 ff.

ben nur die Verantwortung über einen Teilprozess erhalten sollten. Geschäftsprozessverantwortlicher und Teilprozessverantwortliche bilden zusammen das Prozessteam. Während der Einführung des GPM übernimmt das Prozessteam die Implementierung und später im Tagesgeschäft die Optimierung und Anpassung des Geschäftsprozesses. Parallel erfolgt die Bildung des Managementteams. Das Managementteam setzt sich aus den Geschäftsprozessverantwortlichen und der Geschäftsleitung zusammen und übernimmt eine steuernde Funktion während der Implementierung sowie einer späteren Optimierung.[284]

Zunächst prüft, detailliert, optimiert und dokumentiert das Prozessteam auf Grundlage des PO-Diagramms die im Managementworkshop identifizierten und strukturierten Geschäftsprozesse. Dabei werden für die Teilprozesse folgende Punkte festgelegt: Verantwortlicher, Objekt, Prozessschritte, Inputs, Lieferanten, Ergebnisse, Kunden, Einrichtungen und Hilfsmittel, Methoden und Tools, Vorschriften und Richtlinien, Dokumentation. Bei der Beschreibung der Prozessschritte empfiehlt sich die Nutzung von Modellierungsmethoden und Modellierungstools. Erste Prozessverbesserungen lassen sich bereits durch die Modellierung der Prozessschritte erreichen. Die Detaillierung und Beschreibung bezieht sich auf den Soll-Zustand der Prozesse und sollte sich auf einen überschaubaren Realisierungszeitraum von zum Beispiel einem Jahr beziehen.

Die Dokumentation der Prozesse erfolgt auf drei Ebenen (Tabelle 3-2).

[284] Vgl. zu den nachfolgenden Ausführungen zur „Implementierung" Schmelzer und Sesselmann (2013): Geschäftsprozessmanagement in der Praxis, S. 565 ff.

Tabelle 3-2: Prozessdokumentation[285]

Ebene	Prozessdokumentation
1	Übersicht • Geschäftsprozessmodell, Prozesslandkarte
2	Geschäftsprozesse • Beschreibung Geschäftsprozesse • Aufbaustruktur Geschäftsprozesse • Rollenbeschreibung Geschäftsprozessverantwortlicher, Managementteam, Prozessteam
3	Teilprozesse • Beschreibung • Ablaufstruktur Teilprozesse • PO-Diagramm Teilprozesse • Rollenbeschreibung Teilprozessverantwortlicher, Kaizen-Team • Leistungsvereinbarung mit Lieferanten

SCHMELZER und SESSELMANN empfehlen das Hinzuziehen von Prozessberatern, da diese aufgrund ihrer Methodenkenntnisse und Anwendungserfahrungen mit Geschäftsprozessmanagement wertvolle Unterstützung bieten.

Sind die Geschäfts- und Teilprozesse dokumentiert, kann die Implementierung des Prozesscontrollings erfolgen. Im Mittelpunkt stehen dabei die festgelegten Prozesskennzahlen. Diese werden auf die Teilprozesse heruntergebrochen und es werden Messpunkte am Ende der Teilprozesse festgelegt, an denen die Messung über das Bearbeitungsobjekt erfolgt. Auf die Etablierung dieses Messsystems legen SCHMELZER und SESSELMANN in der Einführung des GPM besonderen Wert, da ohne Messung keine zielgerichteten Verbesserungen möglich sind. Die zeitliche Entwicklung der Prozesskennzahlen wird über einen Prozessbericht anhand der Gegenüberstellung des Zielwertes und der Ist-Werte erfasst. Der Bericht dient den Prozessteams zur Performancemessung der Geschäfts- und Teilprozesse und der Erfassung von Zielerreichung und weiteren Verbesserungspotenzialen. Die Einführung von GPM hat zum Teil umfassende organisatorische Umstrukturierungen als Folge. In dem Zusammenhang müssen gegebenenfalls die Aufbauorganisation angepasst und somit Verantwortlichkeiten und Hierarchien neu festgelegt werden. Dies wird entscheidend, sobald die Prozesse mit eigenen Ressourcen ausgestattet werden. Unterschieden wird dabei zwischen finanziellen, personellen und technischen Ressourcen.

285 In Anlehnung an Schmelzer und Sesselmann (2013): Geschäftsprozessmanagement in der Praxis, S. 175

Den Abschluss in dieser Phase bildet eine Fortschrittskontrolle, bei der die Erfolge bei der Einführung des GPM überprüft werden.[286]

Optimierung

Die Phase der Optimierung verfolgt den eigentlichen Zweck des GPM, die Geschäftsprozesse des Unternehmens zu optimieren. Diese Optimierung kann nach SCHMELZER und SESSELMANN anhand von zwei unterschiedlichen Vorgehensweisen erfolgen. Die radikale Erneuerung einzelner Geschäftsprozesse erfolgt über ein BPR-Projekt und ermöglicht es, ihre Performance sprunghaft zu steigern. Alternativ erfolgt die Steigerung der Performance über eine kontinuierliche Verbesserung, für die Methoden wie Kaizen oder Six Sigma eingesetzt werden können.[287]

3.4 SCHUH: MOTION

In Kapitel 2.3 wurde bereits die Motivation für die Entwicklung von MOTION erläutert. Im Folgenden soll nun der konzeptionelle Bezugsrahmen von MOTION in seinem Aufbau und seinen Bestandteilen vorgestellt werden.

Der Ablauf eines Veränderungsprojektes nach MOTION lässt sich in die drei Phasen Analyse, Gestaltung und Transformation gliedern, obgleich eine strikte zeitliche Trennung vermieden werden soll. Die Struktur des Konzepts wird in Abbildung 3-11 deutlich. Im Laufe des Veränderungsprojekts verschiebt sich der Arbeitsschwerpunkt von der Analyse hin zur Gestaltung. Die Transformation schließt nicht an das Prozessdesign an, sondern soll schon bei Projektstart beginnen.[288]

---

[286] Vgl. zu den vorangegangenen Ausführungen zur „Implementierung" Schmelzer und Sesselmann (2013): Geschäftsprozessmanagement in der Praxis, S. 565 ff.

[287] Vgl. Schmelzer und Sesselmann (2013): Geschäftsprozessmanagement in der Praxis, S. 574 ff.

[288] Vgl. Schuh (2006): Change Management, S. 13

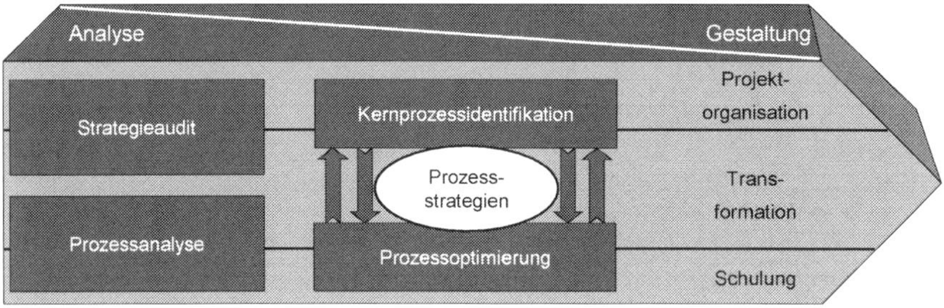

Abbildung 3-11: Zusammensetzung der MOTION-Bausteine[289]

3.4.1 Erste Phase – Fokussierung

Im Strategieaudit soll sich das Strategieteam über eine erfolgsversprechende strategische Stoßrichtung einig werden. Zu deren Entwicklung sind fünf Basiselemente vorgesehen. Zunächst muss von allen Beteiligten die Notwendigkeit der Veränderung erkannt werden, um nachhaltiges Commitment über die gesamte Dauer des Projekts sicher zu stellen. Die Festlegung Strategischer Erfolgspositionen (SEP) bildet den zweiten Schritt. SEP sind definiert als die Fähigkeit zur Nutzung attraktiver Nutzenpotenziale, welche langfristig die Erzielung überdurchschnittlichen Erfolgs ermöglichen.[290] Bei der Diskussion von SEP können Informationen aus einer Branchenstrukturanalyse nach PORTER unterstützend wirken.[291] Es folgt die Formulierung von strategischen Programmen, in denen die durch Formulierung der SEP gewonnene, grobe Orientierung konkretisiert wird. Die Gesamtstrategie wird genauer beleuchtet hinsichtlich der leistungswirtschaftlichen, finanzwirtschaftlichen, sozialen und informationellen Komponenten. Die Teilstrategien werden in Bezug auf Ziele, benötigte Ressourcen und Verfahren ausformuliert. Mit den Profilmodulen von BLEICHER können die bis dahin erarbeiteten Inhalte auf ihre Konsistenz – den sogenannten Fit – geprüft werden.[292] Das Strategische Programm setzt sich zusammen aus den Bereichen Produktprogrammstrategien, Wettbewerbsstrategien, Ressourcenstrategien und Aktivitätsstrategien (vgl. Abbildung 3-12).

289 In Anlehnung an Schuh (2006): Change Management, S. 13
290 Vgl. Pümpin und Amann (2005): SEP - Strategische Erfolgspositionen, S. 30
291 Vgl. Porter (1980): Competitive strategy, S. 4
292 Vgl. Bleicher (2011): Das Konzept Integriertes Management, S. 266 ff.

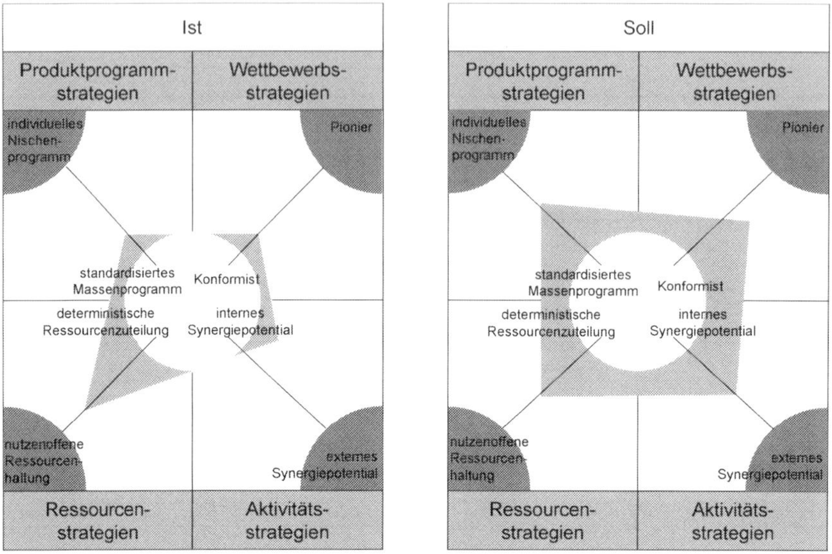

Abbildung 3-12: Ist- und Soll-Profil des Strategischen Programms[293]

Die Synthese der vier Bereiche offenbart das Strategische Profil. Positionen nah am Ursprung deuten auf eine stabilisierende, Positionen weiter außen auf eine verändernde Strategie hin. Wichtiger als die einzelnen Positionen an sich ist deren Lage zueinander. Harmonisierende Teilstrategien beschreiben einen Kreis um den Ursprung.[294]

Zum Abschluss des Strategieaudits werden SEP, die strategischen Programme und das Strategische Profil einer Plausibilitätsprüfung unterzogen. Mithilfe eines Ursache-Wirkungs-Netzes können positive wie negative Einflüsse zwischen den verschiedenen Strategiebausteinen dargestellt und gegensätzliche Beeinflussungen erkannt werden. Die Feststellung grober Inkonsistenzen kann das erneute Durchlaufen des Strategieaudits erfordern.[295]

Seinen Schwerpunkt erhält das Veränderungsprojekt mit der Kernprozessidentifikation über das Prozessportfolio. Als Kernprozesse werden in MOTION solche Haupt-

293 In Anlehnung an Schuh (1998): MOTION-Change Management, S. 95
294 Vgl. Müller (1999): Prozessorientierte Veränderungsprojekte, S. 73
295 Vgl. Müller (1999): Prozessorientierte Veränderungsprojekte, S. 75

prozesse bezeichnet, die einen im Vergleich zum Wettbewerb deutlich höheren wahrgenommenen Kundenutzen stiften. Hauptprozesse sind dabei Prozesse mit besonderer Signifikanz für Einzigartigkeit und Markterfolg eines Unternehmens, von denen es acht bis zwölf zu identifizieren gilt.[296] Um sich von den tradierten Strukturen zu lösen, werden funktionsübergreifende Prozesse empfohlen.[297]

Der Darstellung im Prozessportfolio liegen die Kenngrößen Prozesseffektivität, Prozesseffizienz, Bedeutung und Prozessabhängigkeit zugrunde (vgl. Abbildung 3-13). Prozessabhängigkeit tritt in den Varianten der Leistungsverflechtung und der Ressourceninterdependenz auf und wird über eine Verbindungslinie zwischen den Prozessen dargestellt.[298]

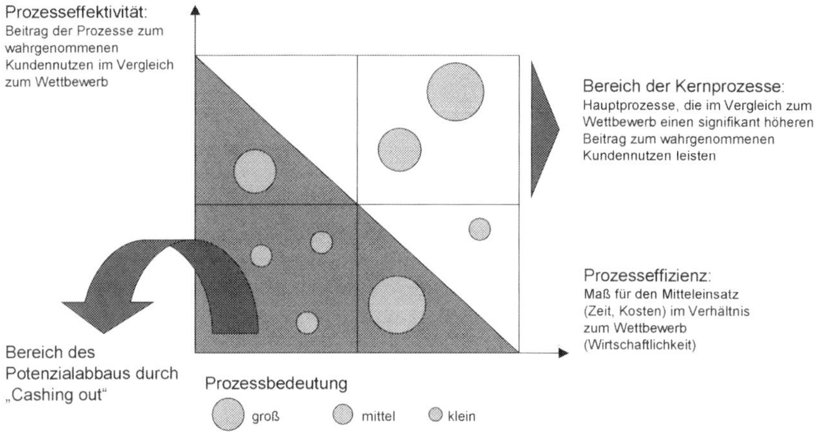

Abbildung 3-13: Kernprozessidentifikation über das Prozessportfolio[299]

Die Kernprozesse können gemäß der oben genannten Definition im Prozessportfolio ausgemacht werden. Liegt ein Prozess oberhalb der horizontalen Mittellinie, leistet er einen höheren Beitrag zum wahrgenommenen Kundennutzen als der entsprechende Prozess des Wettbewerbs und ist damit als Kernprozess zu klassifizieren.[300]

---

296 Vgl. Müller (1999): Prozessorientierte Veränderungsprojekte, S. 21
297 Vgl. Schuh (2006): Change Management, S. 29
298 Vgl. Müller (1999): Prozessorientierte Veränderungsprojekte, S. 115
299 In Anlehnung an Müller (1999): Prozessorientierte Veränderungsprojekte, S. 78
300 Vgl. Schuh (2006): Change Management, S. 32

An die Identifikation der Kernprozesse knüpft die Formulierung von Prozessstrategien an. Es gilt zu klären, welche Bedeutung der Unternehmensstrategie in den einzelnen Prozessen zukommt. Die Prozessstrategien sind das Verbindungsglied zwischen der Top-down-Ebene (Strategieaudit und Kernprozessidentifikation) und der Bottom-up-Ebene (Prozessanalyse und Prozessdesign). Sie haben zentrale Bedeutung für die Umsetzung der Down-up-Philosophie in MOTION.[301]

Die gewünschte, zukünftige Position eines Prozesses im Prozessportfolio wird eingezeichnet und durch einen Pfeil mit der gegenwärtigen Situation verbunden. Der Pfeil gibt somit die Entwicklungsrichtung hinsichtlich der Portfoliodimension Effektivität und Effizienz an. Zur Operationalisierung und in Anlehnung an die Bestandteile der strategischen Programme werden für die Prozessstrategien Prozessziele definiert, die mit bestimmten Ressourcen und Verfahren zu erreichen versucht werden. Das Prozessziel kann in mehreren Etappen erreicht werden, in denen der Schwerpunkt entweder auf einer Effektivitäts- oder einer Effizienzsteigerung liegt. Das Gesamtziel entspricht dann der vektoriellen Addition der einzelnen Etappenziele (vgl. Abbildung 3-14).[302]

---

301 Vgl. Schuh (1998): MOTION-Change Management, S. 26 und Schuh (2006): Change Management, S. 33

302 Vgl. Schuh et al. (2007): Prozessorientierte Reorganisation, S. 51 ff.

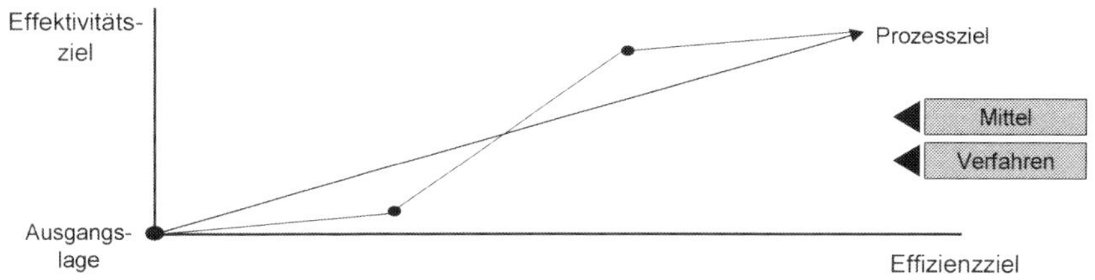

Maßnahmenpakete		
Modularisierung	Releaseplanung	Vertriebskonzept
Ziele: Wiederholhäufigkeit Faktor 4, 80% Standard	Ziele: Koordinierte Entwicklung	Ziele: Kundenbedürfnisse wirtschaftlicher treffen
Mittel: Standard 1-5 definieren, Modularisierung, Schulungskonzept	Mittel: Freigaberegeln	Mittel: Vertriebstraining
Verfahren: EDM (Engineering Data Management)	Verfahren: VMEA (Variant Mode and Effects Analysis)	Verfahren: CAS (Computer Aided Selling)

Abbildung 3-14: Etappenweise formulierte Prozessstrategie[303]

3.4.2 Zweite Phase – Prozessarbeit

Ziel der Prozessanalyse ist das Aufzeigen von Stärken und Schwachstellen in den Prozessen und die darauf aufbauende Ableitung von Verbesserungspotenzialen. Eine vollständige und realitätsgetreue Erfassung der Inhalte und Zusammenhänge wird durch die drei Schritte Rekonstruktion, Visualisierung und Review gewährleistet, die in einem iterativen Prozess mehrfach durchlaufen werden. Der Ablauf wird als Autor-Kritiker-Zyklus bezeichnet. Die Rekonstruktion erfolgt auf Basis von Einzelinterviews mit Mitarbeitern aus dem operativen Geschäft. Im Anschluss an die Prozessanalyse findet die gestalterische Phase des Prozessdesigns statt. Die Ausprägung des Prozessdesigns ist abhängig vom Detaillierungsgrad des Prozessplans, den Ergebnissen des Strategieaudits und den beschlossenen Prozessstrategien. Das

303 In Anlehnung an Schuh et al. (2007): Prozessorientierte Reorganisation, S. 53

Vorgehen während des Designs ist zweigeteilt in das Identifizieren von Problembereichen und das Entwickeln von Veränderungsmaßnahmen.[304]

Die Identifikation von Problembereichen basiert auf der Formulierung von Prozessplanaussagen. Die Veränderungsmaßnahmen entwickeln sich aus einer Kombination von Einzelansätzen, die als Designprinzipien verstanden werden. Ziel der zehn Designprinzipien ist die Optimierung von einzelnen Prozesselementen oder die Vernetzung der Prozesse untereinander. Eliminieren, Standardisieren, verbesserten Mitteleinsatz, Varianzreduktion und Substituieren sind Ansätze mit dem Schwerpunkt auf den Prozesselementen. Ihren Schwerpunkt in der Optimierung der Prozessvernetzung haben die Ansätze Integrieren, Parallelisieren, Verlagern, Iterationen vermeiden und Kooperieren.

Das Ergebnis des Prozessdesigns sind definierte Sollprozesse und ein Maßnahmenkatalog für die anstehenden Gestaltungstätigkeiten. Hiermit werden eine transparente Dokumentation und die Kontrolle der Umsetzung unterstützt.[305]

3.4.3 Dritte Phase – Realisierung

Der Transformationsprozess beginnt vor dem Strategieaudit und geht über die Implementierung der Sollprozesse hinaus. Während in den übrigen Bausteinen von MOTION überwiegend die inhaltliche Dimension des Wandels erarbeitet wird, findet bei der Realisierung die starke Bedeutung der menschlichen Komponente Berücksichtigung. Die individuelle Unternehmenskultur und personelle Konstellation erfordert ein projektspezifisches Konzept für die Umsetzung.[306]

---

304 Vgl. zu den folgenden Ausführungen zur „Phase der Prozessarbeit" Müller (1999): Prozessorientierte Veränderungsprojekte, S. 82 ff., Schuh (2006): Change Management, S. 62 ff. und Namokel (1996): Die moderierte Besprechung, S. 29

305 Vgl. zu den vorangegangenen Ausführungen zur „Phase der Prozessarbeit" Müller (1999): Prozessorientierte Veränderungsprojekte, S. 82 ff., Schuh (2006): Change Management, S. 62 ff. und Namokel (1996): Die moderierte Besprechung, S. 29

306 Vgl. zu den folgenden Ausführungen zur „Phase der Realisierung" Schuh (2006): Change Management, S. 105, Müller (1999): Prozessorientierte Veränderungsprojekte, S. 91 ff., Witte (1973): Organisation für Innovationsentscheidungen, S. 17 f. und Gomez und Zimmermann (1993): Unternehmensorganisation, S. 96

Das Projektmanagement schafft Rahmenbedingungen für eine erfolgreiche Durchführung und wird in die Basiselemente Projektorganisation sowie Ressourcen- und Zeitmanagement eingeteilt. In der Projektorganisation wird das Down-up-Prinzip umgesetzt. Zwischen Strategieteam (Top-down) und Prozess- und Analyseteams (Bottom-up) befindet sich der mit dem Nahtstellenmanagement betraute Steuerkreis. Personen mit Mitgliedschaft in zwei Teams ermöglichen als Verbindungsglieder die Kommunikation über Hierarchiestufen hinweg und schaffen Informationstransparenz und eine Vertrauenskultur.

Die Planung der Projektzeit und die der Personalkapazität sind eng verknüpft und werden im Ressourcen- und Zeitmanagement zusammengefasst. Ein kurzes Projekt mit einer Dauer von einem bis drei Monaten (Business Process Reengineering) erfordert die vollständige Freistellung der Teilnehmer, mittelfristige Projekte (circa ein Jahr) können in Teilzeit bearbeitet werden. Für langfristige Maßnahmen (bis drei Jahre) genügt das Engagement mit einem kleinen Teil der monatlichen Arbeitszeit.

Im Rahmen der Qualifizierung sind neue Arbeitsinhalte, neue Beziehungen und die neue Betriebssprache zu vermitteln sowie ein Prozessverständnis und eine allgemeine Interaktionskompetenz aufzubauen. Die Qualifizierung dient zunächst als Instrument, um Unsicherheit abzubauen, dann dem Aufbau von Wissen und schließlich dessen Anwendung im operativen Alltagsgeschäft.[307]

3.5 SNABE et al.: Business Process Management - The SAP Roadmap

Das Konzept nach SNABE ET AL. stellt einen Fahrplan beziehungsweise ein Vorgehensmodell (GPM Roadmap von SAP) zur Transformation eines Unternehmens weg von einer funktional, hin zu einer prozessorientierten Organisation unter Zuhilfenahme des GPM vor. SNABE ET AL. greifen hierbei auf Erfahrungen von SAP bezüglich des GPM zurück. Die Autoren weisen ausdrücklich darauf hin, dass das GPM nicht

[307] Vgl. zu den vorangegangenen Ausführungen zur „Phase der Realisierung" Schuh (2006): Change Management, S. 105, Müller (1999): Prozessorientierte Veränderungsprojekte, S. 91 ff., Witte (1973): Organisation für Innovationsentscheidungen, S. 17 f. und Gomez und Zimmermann (1993): Unternehmensorganisation, S. 96

ein einmaliges Projekt zur Veränderung, sondern vielmehr eine Philosophie darstellt, die für eine erfolgreiche Umsetzung in das Unternehmen eingebettet werden muss.[308] Diese Beschreibung verdeutlicht die ganzheitliche, übergreifende Sichtweise der Autoren auf das GPM. Sie beschreiben allerdings nicht die Ausgestaltung eines konkreten GPMS. Hier sei aber angemerkt, dass der konzeptionelle Rahmen des GPM nach SNABE ET AL. (vgl. Abbildung 3-15) dem dieser Arbeit zugrunde liegenden Verständnis eines GPMS nahe kommt.

Im Folgenden soll zunächst auf den konzeptionellen Bezugsrahmen des GPM eingegangen werden, bevor anschließend die einzelnen Phasen der GPM Roadmap kurz vorgestellt werden.

3.5.1 Konzeptioneller Rahmen des GPM

SNABE ET AL. verstehen das GPM als eine Management-Disziplin, mit Bezug auf die integrierte und kontinuierliche Analyse, Design, Implementierung, Ausführung und Überwachung von Geschäftsprozessen, um die Effektivität und Effizienz unter Beachtung der Unternehmensstrategie zu steigern.[309] In Abbildung 3-15 ist der konzeptionelle Rahmen des so verstandenen GPM dargestellt.

---

[308] Vgl. Snabe (2009): Business Process Management, S. 95 ff.
[309] Vgl. Snabe (2009): Business Process Management, S. 101

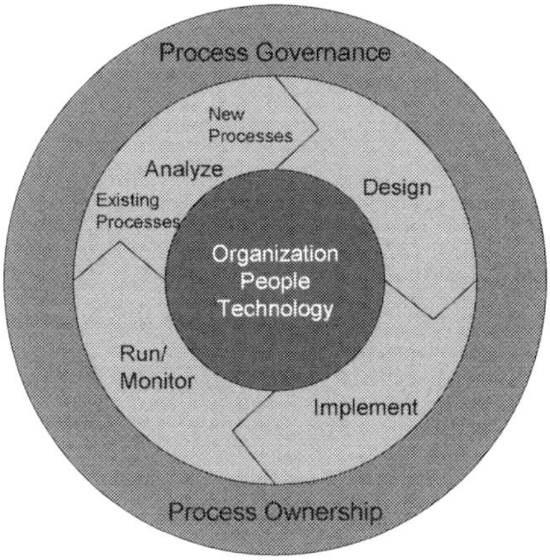

Abbildung 3-15: Konzeptioneller Rahmen des GPM nach SNABE et al.[310]

Ein wesentlicher Bestandteil des Geschäftsprozessmanagements ist der so genannte Prozessmanagementlebenszyklus, welcher sich auf die Geschäftsprozesse des Unternehmens bezieht und aus den Phasen Analyze, Design, Implement und Run/Monitor besteht. Er beinhaltet die zentralen Bestandteile Organization, People und Technology. Die Elemente Process Governance und der Process Ownership umfassen den gesamten Lebenszyklus und halten diesen zusammen.[311] Die Phasen des so beschriebenen Prozessmanagement Lebenszyklus entsprechen im Wesentlichen denen des Prozessmanagementprozesses und adressieren die gleichen Inhalte (vgl. Kapitel 2.2).

Die Process Governance dient der Bereitstellung eines Rahmens, der die unternehmensweite Effektivität und Effizienz aller Aktivitäten, die Prozesse und das Prozessmanagement betreffend, sicherstellen soll. Es sind Themen wie zum Beispiel Bevollmächtige, Konventionen und Grundsätze, Tools oder optionale GPM Prozeduren beinhaltet.[312]

Die Etablierung des Elements Process Ownership ist notwendig, um eine zentrale Anlauf- beziehungsweise Informationsstelle bezüglich aller Informationen, die spezifische Geschäftsprozesse betreffen, zu schaffen. Konkretisiert bedeutet dies, dass

[310] In Anlehnung an Snabe (2009): Business Process Management, S. 96
[311] Vgl. Snabe (2009): Business Process Management, S. 95
[312] Vgl. Snabe (2009): Business Process Management, S. 96

jeder Geschäftsprozess einer bestimmten Person, dem so genannten Process Owner, zugewiesen wird, welcher für den gesamten Prozess verantwortlich ist.[313] Das Element Process Ownership bezieht sich also auf einen Teilbereich eines Rollenkonzepts bezüglich des GPM (vgl. Kapitel 2.4.3).

Aufgrund der signifikanten Veränderungen, welche die Einführung und Umsetzung des GPM mit sich bringen, werden für eine erfolgreiche Implementierung verschiedene zentrale Elemente (Grundbausteine) benötigt:[314]

Das Element People bezieht sich auf die richtigen Mitarbeiter, mit den richtigen Fähigkeiten, in den einzelnen Geschäftsbereichen und in der IT-Unterstützung. Es werden im Wesentlichen weiche Faktoren wie Change Management oder Kommunikation adressiert. Der gesamte Reifegrad eines Unternehmens hängt wesentlich von den Fähigkeiten der Mitarbeiter bezüglich des Prozessmanagements ab.

Processes bezieht sich auf Geschäftsprozesse, welche den Kern des GPM darstellen. Außerdem stellt der Prozess des GPM beziehungsweise Prozessmanagementlebenszyklus ein wesentliches Element der erfolgreichen Umsetzung des GPM im Unternehmen dar. Es werden unter anderem der Stand des Prozesscontrollings und der Prozessdokumentation analysiert.

Das Element Organization bezieht sich auf die Veränderung bestehender organisatorischer Strukturen in Unternehmen, welche mit der Ein- und Durchführung des GPM einhergehen. So führt beispielsweise die Einführung neuer oder die Optimierung bestehender Prozesse zu strukturellen Veränderungen. Ebenso bezieht das Element den Aufbau von GPM Strukturen für einen kontinuierlichen, standardisierten und effektiven Betrieb mit ein. Es werden Fragen der Methodenauswahl, Zuständigkeit, Terminologie, Budgetierung oder auch der Ausgestaltung der Prozesslandkarte angesprochen.

Technology beschreibt die Unterstützung der Geschäftsprozesse durch IT-Systeme, welche bei der Ausführung einen wesentlichen Beitrag leisten.[315]

---

[313] Vgl. Snabe (2009): Business Process Management, S. 96

[314] Vgl. zu den nachfolgenden Ausführungen zu den Grundbausteinen Snabe (2009): Business Process Management, S. 95 ff.

[315] Vgl. zu den vorangegangenen Ausführungen zu den Grundbausteinen Snabe (2009): Business Process Management, S. 95 ff.

Die SAP Roadmap ist in die vier Phasen Strategy, Set-up, Transition und Continuous Improvement eingeteilt, zu denen parallel unterstützende Maßnahmen bezüglich IT, Change Management sowie Kommunikation und Training verlaufen (Abbildung 3-16).

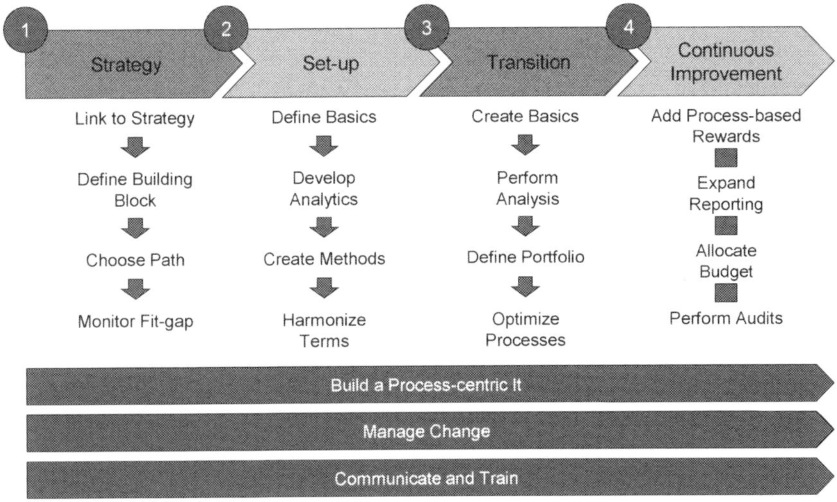

Abbildung 3-16: Die GPM Roadmap von SAP[316]

Im Weiteren werden die einzelnen Phasen der Roadmap kurz vorgestellt.

3.5.2 Phase 1: Strategie

Wie bereits angedeutet baut im Verständnis von SNABE ET AL. das GPM auf der Unternehmensstrategie auf. Um diese Verbindung zwischen Strategie und GPM herzustellen ist es notwendig, eine GPM-Strategie zu entwickeln. Die Entwicklung einer GPM-Strategie unterstützt dabei, das GPM von einem einmaligen Projekt abzugrenzen und einen langfristen Erfolg zu gewährleisten. Die Entwicklung der GPM-Strategie setzt sich zusammen aus einer Abfolge von vier Schritten.[317]

[316] In Anlehnung an Snabe (2009): Business Process Management, S. 99

[317] Vgl. zu den nachfolgenden Ausführungen zur „Phase 1: Strategie" Snabe (2009): Business Process Management, S. 101 ff.

Zuerst gilt es eine transparente Verbindung zwischen den Geschäftsprozessen und der Unternehmensstrategie herzustellen. In der Entwicklung der GPM-Strategie sollte eine Reihe von Einflüssen berücksichtigt werden. Dazu gehört: ein Verständnis über die Ausrichtung und das Ziel des Unternehmens herstellen, alle relevanten Parteien einbeziehen, Feedback erhalten und messbare Ziele entwickeln.

Ist die Verbindung zwischen GPM und der Unternehmensstrategie hergestellt, müssen der Reifegrad des gegenwärtigen Prozessmanagements analysiert und die einzuführenden oder zu verbessernden Faktoren festgelegt werden. Diese Faktoren des GPM sind Menschen, Prozesse, Organisationsstrukturen und Technologie.

Die Strategie selbst sollte alle Schritte der GPM Roadmap abdecken, aber die Art und Weise, wie der Wandel vollzogen wird, kann variieren. In Abbildung 3-17 sind die drei Pfade für die Einführung mit Stärken und Schwächen dargestellt.

Mit dem revolutionären Ansatz will das Unternehmen den größtmöglichen Nutz in kürzester Zeit umsetzten. Im schrittweisen Ansatz verfolgt das Unternehmen eine Einführung über strategische Projekte, ohne Bezug auf die End-to-End Prozesse zu nehmen. In dem evolutionären Ansatz werden die kritischsten Prozesse zuerst betrachtet.

Welcher Weg gewählt werden sollte, hängt im Wesentlichen von der Zweckmäßigkeit des Projekts, dem Reifegrad der Prozessorientierung, der Ressourcensituation sowie existierenden Schwachstellen ab.

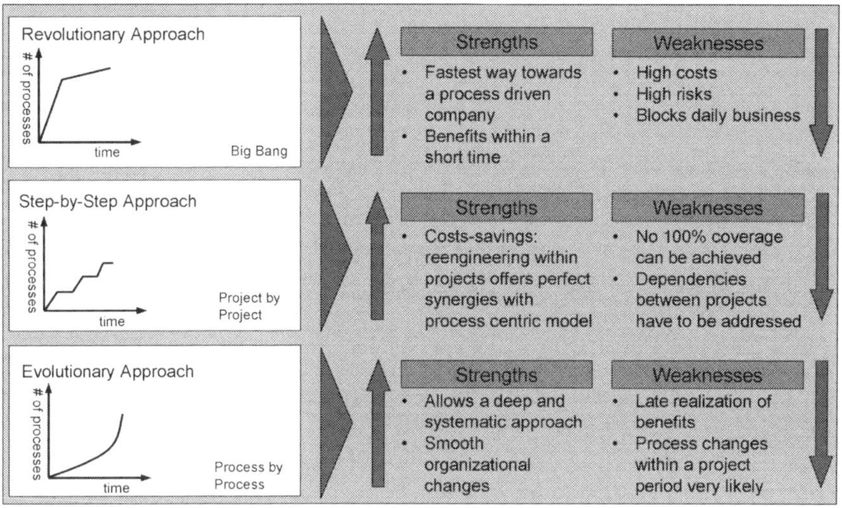

Abbildung 3-17: Die drei Pfade für die Transformation[318]

Während der Einführung von GPM ist es wichtig, stets einen guten Überblick über den gemachten Fortschritt und den Status des Wandels in Richtung Prozessorientierung zu haben. Die Fit-Gap-Analyse auf Grundlage der GPM Bestandteile hilft bei der Identifizierung welche Bestandteile Schwachstellen aufweisen und welche bereits einen ausreichenden Reifegrad besitzen.[319]

3.5.3 Phase 2: Das GPM Setup

Das GPM Setup dient der Entwicklung eines klaren Konzepts auf Grundlage der Unternehmensstrategie und sollte unabhängig von dem gewählten Weg vollständig abgeschlossen werden. Im Laufe des Setups empfehlen SNABE ET AL. das Konzept über Pilotprojekte zu testen, um somit Erweiterungen und Anpassungen zur Vermeidung von Hindernissen vornehmen zu können. Im Einzelnen besteht das Setup aus der

[318] In Anlehnung an Snabe (2009): Business Process Management, S. 109

[319] Vgl. zu den vorangegangenen Ausführungen zur „Phase 1: Strategie“ Snabe (2009): Business Process Management, S. 101 ff.

Definition von Grundlagen, der Entwicklung einer Analytik, dem Erstellen von Methoden und der Harmonisierung von Begriffen.[320]

Eine wichtige Grundlage stellt die Erarbeitung einer Prozesslandkarte dar. Die Prozesslandkarte bietet einen transparenten Überblick über das gesamte Unternehmen. Eine weitere Grundlage für das GPM ist die Entscheidung über Rollen und Entscheidungsgremien. Entscheidungsgremien sind für die Führungsstruktur des Unternehmens erforderlich, um sicherzustellen, dass das GPM dauerhaft umgesetzt, institutionalisiert und somit effizient und effektiv ausgeführt wird. Die Rollen im GPM sind nach SNABE ET AL. Geschäftsprozessverantwortliche, Prozessberater, Prozessperformancemanager und Prozessausführende. Neben dem Aufbau eines Gesamtprozess-Entscheidungsgremiums können auch unterschiedliche GPM Gremien für die verschiedenen Stakeholdergruppen, die im GPM beteiligt sind aufgebaut werden. Exemplarisch für Entscheidungsgremien sind der Prozesslenkungsausschuss, der gewährleitet, dass die GPM-Initiative die langfriste Unternehmensstrategie unterstützt sowie der Prozessnormenausschuss, der GPM Standards und Leitlinien für Methoden und Werkzeuge erarbeitet. Im Zentrum der Analytik steht die Festlegung der Maßnahmen zur Ermittlung der Prozessreife, -effizienz und -effektivität. Ohne eine standardisierte Prozessmessung ist es nicht möglich festzustellen, inwieweit die Ziele und Vorgaben des GPM erreicht werden. Generell ist es für das Prozessmanagement von essenzieller Bedeutung, die aktuelle Situation kontinuierlich zu erfassen und mit der angestrebten Zielsituation zu vergleichen. Dazu können so genannte Prozess-Performance-Indikatoren (PPIs) genutzt werden, die sich aus den Zielen der Unternehmensstrategie ableiten. Klassische Prozess-Performance-Indikatoren sind Qualität, (Takt-)Zeit oder (Prozess-)Kosten sowie Mengen-Indikatoren und Effizienz-Indikatoren. Weiterhin beinhaltet die Analytik nach SNABE ET AL. ein Konzept zur Reifegradmessung der Prozesse.

Der nächste Schritt im GPM Setup beinhaltet das Erstellen von standardisierten Methoden und der Entscheidung über die damit verbundenen Werkzeuge für das GPM. Nach SNABE ET AL. umfasst eine gute Methodik für das GPM ein Lebenszyklusmodell, Abhängigkeiten zwischen Geschäftsprozessen und ihrer Umwelt, die

---

[320] Vgl. zu den nachfolgenden Ausführungen zur „Phase 2: GPM Set-up" Snabe (2009): Business Process Management, S. 113 ff.

Integration des Lebenszyklusmodells mit der relevanten Prozessumgebung, Flexibilität bezüglich der individuellen Methoden, eine einfache und verständliche Handhabung sowie die Einbeziehung der IT.[321]

3.5.4 Phase 3: Der GPM Wandel

In der Phase des Wandels wird das Konzept umgesetzt und das eigentliche Managen der Prozesse tritt in den Vordergrund. Der GPM Wandel kann verstanden werden als ein Kreislauf bestehend aus Grundlagen herstellen, Analyse durchführen, Portfolio definieren und Prozesse optimieren.[322]

Die Grundlagen des Wandels basieren vollständig auf den Ergebnissen der Definition der Grundlagen aus dem GPM Setup, was die Entwicklung einer Prozesslandkarte, mit zugeordneten Prozessverantwortlichen und definierten PPIs beinhaltet.

Nachdem die Grundlagen geschaffen wurden, kann mit einer Analyse und dem Reporting des aktuellen Stands der Geschäftsprozesse im Unternehmen und des generellen GPM Wandels begonnen werden. Dies geschieht anhand der im Setup erarbeiteten Reifegradanalyse und einem Unternehmensprozessreporting.

Der nächste Schritt im GPM Wandel beinhaltet das Erstellen eines Projektportfolios. Das Ziel des Projektportfoliomanagement ist die Identifikation der Prozesse, mit dem größten Einfluss auf das Erreichen der Unternehmensziele. Anhand einer Priorisierungsmatrix werden die entsprechenden Geschäftsprozesse und die damit verbundenen Projekte ausgewählt. In Abbildung 3-18 ist die Prozessorientiere Strategieplanung zur Erstellung des Projektportfolios dargestellt. In ihr werden auf Grundlage verschiedener Kriterien, die sich aus der Unternehmensstrategie der Reifegradanalyse sowie der Prozesslandkarte ableiten, Prozesse für Projekte priorisiert.

[321] Vgl. zu den vorangegangenen Ausführungen zur „Phase 2: GPM Set-up“ Snabe (2009): Business Process Management, S. 113 ff.

[322] Vgl. zu den nachfolgenden Ausführungen zur „Phase 3: Der GPM Wandel“ Snabe (2009): Business Process Management, S. 157 ff.

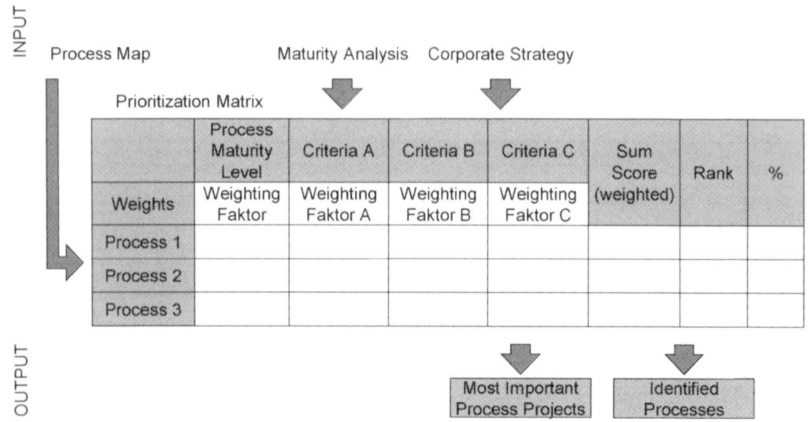

Abbildung 3-18: Prozessorientiere Strategieplanung zur Erstellung des Projektportfolios[323]

Zur Erstellung des Portfolios gehört auch das Einsetzen der Entscheidungsgremien. Es sollte versucht werden, sich bestehender Ausschüsse oder Gremien zu bedienen, um redundante Führungsstrukturen zu vermeiden.

Den letzten Schritt in der Phase des Wandels bildet die Optimierung der Prozesse. Zur Optimierung der Prozesse können verschiedene Methoden wie zum Beispiel Six Sigma genutzt werden. SNABE ET AL. nehmen die Optimierung der Prozesse über das Prozesslebenszyklusmodell vor. Entscheidend ist, dass die für die Optimierung gewählte Methode in den GPM Rahmen eingebettet wird, so dass bestimmte Rollen (wie Prozessverantwortliche) und Strukturen (wie beispielsweise die Prozesslandkarte) vorhanden sind.[324]

3.5.5 Phase 4: Kontinuierliche Verbesserung

Die Phase der kontinuierlichen Verbesserung ist die vierte und letzte Phase der Roadmap und hebt die Tatsache hervor, dass es sich bei GPM nicht um ein einmali-

---

[323] In Anlehnung an Snabe (2009): Business Process Management, S. 193

[324] Vgl. zu den vorangegangenen Ausführungen zur „Phase 3: Der GPM Wandel" Snabe (2009): Business Process Management, S. 157 ff.

ges Projekt handelt, sondern um eine Philosophie, die im gesamten Unternehmen verbreitet werden muss. Die kontinuierliche Verbesserung beinhaltet nach SNABE ET AL. prozessbasierte Belohnungen, erweiterte Unternehmensprozessberichterstattung, prozessbasierte Budgets und Kostenumlagen und Prozessaudits.[325]

3.5.6 Unterstützende Maßnahmen

Parallel zu den vier Phasen beinhaltet die SAP Roadmap unterstützende Maßnahmen zur ganzheitlichen Betrachtung von GPM. Diese unterstützenden Maßnahmen umfassen prozessorientierte IT, Change Management, Kommunikation, Schulung und Qualifikationsprofile.[326]

Eine prozessorientierte IT bedeutet, dass die Systeme, die zur Unterstützung der Geschäftsprozesse dienen, auch prozessorientiert zu gestalten sind.

Ein erfolgreiches Change Management ist in der SAP Roadmap nicht nur ein entscheidender Faktor bei der Einführung von GPM, sondern trägt auch dazu bei, die kontinuierliche Verbesserung der Unternehmensprozesse umzusetzen. Die entscheidenden Change Management Faktoren sind eine offenkundige Unterstützung der Unternehmensleitung, eine transparente und offene Kommunikation, die Schulung aller Beteiligten mit Methoden, Werkzeugen und Verfahren sowie die Förderung des prozessorientierten Denkens und der Eigeninitiative aller Mitarbeiter. Im Rahmen des Change Managements muss das Management allen Hindernissen, Ängsten oder Bedenken bei den Mitarbeitern in einer sensiblen Art und Weise begegnen und sie durch Transparenz und Schulungen im Hinblick auf das GPM zerstreuen.

Um die Kooperation der Mitarbeiter und die aktive Unterstützung des Wandels zu ermöglichen, ist eine ordnungsgemaße Verwaltung der internen Kommunikation von entscheidender Bedeutung. Daher sollte bereits von Beginn an ein ausführbarer Kommunikationsplan entworfen werden, der zur Aufgabe hat, die Prioritäten und Bedürfnisse der verschiedenen internen Zielgruppen abzudecken. Bei der Entwicklung des Kommunikationsplans sollten folgende Fragen geklärt werden: Was soll

---

325 Vgl. Snabe (2009): Business Process Management, S. 219 ff.

326 Vgl. zu den folgenden Ausführungen zu „unterstützende Maßnahmen“ Snabe (2009): Business Process Management, S. 227 ff.

gesagt werden? Wann soll es gesagt werden? Wie soll es gesagt werden? Zu wem soll es gesagt werden?

Ohne solide Kenntnisse der gesamten GPM Roadmap, Tools und Methoden können die Mitarbeiter nicht produktiv arbeiten. Daher ist für einen erfolgreichen Wandel ein geeigneter Schulungsplan notwendig. Dieser legt fest in welcher Form, zu welchen Zeitpunkten und mit welchen Beteiligten die Schulungen stattfinden sollen.[327]

3.6 VOM BROCKE und ROSEMANN: Handbook on BPM

VOM BROCKE und ROSEMANN betrachten das Geschäftsprozessmanagement als ganzheitliche Managementdisziplin. Die Autoren erstellen für diese Betrachtung einen Ordnungsrahmen, welcher das Geschäftsprozessmanagement in sechs Kernelemente unterteilt. Abbildung 3-19 ist eine Übersicht über die sechs Kernelemente des Geschäftsprozessmanagements dargestellt. Die Kernelemente werden in der obersten Zeile als Factors bezeichnet. Jedes der Elemente ist wiederum in einzelne Unterpunkte, welche Capability Areas genannt werden, unterteilt. Diese detaillieren die Kernelemente und zeigen auf, welche Teilbereiche des Geschäftsprozessmanagements zum jeweiligen übergeordneten Element gehören. Jedes einzelne Kernelement stellt einen kritischen Erfolgsfaktor für den Aufbau und die Implementierung eines Geschäftsprozessmanagementsystems in der Praxis dar.[328]

[327] Vgl. zu den vorangegangenen Ausführungen zu „unterstützende Maßnahmen" Snabe (2009): Business Process Management, S. 227 ff.

[328] Vgl. Rosemann und Vom Brocke (2014): The Six Core Elements of BPM, S. 105 ff.

Strategic Alignment	Governance	Methods	Information Technology	People	Culture	Factors
Process Improvement Planning	Process Management Decision Making	Process Design & Modeling	Process Design & Modeling	Process Skills & Expertise	Responsiveness to Process Change	Capability Areas
Strategy & Process Capability Linkage	Process Roles and Responsibilities	Process Implementation & Execution	Process Implementation & Execution	Process Management Knowledge	Process Value & Beliefs	
Enterprise Process Architecture	Process Metrics & Performance Linkage	Process Monitoring & Control	Process Monitoring & Control	Process Education	Process Attitudes & Behaviors	
Process Measures	Process Related Standards	Process Improvement & Innovation	Process Improvement & Innovation	Process Collaboration	Leadership Attention to Process	
Process Customers & Stakeholders	Process Management Compliance	Process Program & Project Management	Process Program & Project Management	Process Management Leaders	Process Management Social Networks	

Abbildung 3-19: Die sechs Kernelemente des Geschäftsprozessmanagements[329]

Im Folgenden werden die Kernelemente weiter erläutert.

3.6.1 Strategic Alignment

Das Kernelement Strategic Alignment wird definiert als die enge Verbindung der strategischen Prioritäten eines Unternehmens mit seinen Geschäftsprozessen. Dies befähigt das Unternehmen beständig und nachhaltig die Geschäftsperformance zu verbessern und erhöht den Beitrag des Geschäftsprozessmanagements für die langfristigen unternehmerischen Prioritäten. Auf einer tieferen, detaillierteren Ebene bedeutet die strategische Ausrichtung, dass konkrete Geschäftsprozesse entsprechend der strategischen Prioritäten und spezifischen strategischen Situationen (z.B. dem aktuellen Stand des Produktlebenszyklus oder der Positionierung im strategischen Portfolio) entworfen, ausgeführt, gemanagt und gemessen werden. Die Verknüpfung von Unternehmensstrategie und Geschäftsprozessmanagement ist aber keineswegs ein Vorhaben, welches nur in eine Richtung abläuft. Ein erfolgreich implementiertes GPM kann beispielsweise mit innovativen Prozessdesigns, verbesserter Prozessperformance oder der Möglichkeit schnell auf Änderungen reagieren zu können, dazu beitragen durch Differenzierung im Wettbewerb einen Vorteil für

[329] In Anlehnung an Bruin et al. (2005): Developing a Maturity Assessment Model, S. 1 ff.

das Unternehmen zu schaffen. Auf diese Weise kann das GPM einen Beitrag zur Strategieentwicklung leisten.[330] Im Rahmen des Elements der strategischen Ausrichtung müssen bezüglich der Verknüpfung von Strategie und Prozessen zum Beispiel folgende Fragen beantwortet werden: Tragen die Geschäftsprozesse direkt zur Strategie bei? Beinhalten und berücksichtigen unternehmensweite Strategien explizit die Prozessfähigkeiten? Welche Prozesse werden von einer Änderung der Strategie beeinflusst? Wurde die Strategie unter Berücksichtigung der Fähigkeiten des GPM, beziehungsweise der Prozesse, entworfen und wird sie diesbezüglich kontinuierlich weiterentwickelt? Welches sind die Kernprozesse des Unternehmens, die unternehmensintern ausgeführt werden sollten?[331]

Im Rahmen des Strategic Alignment betrachten VOM BROCKE UND ROSEMANN die Unternehmensprozessarchitektur. Diese stellt die höchste Abstraktionsstufe der Geschäftsprozesse dar und zeigt die Geschäftsprioritäten auf. Zusätzlich erfolgt eine Beschreibung der unternehmensspezifischen Wertschöpfungskette mit den dazugehörigen Unterstützungsprozessen. Die Prozesslandkarte bietet einen Ausgangspunkt für Prozessanalysen und -modelle.[332]

3.6.2 Governance

Die Aufgabe der Governance ist die Etablierung von angemessenen und transparenten Rollen und Verantwortlichkeiten für verschiedene Ebenen des Geschäftsprozessmanagements. Zusätzlich gehört die Planung von Entscheidungs- und Belohnungsprozessen, zur Lenkung von prozessbezogenen Handlungen im Unternehmen, zum Aufgabenbereich der Governance.[333] Wichtige Teilaufgaben sind hier die Anweisung, Koordination und Kontrolle einzelner Individuen, Gruppen oder Organisationen, die zumindest in einem gewissen Rahmen autonom agieren, um eine effektive Leistungserbringung sicherzustellen. Ebenso gehört die Zielvereinbarung und Festlegung der (Geschäfts-)Prozessstrategie zum Aufgabenfeld der Gover-

---

330 Vgl. Rosemann und Vom Brocke (2014): Strategic Alignment, S. 1 und S. 110 ff.
331 Vgl. Rosemann und Vom Brocke (2014): The Six Core Elements of BPM, S. 113 ff.
332 Vgl. Rosemann und Vom Brocke (2014): The Six Core Elements of BPM, S. 113 ff.
333 Vgl. Rosemann und Vom Brocke (2014): The Six Core Elements of BPM, S. 114 f.

nance.[334] Um diese Aufgaben ausführen zu können, umfasst das Element eine Vielzahl von Mechanismen, wie zum Beispiel organisationale Strukturen (Rollen und Einheiten um Prozessaktivitäten zu koordinieren und zu steuern), Zuweisungen von Entscheidungsbefugnissen oder Prozeduren (zum Beispiel Überprüfung und Freigabe von Prozessen).[335] Zentrales Element der Governance ist ein effektives Rollenkonzept. Im Zuge der Umsetzung des Rollenkonzepts müssen entscheidende, zentrale Fragen beantwortet werden, wie beispielsweise: „Wer ist für welchen Prozess verantwortlich? Welche Entscheidungsbefugnisse hat ein Prozesseigner? Welche Anreize können eine effiziente Prozessperformance ermöglichen und fördern?“[336] Vom Brocke und Rosemann definieren außerdem den Prozessmanagementprozess als elementaren Bestandteil des Elements Governance im Gesamtzusammenhang eines dauerhaften und kontinuierlichen GPM.[337]

3.6.3 Methods

Methoden werden in diesem Kontext als Techniken und Werkzeuge definiert, welche konsequente Aktivitäten auf allen GPM-Ebenen ermöglichen und unterstützen. Die unterschiedlichen Methoden können zu spezifischen Hauptphasen des GPM Lebenszyklus zugeordnet werden. Aus diesem Grund spiegelt die Struktur der Capability Areas (vgl. Abbildung 3-19) auch weitestgehend die Phasen des GPM Lebenszyklus wider. Der Vorteil dieser Zuteilung liegt darin, dass eine bestimmte Methode anhand eines bestimmten Zweckes, welcher direkt aus den spezifischen Anforderungen der entsprechenden Phase des GPM Lebenszyklus folgt, bewertet werden kann. Die fünf Arten von Methoden auf Grundlage der Phasen des GPM Lebenszyklus sollen hier kurz vorgestellt werden:[338]

- Prozessdesign und -modellierung: Es werden Methoden zur Identifizierung und zum Entwurf von aktuellen und zukünftigen Geschäftsprozessen beschrieben, welche neben Modellierungs- auch Analysetools beinhalten.

---

[334] Vgl. Scheer und Hoffmann (2014): The Process of Business, S. 351 ff.
[335] Vgl. Markus und Jacobson (2014): The Governance of Business Processes, S. 311
[336] Vgl. Vom Brocke und Rosemann (2014): Governance, S. 309 f.
[337] Vgl. Rosemann und Vom Brocke (2014): The Six Core Elements of BPM, S. 113 ff.
[338] Vgl. Rosemann und Vom Brocke (2014): The Six Core Elements of BPM, S. 115 f.

- Prozessimplementierung und -ausführung: Die Methoden helfen bei der Transformation von Prozessmodellen in ausführbare Geschäftsprozessspezifikationen.
- Prozessmessung und -kontrolle: Die hier verwendeten Methoden dienen der Sammlung und Konsolidierung von prozessrelevanten Daten. Die Daten beziehen sich entweder auf die Prozesskontrolle (zum Beispiel Risiken) oder auf die Prozessleistungsmessung (Zeit, Kosten, Qualität).
- Prozessverbesserungen und -innovationen: Hier sind alle Methoden enthalten, welche die Entwicklung von verbesserten Geschäftsprozessen ermöglichen.
- Prozess-Projekt- und Programmmanagement: Unter diesen Bereich fallen alle Methoden, die für das unternehmensweite Management des GPM und für spezifische GPM-Projekte genutzt werden.

3.6.4 Information Technology

Das Element der Informationstechnologie (IT) beschreibt Software, Hardware und Informationssysteme, welche Prozessaktivitäten ermöglichen und unterstützen. Wie in Abbildung 3-19 zu erkennen ist, sind die Fähigkeitsbereiche der IT, genau wie die der Methoden, aus der Struktur des GPM Lebenszyklus abgeleitet. Ebenso wie die Methoden, werden die benötigten IT-Komponenten anhand der spezifischen Anforderungen jeder Phase des GPM Lebenszyklus ausgewählt und ausgerichtet. Die Bewertung der IT-Komponenten erfolgt dann anhand verschiedener Kriterien, wie zum Beispiel der Anpassbarkeit, der Eignung zur Automatisierung oder der Eignung der Komponente zur Integration mit komplementären IT-Lösungen.[339] In der Praxis existiert eine Vielzahl von verschiedenen IT-Werkzeugen und Informationssystemen für das Geschäftsprozessmanagement.[340]

[339] Vgl. Rosemann und Vom Brocke (2014): The Six Core Elements of BPM, S.116 f.
[340] Vgl. Sidorova et al. (2014): The Role of IT in BPM, S. 421 ff.

3.6.5 People

Unter dem Kernelement People wird allgemein das Personalwesen im Rahmen des Geschäftsprozessmanagements verstanden. Das Element wird weiterhin definiert als die Individuen und Gruppen, die fortwährend ihr Wissen über Prozesse und das Prozessmanagement verbessern und ihre Fähigkeiten entsprechend so anwenden, dass die Geschäftsperformance verbessert wird. Unter das Element People fallen Bereiche wie zum Beispiel Prozessfähigkeiten und -kompetenzen, Wissen, Schulungen und Training bezüglich des Prozessmanagements und Prozessen, Zusammenarbeit und Kommunikation sowie Prozessmanagement Führung.[341] Es müssen in diesem Zusammenhang beispielsweise folgende Fragen beantwortet werden: „Wie ausgeprägt ist der Wissensstand über die Bereiche des GPM? Welches Training und welche spezifischen Fähigkeiten benötigen die Mitarbeiter (…)?"[342] Folglich beinhaltet dieses Element die GPM Fähigkeiten, welche sich im Humankapital eines Unternehmens widerspiegeln. Ebenso beinhaltet das Element Ansätze des Change Managements.[343]

3.6.6 Culture

Die Kultur bezieht sich im Rahmen des Geschäftsprozessmanagements auf die kollektiven Glaubensgrundsätze und Werte, die prozessbezogene Haltungen und Verhaltensweisen formen und steuern, um die Geschäftsperformance zu verbessern. Dem Bereich der Kultur wurde in der Forschung zum Thema Geschäftsprozessmanagement lange Zeit keine hohe Aufmerksamkeit zugeteilt.[344] Erst in den letzten Jahren wurden große Fortschritte bezüglich des Verständnisses der Rolle und der Bedeutung der Kultur für den Erfolg des Geschäftsprozessmanagements erzielt. VOM BROCKE und ROSEMANN verweisen in diesem Zusammenhang auf SCHMIEDEL ET AL., die einen Bewertungsrahmen geschaffen haben, anhand dessen sich die kulturelle Fitness eines Unternehmens messen, bewerten und entsprechend verbessern lässt. Die Bewertung erfolgt anhand der so genannten CERT Werte (customer-orientation,

---

341 Vgl. Rosemann und Vom Brocke (2014): The Six Core Elements of BPM, S. 117 f.
342 Vgl. Vom Brocke und Rosemann (2014): People and Culture, S. 513
343 Vgl. Rosemann und Vom Brocke (2014): The Six Core Elements of BPM, S. 117 f.
344 Vgl. Vom Brocke und Sinnl (2011): Culture in business process management, S. 357 ff.

excellence, responsibility, teamwork).[345] In den Fähigkeitsbereichen der Culture werden Themen wie zum Beispiel die Aufnahmebereitschaft des Unternehmens für Prozessveränderungen und -anpassungen, das Engagement der Führungskräfte für das Geschäftsprozessmanagement und Geschäftsprozesse oder der Entwicklungsstand eines umfassenden Prozessdenkens der Mitarbeiter angesprochen. Ebenso werden das Commitment der relevanten Stakeholder zum GPM sowie die Existenz und der Einfluss von sozialen Netzwerken, GPM-Arbeitsgemeinschaften und -Netzwerken adressiert. Zur Beurteilung der Kultur des Unternehmens hinsichtlich Prozessorientierung wird die Frage aufgeworfen, ob die Prozesse eine entscheidende Rolle in der Vision, der Mission und den Werten des Unternehmens spielen.[346]

3.7 Bewertung bestehender Ansätze

Die im vorangegangenen Kapitel vorgestellten Konzepte aus dem Prozessmanagement werden den in Kapitel 2.5 identifizierten Problemen gegenübergestellt und bezüglich ihres Beitrags zur Lösung der Probleme bewertet (vgl. Abbildung 3-20).

[345] Vgl. Schmiedel et al. (2013): Which cultural values matter to business process management?, S. 292 ff.

[346] Vgl. Rosemann und Vom Brocke (2014): The Six Core Elements of BPM, S. 118 f.

	Fischermanns	Jeston/Nelis	Schmelzer /Sesselmann	Schuh	Snabe et al.	vom Brocke/Rosemann	Fokus der Arbeit
Mangelnde Ausrichtung des GPMS an der Unternehmensstrategie							
Berücksichtigung der Wettbewerbsstrategie des Unternehmens	◑	◑	◑	◔	◑	◑	●
Ausrichtung an übergeordnetem Managementkonzept und -modell	◔	◔	◔	◔	○	◑	◕
Anknüpfung des GPMS an den Strategieprozess	◔	◔	◑	◕	◔	◔	◕
Verknüpfung der Unternehmensziele mit dem GPMS	◑	◑	◑	◕	◕	◔	◔
Mangelnde Ausrichtung des GPMS an den Anforderungen der Führungskräfte							
Systematik zur Gewinnung der Unterstützung des Top Managements	○	◑	◔	○	○	○	●
Gesamtkonzept für die Einführung	◕	◕	◕	◑	◕	◑	◕
Gesamtüberblick über Prozesse	◕	◕	●	◔	●	◕	◔
Systematik für die Auswahl von Prozessen für die Optimierung	◕	◑	◑	◕	◕	◔	◕
Mangelnde Ausrichtung des GPMS an den Anforderungen der Mitarbeiter							
Synchronisierung mit vorhandenen Qualitäts- und Lean-Management-Systemen	◔	○	◔	◔	◔	◔	●
Umfassendes Change Management	◕	●	●	●	●	◕	◔

Kriterium nicht erfüllt... ○ ◔ ◑ ◕ ● ...Kriterium erfüllt

Abbildung 3-20: Bewertung ausgewählter Konzepte im Prozessmanagement

Die Grundlagen der Bewertung werden im Folgenden ausgeführt.

3.7.1 Mangelnde Ausrichtung an der Unternehmensstrategie

Die mangelnde Ausrichtung des GPMS an der Unternehmensstrategie beinhaltet die fehlende Berücksichtigung der Wettbewerbsstrategie des Unternehmens, die unzureichende Ausrichtung an übergeordnetem Managementkonzept und -modell, die häufig nicht stattfindende Anknüpfung des GPMS an den Strategieprozess und die mangelhafte Verknüpfung der Unternehmensziele mit dem GPMS.

Berücksichtigung der Wettbewerbsstrategie des Unternehmens

Im Ansatz von SCHUH steht die strategische Ausrichtung im Fokus, jedoch ohne die Ausrichtung an den entsprechenden Anspruchsgruppen.[347] JESTON UND NELIS nehmen sowohl eine umfassende strategische Ausrichtung, als auch einen systematischen Einbezug der relevanten Stakeholder vor.[348] SCHMELZER und SESSELMANN nehmen eine umfangreiche strategische Ausrichtung unter Einbezug der relevanten Stakeholder vor.[349] Auch SNABE ET AL. richten ihr Konzept für das GPM an der Unternehmensstrategie aus.[350] FISCHERMANNS und VOM BROCKE betonen ebenfalls die Wichtigkeit der strategischen Ausrichtung des GPMS. Eine Konkretisierung, was abhängig von bestimmten Wettbewerbsstrategien zu tun ist, bleiben alle Ansätze schuldig.

Ausrichtung an übergeordnetem Managementkonzept und -modell

SCHUH geht nicht auf eine Vision für die Prozesse und das GPM ein.[351] Allerdings nutzt MOTION den General Management Navigator und das St. Galler Managementkonzept als Orientierungshilfe, obgleich eine konkrete Verknüpfung zum GPMS ausbleibt. JESTON und NELIS gehen ausführlich auf die Vision des GPM ein.[352] Im Rahmen der Positionierung formulieren SCHMELZER und SESSELMANN eine Vision für das GPM.[353] SNABE ET AL. entwickeln keine Vision in ihrem Ansatz.[354] FISCHERMANNS entwickelt für alle identifizierten Prozesse eine Prozessvision, geht aber nicht auf eine Vision für das GPM ein.[355] VOM BROCKE und ROSEMANN werfen im Rahmen der Kultur die Frage auf, inwiefern Prozesse eine Rolle für die Vision und Mission des Unternehmens spielen und befassen sich mit Glaubensgrundsätze

347 Vgl. Schuh (2006): Change Management, S.19 ff.

348 Vgl. Jeston und Nelis (2008): Business process management, S.71 ff.

349 Vgl. Schmelzer und Sesselmann (2013): Geschäftsprozessmanagement in der Praxis, S. 551 ff.

350 Vgl. Snabe (2009): Business Process Management, S. 101 ff.

351 Vgl. Schuh (2006): Change Management, S. 24

352 Vgl. Jeston und Nelis (2008): Business process management, S. 74

353 Vgl. Schmelzer und Sesselmann (2013): Geschäftsprozessmanagement in der Praxis, S. 82 ff.

354 Vgl. Snabe (2009): Business Process Management, S. 101

355 Vgl. Fischermanns (2013): Praxishandbuch Prozessmanagement, S. 28 f.

und Werten.[356] Eine Vision für das GPM wird von VOM BROCKE und ROSEMANN jedoch nicht entwickelt.

Wie wichtig das Vorleben und die Kommunikation übergeordneter Werte für die Einführung eines GPMS sind, wird nur im Rahmen des Change Managements angerissen. Ob und wie eine Verknüpfung zwischen dem GPMS und der Unternehmensvision und -mission zu erstellen ist, erläutern die vorhandenen Konzepte nicht. Keines der vorgestellten Konzepte stellt einen übergeordneten, allgemeingültigen Leitfaden im Sinne eines Managementmodells für das GPM dar.

Anknüpfung des GPMS an den Strategieprozess

Im Ansatz von SCHUH wird der Strategieprozess im Strategieaudit durchlaufen. Die Strategierelevanz eines Prozesses orientiert sich bei SCHUH am Beitrag zum wahrgenommenen Kundennutzen in Relation zum Wettbewerb. Zusätzlich sieht SCHUH eine Verknüpfung von Strategie mit Prozessen und Prozessmanagement vor.[357] JESTON und NELIS beginnen die Arbeit auf Prozessebene erst, nachdem die Strategieplanung des Unternehmens abgeschlossen ist.[358] SCHMELZER und SESSELMANN gehen auf ein Mitwirken des GPM im Strategieprozess ein. SCHMELZER und SESSELMANN sehen weiterhin eine Verbindung des strategischen und operativen GPM vor. Sowohl SNABE ET AL. und FISCHERMANNS, als auch VOM BROCKE und ROSEMANN nehmen keine explizite Verbindung des GPM mit dem Strategieprozess vor.

Verknüpfung der Unternehmensziele mit dem GPMS

SCHUH definiert Prozessziele auf Basis der Unternehmensstrategie.[359] JESTON und NELIS gehen ausführlich auf Ziele des GPM ein.[360] Die Verknüpfung zu den Unternehmenszielen erfolgt nur am Rande. Im Rahmen der Positionierung formulieren SCHMELZER und SESSELMANN Ziele für das GPM.[361] Die Verknüpfung zu den Unternehmenszielen erwähnen sie, ohne genauer darauf einzugehen. SNABE ET AL. leiten

---

356 Vgl. Vom Brocke und Sinnl (2011): Culture in business process management, S. 357 ff.

357 Vgl. Schuh (2006): Change Management, S. 5 ff.

358 Vgl. Jeston und Nelis (2008): Business process management, S. 52 ff.

359 Vgl. Schuh (2006): Change Management, S. 24

360 Vgl. Jeston und Nelis (2008): Business process management, S.74

361 Vgl. Schmelzer und Sesselmann (2013): Geschäftsprozessmanagement in der Praxis, S. 82 ff.

die Ziele für die Geschäftsprozesse detailliert aus der Unternehmensstrategie ab.[362] Von FISCHERMANNS werden zwar die Unternehmensziele identifiziert, von ihm werden aber keine Ziele für das GPMS abgeleitet.[363] VOM BROCKE und ROSEMANN formulieren keine expliziten Ziele für das GPM, widmen dem strategic alignment aber ein separates Kapitel.

3.7.2 Mangelnde Ausrichtung an den Führungskräften

Die mangelnde Ausrichtung an den Führungskräften drückt sich in einem fehlenden Gesamtkonzept, einem fehlenden Gesamtüberblick über die Prozesse und einer unsystematischen Auswahl von Prozessen für die Optimierung aus.

Systematik zur Gewinnung der Unterstützung des Top Managements

Der Ansatz von SCHUH geht von einer Top-down Initiierung durch die Unternehmensführung aus.[364] Dort ist also die Unterstützung per se gegeben. JESTON und NELIS beschreiben die Problematik in der fehlenden Unterstützung und skizzieren einen Weg, wie ohne die Unterstützung vorgegangen werden kann. Es fehlt jedoch an einem Vorgehen, wie die Unterstützung für eine unternehmensweite Umsetzung aktiv gewonnen werden kann.[365] SCHMELZER und SESSELMANN betonen die Bedeutung der Unterstützung durch das Top Management und empfehlen sogar, bei ausbleibender Unterstützung, das Projekt nicht durchzuführen.[366] Sowohl SNABE ET AL. als auch FISCHERMANNS sowie VOM BROCKE und ROSEMANN gehen nicht im Detail auf die Problematik in der fehlenden Unterstützung des Top Managements ein.

Gesamtkonzept für die Einführung

Der Ansatz von SCHUH stellt ein strukturiertes Vorgehensmodell für die Einführung von Prozessorientierung dar. Es fehlt jedoch an einer organisatorischen Verankerung und somit auch an einem Konzept für die Rollen im Prozessmanagement. Eine Bewertung des Entwicklungsstands der Prozesse hinsichtlich Effektivität und

---

[362] Vgl. Snabe (2009): Business Process Management, S. 101
[363] Vgl. Fischermanns (2013): Praxishandbuch Prozessmanagement, S. 28 f.
[364] Vgl. Schuh (2006): Change Management, S. 22
[365] Vgl, Jeston und Nelis (2008): Business process management, S. 67
[366] Vgl. Schmelzer und Sesselmann (2013): Geschäftsprozessmanagement in der Praxis, S. 523

Effizienz nimmt SCHUH über das Prozessportfolio vor. Diese Bewertung erfolgt jedoch nur einmalig und nicht kontinuierlich. Weiterhin entwickelt SCHUH ein Informations-, Kommunikations- und Schulungskonzept.[367] JESTON und NELIS entwickeln in ihrem Ansatz ein vollständiges Gesamtkonzept für die Einführung eines GPMS. Lediglich das Vorgehensmodell ist aufgrund seiner vielen einzelnen Schritte in den zum Teil parallelen Phasen undurchsichtig. SCHMELZER und SESSELMANN formulieren ein umfassendes Gesamtkonzept für die Einführung eines GPMS, welches sowohl ein strukturiertes Vorgehensmodell als auch ein Reifegradmodell zur detaillierten Analyse der Prozessbeherrschung sowie ein Informations-, Kommunikations- und Schulungskonzept beinhaltet. Zusätzlich erfolgt eine ausführliche Beschreibung der Rollen in der Einführung und dem Betrieb des GPMS. Lediglich fehlt es an einer Detaillierung des Übergangs der Rollen.[368] Auch der Ansatz SNABE ET AL. beinhaltet ein umfassendes Gesamtkonzept für die Einführung. Es fehlt im Rollenkonzept nur an einer Projektorganisation und somit auch an einer Beschreibung der Überführung von der Projektorganisation in eine feste Organisation.[369] FISCHERMANNS formuliert ebenfalls ein umfassendes Gesamtkonzept für die Einführung. In dem Ansatz fehlt es jedoch an einer Detaillierung der einzelnen Rollen, sowohl für die Einführung, als auch den Betrieb des GPM. Somit fehlt es zusätzlich an einer Überführung der Projektorganisation in die festen Rollen.[370] Der Ansatz von VOM BROCKE und ROSEMANN stellt mehr einen Ordnungsrahmen als ein strukturiertes Vorgehensmodell dar. VOM BROCKE und ROSEMANN definieren im Rahmen der Governance die Rollen und Verantwortlichkeiten im GPM, gehen aber nicht auf eine Projektorganisation für die Einführung von GPM ein. Das Reifegradmanagement bildet die Basis für den Ansatz von VOM BROCKE und ROSEMANN. Auf ein Informations-, Kommunikations- und Schulungskonzept gehen VOM BROCKE und ROSEMANN über das Kernelement People ein.[371]

---

[367] Vgl. Schuh (2006): Change Management, S. 31 ff. und S. 90 ff.
[368] Vgl. Schmelzer und Sesselmann (2013): Geschäftsprozessmanagement in der Praxis, S. 376 und S. 541 ff.
[369] Vgl. Snabe (2009): Business Process Management, S.124 ff.
[370] Vgl. Fischermanns (2013): Praxishandbuch Prozessmanagement, S. 34
[371] Vgl. Rosemann und Vom Brocke (2014): The Six Core Elements of BPM, S. 105 ff.

Gesamtüberblick über Prozesse

Bei SCHUH erfolgt die Erfassung von Geschäftsprozessen ohne die Aufbereitung in einer Prozesslandkarte.[372] JESTON und NELIS nehmen eine Modellierung einer Prozesslandschaft im Sinne einer kategorisierten und verknüpften Darstellung der Geschäftsprozesse vor und legen darüber hinaus Richtlinien und Modelle für verschiedene Architekturen im Unternehmen fest.[373] SCHMELZER und SESSELMANN sehen eine Darstellung der Geschäftsprozesse in einer Prozesslandkarte vor.[374] Auch bei SNABE ET AL. werden die Geschäftsprozesse in einer Prozesslandkarte erfasst.[375] FISCHERMANNS stellt die Prozesse über das Unternehmens-Prozessmodell dar.[376] VOM BROCKE und ROSEMANN nehmen eine Darstellung der Geschäftsprozesse über die Unternehmensprozessarchitektur vor.[377]

Systematik für die Auswahl von Prozessen für die Optimierung

SCHUH wählt die Prozesse zur Optimierung auf Basis von Top-down und Bottom-up Input aus.[378] JESTON und NELIS erarbeiten zwischen Prozessauswahl und Projektinitialisierung einen ausführlichen Umsetzungsplan inklusive Zeitmanagement und Projektteam-Struktur.[379] SCHMELZER und SESSELMANN nehmen eine Gewichtung der Geschäftsprozesse unter Verwendung verschiedener Kriterien und Methoden vor, eine systematische Priorisierung der Prozesse für die Optimierung erfolgt jedoch nicht.[380] SNABE ET AL. erstellen ein Projektportfolio und priorisieren die Prozesse anhand einer Priorisierungsmatrix.[381] FISCHERMANNS nimmt eine Priorisierung der Prozesse anhand verschiedener Faktoren, wie zum Beispiel kritischen Erfolgsfaktoren oder Kernkompetenzen sowie von Verbesserungspotenzialen vor.[382] VOM BROCKE und ROSEMANN nehmen keine systematische Auswahl der Geschäftsprozesse

---

[372] Vgl. Schuh (2006): Change Management, S. 32
[373] Vgl. Jeston und Nelis (2008): Business process management, S. 85 ff.
[374] Vgl. Schmelzer und Sesselmann (2013): Geschäftsprozessmanagement in der Praxis, S. 72 ff.
[375] Vgl. Snabe (2009): Business Process Management, S. 115 ff.
[376] Vgl. Fischermanns (2013): Praxishandbuch Prozessmanagement, S. 28 f.
[377] Vgl. Rosemann und Vom Brocke (2014): The Six Core Elements of BPM, S. 115
[378] Vgl. Schuh (2006): Change Management, S. 5
[379] Vgl. Jeston und Nelis (2008): Business process management, S. 120 ff.
[380] Vgl. Schmelzer und Sesselmann (2013): Geschäftsprozessmanagement in der Praxis, S. 108 ff.
[381] Vgl. Snabe (2009): Business Process Management, S. 191 ff.
[382] Vgl. Fischermanns (2013): Praxishandbuch Prozessmanagement, S. 28 f.

für eine Optimierung vor. Informationen zu den Prozessen werden, sofern die Strategie im Konzept Berücksichtigung findet, erst nach Abschluss der Strategiebildung gesammelt. So wird im Rahmen des Strategieprozesses weder berücksichtigt, welche Prozesse innerhalb des Unternehmens ablaufen, noch, von welcher Güte diese sind.

3.7.3 Mangelnde Ausrichtung an den Anforderungen der Mitarbeiter

Die mangelnde Ausrichtung an den Mitarbeitern drückt sich insbesondere in der unzureichenden Synchronisierung des GPMS mit bereits vorhandenen Lean- und Qualitätsmanagementsystemen sowie einem mangelhaften Change Management aus.

Synchronisierung mit vorhandenen Qualitäts- und Lean-Management-Systemen

Im Konzept von SCHUH wird der inhaltliche Bezug zu verschiedenen Konzepten des Prozessmanagements gesucht, aber es erfolgt keine Analyse der spezifischen Situation des Unternehmens in Bezug auf vorhandene Konzepte des Prozessmanagements.[383] Eine Synchronisierung erfolgt nicht. JESTON und NELIS gehen nicht auf die im Unternehmen vorhandenen Konzepte im Kontext des Prozessmanagements ein. SCHMELZER und SESSELMANN beschreiben im Rahmen ihres GPMS-Konzepts zwar das Zusammenwirken des GPMS mit anderen Prozessmanagementmethoden, sie gehen aber im Verlauf der Einführung nicht auf die Synchronisierung der Bestandteile ein.[384] Auch SNABE ET AL. beschreiben über die historische Entwicklung des Prozessmanagements verschiedene Konzepte, bleiben aber in der Einführung auch einen Einbezug vorhandener Konzepte im Unternehmen schuldig.[385] FISCHERMANNS beschreibt die Verbindung verschiedener Managementkonzepte, Methoden und Techniken mit der Prozessorganisation. Es fehlt aber eine Konkretisierung wie diese Verbindung in der Ausgestaltung des GPMS berücksichtigt werden kann.[386] VOM BROCKE und ROSEMANN gehen nicht auf die Synchronisierung mit den im Unternehmen vorhandenen Konzepte im Kontext des Prozessmanagements ein.

---

[383] Vgl. Schuh (2006): Change Management, S. 7 ff.
[384] Vgl. Schmelzer und Sesselmann (2013): Geschäftsprozessmanagement in der Praxis, S.17 ff.
[385] Vgl. Snabe (2009): Business Process Management, S. 35 ff.
[386] Vgl. Fischermanns (2013): Praxishandbuch Prozessmanagement, S. 54

Umfassendes Change Management

Alle untersuchten Ansätze gehen auf die Bedeutung von Change Management und einer gezielten Kommunikation als entscheidende Faktoren für die erfolgreiche Umsetzung von Veränderungen im Unternehmen ein.

3.8 Forschungsdefizit

Die vorgestellten Konzepte beschreiben die Einführung von Prozessorientierung im Unternehmen mit unterschiedlichem Fokus und Detaillierung.

Alle Autoren betonen die Wichtigkeit der strategischen Ausrichtung des GPMS. Wie diese gestaltet werden soll, bleibt aber offen. Es wird nicht darauf eingegangen, wie eine konkrete Wettbewerbsstrategie eines Unternehmens im GPMS Berücksichtigung findet. Die Ausrichtung des GPMS an übergeordnetem Managementkonzept und -modell wird nicht beschrieben. Für die Verknüpfung der Unternehmensziele mit dem GPMS liefern nur einige Autoren zufriedenstellende Lösungen. Alle Autoren liefern ein mehr oder weniger schlüssiges Gesamtkonzept für die Einführung. Wie die Unterstützung des Top Managements erreicht werden kann, wenn diese fehlt, geht aus den beschriebenen Konzepten nicht hervor. Die Konzepte gehen auf die Bedeutung des Gesamtüberblicks über die Prozesse im Unternehmen ein. Die vorgestellten Systematiken zur Auswahl von Prozessen für die Optimierung weisen Schwächen bei der Berücksichtigung der Strategie auf. Schließlich fehlt bei den Ansätzen die Ausrichtung an den Anforderungen der Mitarbeiter insofern, als dass die Synchronisierung des GPMS mit vorhandenen Qualitäts- und Lean-Management-Systemen nicht betrachtet wird. Auf die Bedeutung des Change Managements gehen die Konzepte hingegen ein. Zusammenfassend lässt sich feststellen, dass die vorhandenen Konzepte aus dem Prozessmanagement dem in Kapitel 2.6 formulierten Handlungsbedarf in der Praxis nicht in ausreichender Weise genügen. Es existiert ein Forschungsdefizit in Bezug auf die strategische Ausrichtung von GPMS an der Unternehmensstrategie und den Stakeholdern.

4 Konzepte aus dem strategischen Management

Das Forschungsdefizit hat den Bedarf nach einer strategischen Ausrichtung des GPMS deutlich werden lassen. Im folgenden Kapitel werden daher die Grundlagen und die für den Anwendungsfall relevanten Elemente des strategischen Managements vorgestellt. Nach der Einführung in das Thema werden in Kapitel 4.1 die generischen Wettbewerbsstrategien nach PORTER und der Strategieprozess vorgestellt. Kapitel 4.2 beinhaltet den General Management Navigator, der als Ordnungsrahmen für das in Kapitel 5 entwickelte Konzept dienen wird. In Kapitel 4.3 werden Managementkonzept, -modell und -system vorgestellt die für die Ausrichtung und Synchronisierung des GPMS hilfreich sind.

4.1 Strategisches Management

4.1.1 Grundlagen

In diesem Unterkapitel werden der Strategiebegriff sowie Aufgaben und Perspektiven des strategischen Managements erläutert.

Definition Strategie

Das strategische Management wurde durch ANSOFF und CHANDLER begründet und entscheidend geprägt.[387] In der Literatur werden verschiedene Merkmale als konstituierend für eine Strategie beschrieben. In dieser Arbeit soll Strategie als strukturierte und begründete Ausrichtung des Unternehmens an langfristigen Zielen verstanden werden. Unter Berücksichtigung der generellen Unsicherheit der Zukunft

---

[387] Vgl. Chandler (1995): Strategy and structure

konkretisiert sich die Strategie in den Wegen zur Zielerreichung und der Allokation der Unternehmensressourcen.[388]

Aufgaben des Strategischen Managements

In der vorliegenden Arbeit soll für das Strategische Management das Verständnis von MÜLLER-STEWENS und LECHNER verwendet werden. Demnach geht es im Strategischen Management um die Beantwortung folgender Frage: Was (1) wird für wen (2) mit welchen Mitteln (3) und zu welchem Zweck (4) angestrebt? Es geht also um die Realisierung einer angestrebten Leistung (1) für die Anspruchsgruppen eines Unternehmens (2); dies kann erreicht werden durch geplante und emergente Initiativen sowie den Einsatz von Ressourcen (3), die zu einer einzigartigen Positionierung und nachhaltigen Wettbewerbsvorteilen führen (4).[389]

Perspektiven des Strategischen Managements

Der Erfolg eines Unternehmens wird je nach Standpunkt auf unterschiedliche Ursachen zurückgeführt. Die „outside-in" Perspektive argumentiert, dass der Umgang mit externen Einflüssen maßgeblich ist. Die „inside-out" Perspektive beschreibt die Ressourcen und Fähigkeiten eines Unternehmens als Determinanten des Erfolgs.[390] Außerdem existieren Ansätze, für die das Zusammenwirken von Umwelt und Unternehmen im Fokus steht.[391] Abhängig vom Standpunkt unterscheidet sich die Orientierung der Strategieentwicklung. In der vorliegenden Arbeit soll das Verständnis nach PORTER verwendet werden. Die Beobachtung der externen Markt- und Branchenstruktur ermöglicht eine Erörterung von Chancen und Risiken für das Unternehmen, aus der eine marktorientierte Strategie entsteht (Market-based View).

---

[388] Vgl. Schuh (2006): Change Management, S. 24, Schuh (1998): MOTION-Change Management, S. 98, Gälweiler (2005): Strategische Unternehmensführung, S. 66, Müller-Stewens und Lechner (2011): Strategisches Management, S. 10, Pümpin und Amann (2005): SEP - Strategische Erfolgspositionen, S. 11, Röthig (1982): Strategische Personalplanung im System Unternehmung, S. 82 f., Bleicher (2011): Das Konzept Integriertes Management, S. 267 ff.

[389] Vgl. Müller-Stewens und Lechner (2011): Strategisches Management, S. 18

[390] Vgl. Friedli (2006): Technologiemanagement, S. 52

[391] Vgl. Müller-Stewens und Lechner (2011): Strategisches Management, S. 12; Friedli (2006): Technologiemanagement, S. 53

4.1.2 Generische Wettbewerbsstrategien

Das Konzept der generischen Wettbewerbsstrategien wurde von PORTER über das Buch „Competitive Advantage: Creating and Sustaining superior Performance" geprägt. Bei den generischen Wettbewerbsstrategien lassen sich zwei grundsätzliche Stoßrichtungen zum Erzielen einer vorteilhaften Position im Wettbewerb unterscheiden.[392] Die Stoßrichtungen sind Kostenführerschaft und Differenzierung für den gesamten Wettbewerb. Eine weitere Option ist die Nischenstrategie, die sich gezielt auf spezielle Kunden, Produkte oder Marktsegmente konzentriert (vgl. Abbildung 4-1).[393]

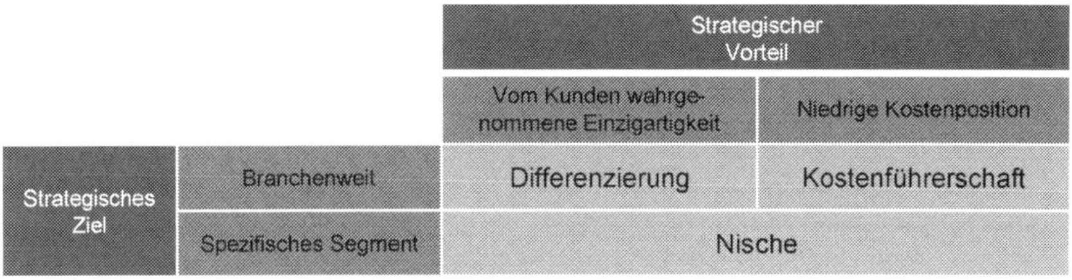

Abbildung 4-1: Die drei generischen Strategien nach PORTER[394]

Nach PORTER gerät ein Unternehmen ohne das Festlegen auf eine strategische Stoßrichtung in eine, als „stuck in the middle" bezeichnete, unvorteilhafte Position.

Bei der Kostenführerschaft erzielt ein Unternehmen einen Wettbewerbsvorteil durch Kostenvorsprung. Das Unternehmen bedient ein breites Spektrum und viele Branchensegmente. Die Kostenvorteile werden beispielsweise durch geschützte Technologien oder bevorzugten Zugang zu Rohstoffen erreicht. Typischerweise setzen diese Unternehmen auf standardisierte Produkte und Skaleneffekte.[395]

Bei der Differenzierungsstrategie wird der Wettbewerbsvorteil durch das Anbieten einer Leistung, die einzigartig im Wettbewerb ist und für die die Kunden bereit sind einen höheren Preis zu bezahlen (Alleinstellungsmerkmal), erzielt. Die Differenzierung kann sich auf das Produkt selbst, aber auch auf Liefersystem, Marketing oder

---

392 Vgl. Müller-Stewens und Lechner (2011): Strategisches Management, S. 259

393 Vgl. Porter (1998): Competitive advantage, S. 11 ff., Treacy und Wiersema (1993): Customer Intimacy

394 In Anlehnung an Porter (1980): Competitive strategy, S. 39

395 Vgl. Porter (1998): Competitive advantage, S. 12 ff., Müller-Stewens und Lechner (2011): Strategisches Management, S. 259 ff.

Zusatzleistungen beziehen. Der durch die Differenzierung erzielbare Preis muss über den Kosten der Differenzierung liegen. Das heißt die Kostenposition spielt auch in der Differenzierung eine Rolle. Es müssen wettbewerbsfähige Preise erzielt werden. In einer Branche sind mehrere erfolgreiche Differenzierungsstrategien möglich. Die Differenzierungsstrategie eignet sich gut in Situationen, in denen die angebotene Leistung so komplex ist, dass sie nicht einfach standardisiert werden kann, oder mehrere Möglichkeiten bestehen, eine Leistung zu modifizieren und von den Angeboten der Konkurrenten abzusetzen.[396]

Der Nischenstrategie liegt die Wahl eines engen Wettbewerbsumfangs zugrunde. Die Fokussierung auf ein Branchensegment führt zu einem Wettbewerbsvorteil in diesem Segment. Beide Varianten Kostenfokus oder Differenzierungsfokus zielen auf Unterschiede zwischen dem fokussierten Segment und den anderen Segmenten der Branche ab. Das Fokussegment setzt Käufer mit ungewöhnlichen Anforderungen oder eine Unterscheidung des besten Produktions-/Liefersystem zu den der Konkurrenten voraus. Die Fokussierung zieht ihren Vorteil aus einer suboptimalen Positionierung der Wettbewerber in einem der beiden Bereiche (Kosten/Differenzierung) in dem Segment. Eine Nischenstrategie wird häufig dadurch ermöglicht, dass sich die erforderlichen Mehraufwendungen für die branchenweit operierenden Unternehmen nicht rentieren.[397]

Es finden sich in der Literatur Kritikpunkte an den markt-orientierten Ansätzen und es existieren weitere Ansätze, die diesen Kritikpunkten begegnen.[398] Da für die Ausrichtung des GPMS jedoch an dieser Stelle nur die Wettbewerbsstrategien von Relevanz sind, wird auf weitere Ansätze nicht eingegangen.[399] Eine Berücksichtigung

[396] Vgl. Müller-Stewens und Lechner (2011): Strategisches Management, S. 261 ff., Porter (1998): Competitive advantage, S. 14 ff.

[397] Vgl. Müller-Stewens und Lechner (2011): Strategisches Management, S. 261 ff., Porter (1998): Competitive advantage, S. 14 ff.

[398] Vgl. Hammer (1996): Beyond reengineering, S. 104, Bleicher (2011): Das Konzept Integriertes Management, S. 276, Penrose (1959): The theory of the firm, S. 66, Müller-Stewens und Lechner (2011): Strategisches Management, S. 345 ff., Rüegg-Stürm (2005): St. Gallen management model, S. 33

[399] MINTZBERGS Design School greift für die Strategieentwicklung auf beide Perspektiven (inside-out und outside-in) zurück, vgl. Mintzberg et al. (1998): Strategy safari; auch die SWOT-Analyse berücksichtigt sowohl interne Faktoren, als auch externe Faktoren, vgl. Kerth et al. (2011): Die besten Strategietools, S. 168

der unternehmensinternen Faktoren findet bei der Ausrichtung an den Anforderungen der Mitarbeiter statt.

4.1.3 Strategieprozess

In Kapitel 2.2 wurde bereits der Prozessmanagementprozess vorgestellt. Für die Anknüpfung des Prozessmanagementprozesses an die Strategie ist es erforderlich, auch den Strategieprozess näher zu beleuchten. Die Strategische Planung eignet sich am besten, um an das schrittweise Vorgehen des Prozessmanagementprozesses anzuknüpfen. Zusätzlich sollen mögliche Entstehungshintergründe von Strategien an dieser Stelle kurz vorgestellt werden, da die Einführung eines GPMS in dieser Arbeit als strategische Initiative verstanden wird und der Entstehungshintergrund für das Vorgehen in der Einführung entscheidend ist.

Es existieren verschiedene Erklärungsansätze für die Entstehung von Strategien.[400] In der vorliegenden Arbeit werden die fünf Idealtypen von Strategieprozessen nach MÜLLER-STEWENS und LECHNER vorgestellt. Diese Idealtypen sind in Reinform in der Praxis nicht immer zu finden, jedoch lassen sich reale Strategieprozesse meist einem der Idealtypen zuordnen.[401]

Der Kommandoansatz ist ein top-down-getriebener Strategieprozess.

Die strategische Planung nähert sich der Strategie mit analytischer Logik und einem systematischen Ansatz detaillierter Einzelschritte. Bei diesem Ansatz begründet das oberste Management eine Strategie mit Hilfe von Analysen und Kausalketten. Der Prozess unterteilt sich in die Festlegung von Zielen, die Umweltanalyse, die Entwicklung von Alternativen, deren Evaluierung und Auswahl, die Umsetzungsplanung und das Controlling. Der Vorteil der strategischen Planung liegt in der umfassenden Analyse und der rationalen Auswahl von Optionen.

In einem Prozess der gelenkten Evolution, bestehend aus Variation, Selektion und Retention, werden aus einer Vielzahl strategischer Initiativen die erfolgsversprechenden ausgewählt.

---

[400] Vgl. Müller-Stewens und Lechner (2011): Strategisches Management, S. 50 ff., Burgelman (1983): A Process Model, Mintzberg und Waters (1985): Of strategies, deliberate and emergent, S. 257

[401] Vgl. zu den Idealtypen der Strategieprozesse Müller-Stewens und Lechner (2011): Strategisches Management, S. 87 ff.

Der Symbolische Ansatz verzichtet auf klare Strategieanweisungen. Stattdessen sollen die Mitarbeiter aus einer Vision selbst Ziele und Maßnahmen ableiten.

Im selbstorganisierenden Strategieprozess bildet sich die Strategie eines Unternehmens emergent aus den Interaktionen verschiedener Akteure und Gruppen.

Die einzelnen Strategieprozesse finden in unterschiedlichen Kontexten statt, dies führt dazu, dass kein Strategieprozess dem anderen prinzipiell überlegen ist. Den einen Prozess zu finden, der allen Anforderungen unabhängig vom Kontext gerecht wird ist unrealistisch.[402]

Von den fünf Strategieprozesstypen zeichnet sich die strategische Planung durch die umfassende Analyse von Unternehmen und Umwelt sowie die systematische Erfassung und Evaluation von Optionen aus. Die sequenzielle Bearbeitung klar abgegrenzter Schritte und die Tatsache, dass eine strategische Planung regelmäßig erfolgt, macht eine Anknüpfung an den Prozessmanagementprozess möglich.

4.2 General Management Navigator

Der General Management Navigator (GMN) ist ein Bezugsrahmen für das Strategische Management. Über die Einteilung in vier plus eins Arbeitsfelder (Abbildung 4-2) erfasst der GMN einen Strategieprozess nicht nur statisch, sondern ermöglicht auch eine prozessuale Betrachtung.[403]

[402] Vgl. Müller-Stewens und Lechner (2011): Strategisches Management, S. 94
[403] Vgl. Müller-Stewens und Lechner (2011): Strategisches Management, S. 24

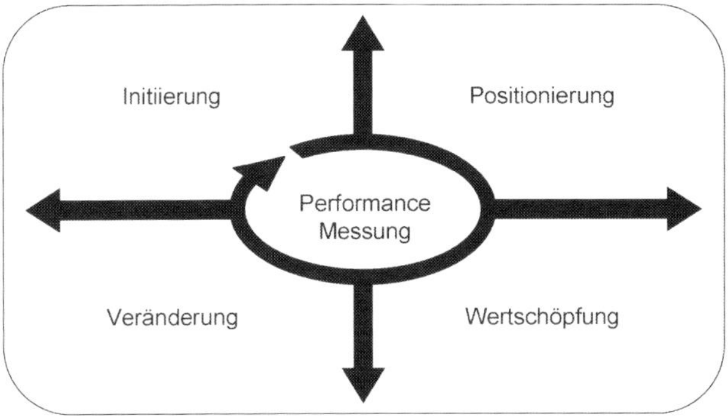

Abbildung 4-2: Der General Management Navigator[404]

In der Initiierung liegt der Schwerpunkt auf der Entstehung von strategischen Initiativen. Die Positionierung befasst sich mit der Bestimmung des Verhältnisses zu den Anspruchsgruppen des Unternehmens. Anschließend wird in der Wertschöpfung das Geschäftsmodell gestaltet und der Ressourceneinsatz geplant. Während in den vorherigen Phasen der Inhalt von strategischen Initiativen betrachtet wurde, behandelt die Veränderung ihre operative Umsetzung. Die Performance Messung erfolgt parallel zu den vier anderen Phasen und beinhaltet Methoden zur Beobachtung und Messung des Verlaufs der strategischen Initiativen.[405]

Eine Besonderheit des GMN ist die Unterstützung von unterschiedlichen Prozesstypen. Wie bereits erwähnt ermöglicht der GMN die prozessuale Strukturierung von strategischen Initiativen. Ausgehend von der Initiierung ist die Abfolge der Arbeitsfelder flexibel. Somit ergeben sich abhängig vom Gestaltungskontext der strategischen Initiative unterschiedliche Arbeitsprozesse (Abbildung 4-3).[406]

[404] In Anlehnung an Müller-Stewens und Lechner (2011): Strategisches Management, S. 24
[405] Vgl. Müller-Stewens und Lechner (2011): Strategisches Management, S. 24 ff.
[406] Vgl. Müller-Stewens und Lechner (2011): Strategisches Management, S. 25 ff.

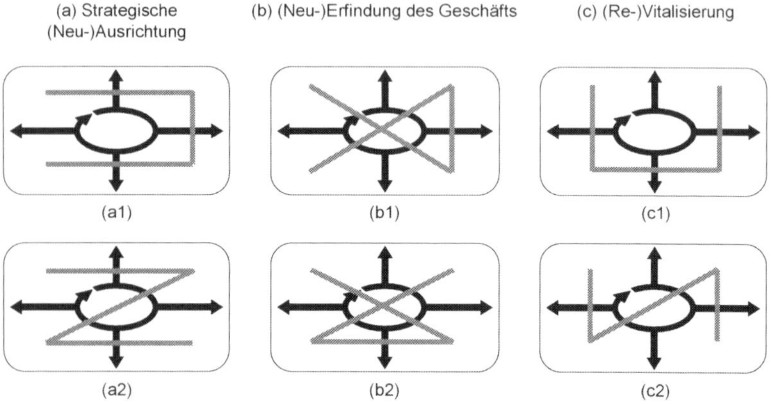

Abbildung 4-3: Pfade durch den GMN[407]

So werden zum Beispiel bei der strategischen (Neu-)Ausrichtung nach der Initiierung zuerst die relevanten Anspruchsgruppen ermittelt und das Unternehmen an diesen ausgerichtet. Bei der (Re-)Vitalisierung müssen zu Beginn bestehende Strukturen verändert werden, bevor die strategische Ausrichtung vorgenommen wird.[408]

Im Weiteren werden die einzelnen Arbeitsfelder des GMN vorgestellt.

4.2.1 Initiierung

Das Arbeitsfeld der Initiierung widmet sich den Fragestellungen, wie in einem Unternehmen strategische Initiativen entstehen und wie ein Strategieprozess effektiv gestaltet werden kann. Ein Strategieprozess wird definiert als „alle in einer unternehmerischen Einheit stattfindenden Entscheidungen und Handlungen, durch die sich die Strategien dieser Einheit bilden"[409].

Dimensionen von Strategieprozessen

Die Strategiebildung kann in Unternehmen auf unterschiedlichste Art und Weise erfolgen. Zur erfolgreichen Gestaltung von Strategieprozessen ist es dennoch not-

---

407 In Anlehnung an Müller-Stewens und Lechner (2011): Strategisches Management, S. 35

408 Vgl. Müller-Stewens und Lechner (2011): Strategisches Management, S. 36 f.

409 Müller-Stewens und Lechner (2011): Strategisches Management, S. 45

wendig ein Verständnis davon zu haben, welche Faktoren auf die Leistung eines Strategieprozesses Einfluss nehmen. In diesem Zusammenhang haben MÜLLER-STEWENS und LECHNER fünf Dimensionen definiert, die Strategieprozesse maßgeblich bestimmen (Abbildung 4-4).[410]

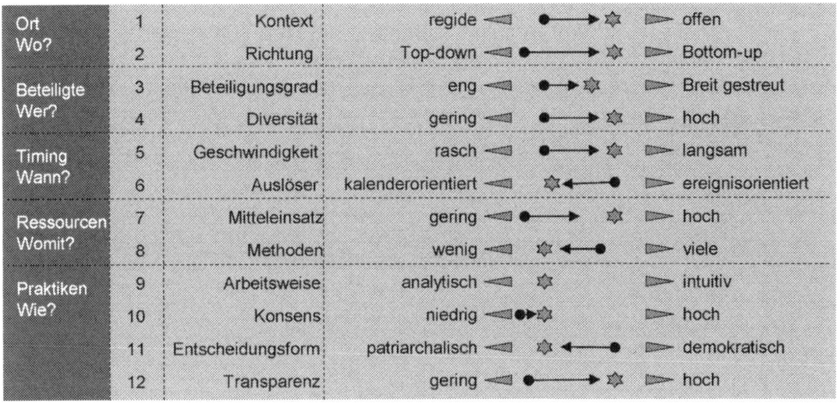

Abbildung 4-4: Dimensionen von Strategieprozessen[411]

Der „Ort" an dem Strategieprozesse entstehen bestimmt sich maßgeblich über den organisationalen Kontext. Abhängig von seiner Beschaffenheit wird der Strategieprozess entweder unterstützt oder behindert. Wenn dem Prozess klare Regeln auferlegt werden und er nur in einer bestimmten Form zugelassen wird, wird von einem rigiden Kontext gesprochen. Besteht für die Entwicklung einer Strategie eine Fülle von Alternativen und werden diese weder explizit noch implizit limitiert, handelt es sich um einen offenen Kontext. Über die Managementebenen eines Unternehmens können sich strategische Initiativen in verschiedene Richtungen ausbreiten. Wird die Initiative vom oberen Management getrieben, heißt diese die Richtung top-down. Ist die Initiative im operativen Geschäft entstanden so wird dies als bottom-up bezeichnet.

Die Dimension „Beteiligte" bestimmt, wer in den Strategieprozess involviert werden soll. Der Beteiligungsgrad ist das Maß in dem Mitarbeiter in die Gestaltung von

---

410 Vgl. zu den nachfolgenden Ausführungen zu den Dimensionen von Strategieprozessen Müller-Stewens und Lechner (2011): Strategisches Management, S. 60 ff.

411 In Anlehnung an Müller-Stewens und Lechner (2011): Strategisches Management, S. 61

Strategien mit einbezogen werden. Vieles spricht dabei für einen breit gestreuten Beteiligungsgrad, da besonders hoch motivierte Mitarbeiter mit einbezogen werden möchten und wertvolle Beiträge leisten können. Häufig wird jedoch ein eher enger Beteiligungsgrad gewählt und die Strategieentwicklung zur „Chefsache" gemacht. Die Diversität erfasst, wie unterschiedlich die Beteiligten an dem Strategieprozess sind. Dies kann sich auf eine Reihe allgemeiner Kriterien wie Geschlecht, Alter, Nationalität bis hin zu spezifischen Merkmalen wie Risikobereitschaft oder Erfahrungshintergrund beziehen. Eine geringe Diversität bietet sich besonders dann an, wenn von den Beteiligten ein fundiertes Wissen zu einem speziellen Thema benötigt wird. Eine höhere Diversität der Beteiligten hingegen öffnet den Blickwinkel.

Das „Timing" thematisiert die zeitliche Dimension von Strategieprozessen. Dabei liegt der Fokus auf der Geschwindigkeit und dem Auslöser der Prozesse. Ein rasch durchgeführter Strategieprozess liefert zeitnah Aktionen und Reaktionen, es besteht jedoch dabei die Gefahr nicht zu wirklichen Strategiediskussionen zu kommen. Der Auslöser für einen Strategieprozess kann eine durch den Kalender bestimmte strategische Planung sein, wie jährlich stattfinde Strategie Workshops, oder eine ereignisorientierte Reaktion, die ad hoc erfolgt wenn bestimmte Ereignisse eintreten.

Die Genese und Umsetzung von Strategien macht den Einsatz von oftmals knappen „Ressourcen" wie Zeit, Expertise, Methoden etc. notwendig. Der Mitteleinsatz bemisst dabei welches Maß an Ressourcen für den Strategieprozess investiert werden soll, beziehungsweise das Management bereit ist zu investieren. Professionelle Strategiearbeit erfolgt meist unter Verwendung von Managementkonzepten und Methoden wie zum Beispiel Benchmarking, Strategische Planung, Kundensegmentierung etc. In Anbetracht der Fülle der zur Verfügung stehenden Methoden ist es notwendig auszuwählen, wie viele und welche Methoden eingesetzt werden sollen.

Die Dimension „Praktiken" definiert sich über Arbeitsweise, Konsens, Entscheidungsformen und Transparenz. Bei der Arbeitsweise lassen sich zwei Extreme differenzieren - entweder analytisch oder intuitiv. Basierend auf dieser Annahme können zwei Typen von Strategieprozessen unterschieden werden. Bei der *Disziplin* steht eine ausdifferenzierte Planungsprozedur im Vordergrund. Im Falle der *Imagination* werden kreatives und unternehmerisches Denken pointiert. Strategischer Konsens wird definiert als ein geteiltes Verständnis strategischer Prioritäten zwischen Managern der obersten, mittleren und unteren Ebene einer Organisation. Unstrittig ist, dass bei einem hohen Konsens die Geschwindigkeit der Implementierung zunimmt, fraglich ist jedoch, ob sich die Herstellung des Konsenses, die einen ressourcenintensiven Prozess darstellt, im Einzelfall rentiert. Die Entscheidungsform unterscheidet zwischen einer patriarchischen und einer demokratischen Ausprägung. Dabei ist zu berücksichtigen, dass im Falle eines breiten Kreises von Beteiligten dieser auch eine Form der Mitsprache einfordern wird. Die Transparenz bemisst, in welchem Umfang Strategien in der Organisation offengelegt werden. Ein hoher Transparenzgrad ermöglicht es Unternehmen schnell zu agieren und zu reagieren, da die Mitarbeiter nicht nur grob die Initiativen kennen, sondern auch die genaue Ausgestaltung. Dies ist besonders in Branchen entscheidend, in denen sich durch Geschwindigkeit ein Wettbewerbsvorteil erzielen lässt. Auf der anderen Seite steht der Leitsatz „Wissen ist Macht", was dazu führt, dass Strategien auch bewusst schwach kommuniziert oder sogar zurückgehalten werden.

Für die Parameter der Dimensionen lassen sich keine einheitlichen optimalen Werte festlegen, da dies von der spezifischen Situation abhängt. Es sollte jedoch darauf geachtet werden, ein widerspruchsfreies Muster zu erhalten.[412]

Die Idealtypen von Strategieprozessen wurden bereits in Kapitel 4.1.3 beschrieben. Wie dort ausgeführt ist für die vorliegende Arbeit der Prozess der strategischen Planung zur Anknüpfung an den Prozessmanagementprozess relevant. Für die strategische Ausrichtung ist außerdem der Entstehungshintergrund der Strategie im Generellen zu berücksichtigen.

4.2.2 Positionierung

Im Mittelpunkt der Positionierung steht das Außenverhältnis des Unternehmens. Ausgehend von einer Analyse des Unternehmens und seiner Umwelt werden die relevanten Anspruchsgruppen (Stakeholder) eines Unternehmens ermittelt und die Beziehung zu diesen gestaltet.[413] Zu den Anspruchsgruppen zählen alle Gruppierungen, die einen relevanten Einfluss auf die unternehmerischen Handlungen haben

[412] Vgl. zu den vorangegangenen Ausführungen zu den Dimensionen von Strategieprozessen Müller-Stewens und Lechner (2011): Strategisches Management, S. 60 ff.

[413] Vgl. zu den nachfolgenden Ausführungen zur Phase der Positionierung Müller-Stewens und Lechner (2011): Strategisches Management, S. 25 f. und 121 ff.

oder von diesen relevant beeinflusst werden. Eine exemplarische Darstellung des Unternehmens mit seinen Anspruchsgruppen ist Abbildung 4-5 zu entnehmen.

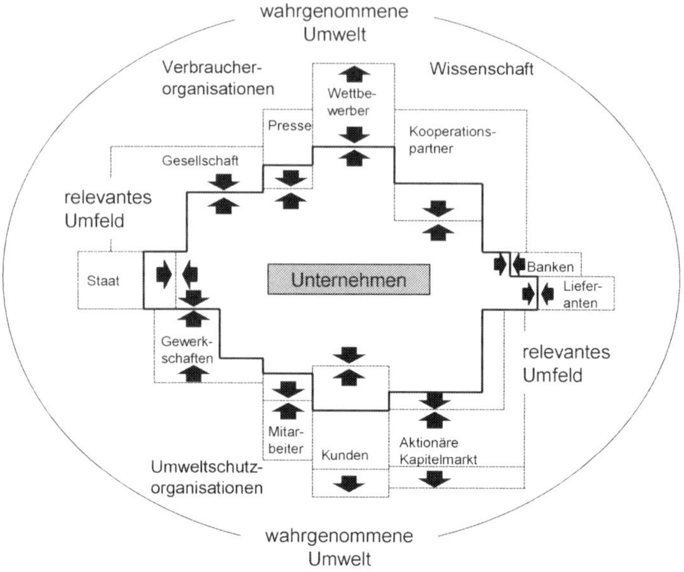

Abbildung 4-5: Das Unternehmen/Umwelt-Verhältnis[414]

Eine zentrale Frage des strategischen Managements ist die Erklärung des überdurchschnittlichen Erfolgs eines Unternehmens und der damit verbundenen geschützten Position am Markt. Um diese Frage zu beantworten sind eine Reihe von theoretischen Ansätzen entwickelt worden, die ihren Fokus auf unterschiedliche Faktoren legen. Die wichtigsten Erklärungsansätze sind der Besitz einzigartiger Ressourcen, der Aufbau herausragender Fähigkeit, die optimale Minimierung der Transaktionskosten, das geschickte Austricksen der Wettbewerber oder die optimale Anpassung an eine ökonomische Nische.

[414] In Anlehnung an Müller-Stewens und Lechner (2011): Strategisches Management, S. 23

Strategische Analyse

Ausgangspunkt der Positionierung ist eine strategische Analyse des Unternehmens und seiner Umwelt über die Art, Stärke und das Zusammenspiel der Einflusskräfte von Unternehmen und Umwelt. In einem ersten Schritt wird die Ausgangssituation des Unternehmens in Bezug auf die relevanten Anspruchsgruppen und die unternehmerischen Geschäftsaktivitäten untersucht.

Anschließend erfolgt die möglichst vorteilhafte Positionierung am Markt. Dies geschieht anhand der Einflusskräfte der Umwelt. Diese Einflusskräfte lassen sich in Form von Anspruchsgruppen personifizieren. Anspruchsgruppen nehmen Einfluss auf die Entwicklung eines Unternehmens, da sie einen materiellen oder immateriellen Anspruch an das Unternehmen haben und auch umgekehrt durch Handlungen des Unternehmens beeinflusst werden. Folglich lässt sich ein Unternehmen als ein System von Stakeholdern verstehen, in dem es gilt, die bestehenden Beziehungen erfolgreich zu managen. Gelingt es einem Unternehmen nicht mehr die Anforderungen seiner Stakeholder zu erfüllen, so werden sich diese von ihm abwenden und auf andere Unternehmen zugehen. Somit besitzen Stakeholder eine gewisse Machtposition gegenüber dem Unternehmen. Dabei kann die Macht der einzelnen Stakeholder äußerst unterschiedlich verteilt sein. Daher gilt es zu Beginn Prioritäten unter den Anspruchsgruppen zu setzten. Es empfiehlt sich eine Stakeholder-Analyse durchzuführen, die Klarheit über die Anspruchsgruppen und ihre jeweilige Relevanz verschafft. Die Stakeholder-Analyse erfolgt in vier Schritten. Im ersten Schritt werden die Anspruchsgruppen ermittelt. Im zweiten Schritt wird die Relevanz der einzelnen Anspruchsgruppen festgestellt. Im dritten Schritt erfolgt eine Gegenüberstellung von Erwartungen, Ambitionen und Nutzenversprechen. Abschließend werden im vierten Schritt erste Überlegungen zu Zielen, Strategien und Maßnahmen angestellt.

Die für viele Unternehmen wohl wichtigste Anspruchsgruppe sind Kunden und ihre Aggregation in Form von Absatzmärkten. Eine weitere wichtige Anspruchsgruppe sind die Mitarbeiter. Auf andere Anspruchsgruppen wird in der vorliegenden Arbeit nicht eingegangen.

Ein weiterer zentraler Aspekt in der Phase der Positionierung ist die Ausrichtung am normativen Rahmen. Aufgrund der Bedeutung des normativen Rahmens für die vorliegende Arbeit wird dieser in einem separaten Kapitel (4.3.3) beschrieben.[415]

4.2.3 Wertschöpfung

In der Phase der Wertschöpfung werden die Strukturen des Unternehmens auf ihren Anpassungsbedarf an die Anforderungen aus der Phase der Positionierung hin untersucht. Es geht darum, wie die Wertschöpfung organisiert, also das Innenverhältnis ausgestaltet wird. Die verfügbaren Ressourcen limitieren dabei die verfügbaren Optionen.[416]

Wertketten und ihre Anwendung

Bei Wertketten handelt es sich um einen Ansatz zur Analyse der Wertschöpfung im Unternehmen (vgl. Abbildung 4-6). In der Wertkette wird das Unternehmen als eine Abfolge von Aktivitäten verstanden. Bei den Aktivitäten wird in Primäraktivitäten, die einen direkten wertschöpfenden Beitrag leisten und Unterstützungsaktivitäten, bei denen es sich um Tätigkeiten handelt, die notwendige Voraussetzungen für die Primäraktivitäten darstellen, unterschieden.

[415] Vgl. zu den vorangegangenen Ausführungen zur Phase der Positionierung Müller-Stewens und Lechner (2011): Strategisches Management, S. 25 f. und 121 ff.

[416] Vgl. zu den nachfolgenden Ausführungen zur Phase der Wertschöpfung Müller-Stewens und Lechner (2011): Strategisches Management, S. 26 und 341 ff.

Abbildung 4-6: Das Konzept der Wertkette[417]

Die Analyse mit Hilfe der Wertkette gibt Aufschluss über die Wertschöpfung im Unternehmen.

Geschäftsmodell

Das Geschäftsmodell eines Unternehmens wird definiert als Modell von vernetzten Aktivitäten, das zur Wertschöpfung ein bestimmtes Nutzenversprechen realisieren will. Bei der Analyse, Veränderung oder Konzipierung eines Geschäftsmodells sind fünf Dimensionen von besonderer Relevanz.

Die Dimension des Nutzenversprechens betrifft das Angebot, welches dem Kunden zur Erfüllung eines bestimmten Auftrags gemacht wurde. Eine besondere Bedeutung liegt dabei auf dem Umfang der versprochenen Leistung. Über die Dimension des Designs der Aktivitäten wird die Struktur des Geschäftsmodells festgelegt. Bei der Dimension der Steuerung der Aktivitäten geht es um die Frage, wie die einzelnen Aktivitäten untereinander agieren beziehungsweise koordiniert werden. Von besonderer Relevanz sind dabei die Aspekte zum Auslöser (Pull versus Push) und zum Ausmaß der Vernetzung (isoliert versus vernetzt). In der Dimension der Ressourcen wird zwischen drei Arten von Ressourcen unterschieden: physikalische Ressourcen (wie Technologien, Maschinen, Rohstoffe), Humanressourcen/Wissen sowie organisationale Ressourcen (wie Managementsysteme). Der GMN geht in diesem Zusammenhang verstärkt auf Anreiz- und Belohnungssysteme sowie Pla-

[417] In Anlehnung an Porter (1998): Competitive advantage, S. 37

nungs- und Kontrollsysteme ein. Die letzte Dimension betrifft die Ertragsmechanik, die das Leistungsangebot in Bezug auf Produktion oder Dienstleistungen adressiert.

Funktionalstrategien

Die Funktionalbereiche beheimaten die für den Wertschöpfungsprozess erforderlichen Kapazitäten. Häufig wurden die Funktionalbereiche entsprechend der Geschäftsleitungsfunktionen untergliedert, was in der Funktionalorganisation zu einer starken Machtposition der einzelnen Funktionsbereiche geführt hat, was wiederum mitunter eine beachtliche Eigendynamik zur Folge hat. Auch wenn die Funktionalbereiche über eine Prozessorientierung des Unternehmens an Macht verlieren, kommt ihnen immer noch im Rahmen des strategischen Managements eine hohe Bedeutung zu.

Die Aufgaben der Funktionalbereiche innerhalb des Unternehmens beziehen sich auf die Konkretisierung des operativen Planungsbedarfs, die Integration der Funktionalstrategie in die Strategie der anderen Gestaltungsobjekte, die Koordination der Funktionalstrategien untereinander, die Realisierung von Synergien durch eine Kooperation zwischen den Funktionalbereichen sowie Selektionsaufgaben.[418]

4.2.4 Veränderung

Die Phase der Veränderung befasst sich mit dem strategisch motivierten Wandel. Die Neuausrichtung des Unternehmens, seiner Geschäftsprozesse und -modelle wird ins Leben gerufen und findet Einzug in das Verhalten der Organisationsmitglieder. Im Zentrum der Veränderung steht die Gestaltung des Veränderungsprozesses.[419]

Das Ergebnis der Gestaltungsarbeit soll ein „Drehbuch für den Wandel" sein, in dem neben dem Veränderungsobjekt zugrunde liegenden Handlungen und Akteursstrukturen, die Dramaturgie der Veränderung und der Spannungsbogen des Wandels festgelegt werden.

---

[418] Vgl. zu den vorangegangenen Ausführungen zur Phase der Wertschöpfung Müller-Stewens und Lechner (2011): Strategisches Management, S. 26 und 341 ff.

[419] Vgl. zu den nachfolgenden Ausführungen zur Phase der Veränderung Müller-Stewens und Lechner (2011): Strategisches Management, S. 27 und S. 429 ff.

Im Gestaltungsansatz für die Veränderungsarbeit wird im GMN eine Reihe von Punkten beachtet. An erster Stelle steht die Frage, wie sich der Unterschied zwischen einem inkrementellen evolutionären und einem revolutionären fundamentalen Wandel gestaltet. Darauf folgt die Auseinandersetzung mit der Führung im fundamentalen Wandel. An dritter Stelle stehen Ansätze des Change Managements. An vierter und letzter Stelle steht ein Bezugsrahmen zur Veränderungsarbeit, der im Weiteren im Detail erläutert wird (vgl. Abbildung 4-7).

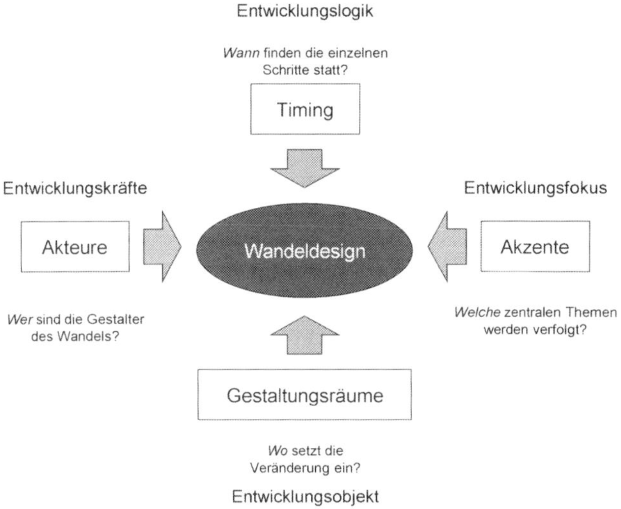

Abbildung 4-7: Die vier Komponenten des Wandeldesigns[420]

Die vier Komponenten des Bezugsrahmens lassen sich in unterschiedlichen Dimensionen operationalisieren. Das Timing repräsentiert die Entwicklungslogik des Systems und definiert die zeitliche Struktur des Veränderungsprozesses. Ausgehend von einem Entwicklungsfokus lässt sich über das Herausarbeiten von Schwerpunktthemen, den Akzenten, die Komplexität des organisatorischen Wandels reduzieren. Die Akteure im Wandel bestimmen als individuelle Kräfte die Entwicklungsdynamik des Unternehmens. In der Komponente Akteure wird auf zentrale Rollen und die Einrichtung einer Wandelorganisation eingegangen. Zentrale Rollen im Wandel

[420] In Anlehnung an Müller-Stewens und Lechner (2011): Strategisches Management, S. 482

sind nach MÜLLER-STEWENS und LECHNER „Strategists", die die strategische Führung des Wandels übernehmen, „Implementors", die die Verantwortung für die Umsetzung im Wandel tragen und „Recipients", die die Betroffenen des Wandels darstellen. Der Aufbau der Wandelorganisation erfolgt entsprechend Abbildung 4-8.

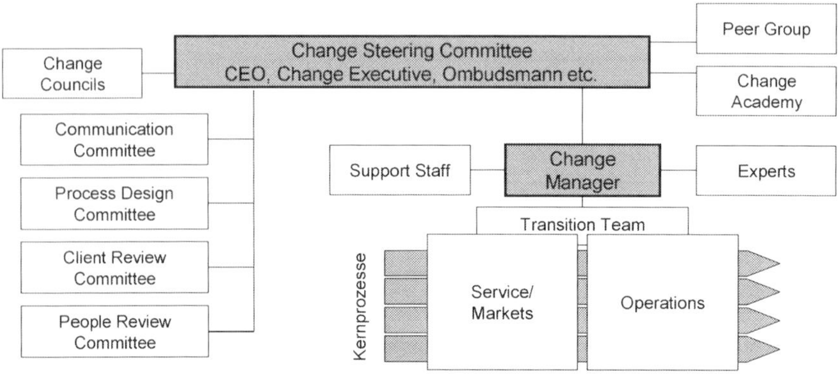

Abbildung 4-8: Wandelprojektorganisation[421]

Über den Wandel werden die organisatorischen Rahmenbedingungen im Unternehmen geändert. Dabei wird im GMN zwischen drei Betrachtungsperspektiven unterschieden:

- Der strukturelle Gestaltungsraum: Es gilt zu klären welche strukturellen Maßnahmen getroffen werden müssen damit die Ziele des Wandels möglichst effektiv und effizient umgesetzt werden können.
- Der politische Gestaltungsraum: Die zum Teil konfligierenden politischen Interessen müssen am strategischen Wandel ausgerichtet werden.
- Der kulturelle Gestaltungsraum: Die Werte, Regel und Normen des Unternehmens müssen über kulturelle Maßnahmen den Wandeln fördernd auf den Wandel wirken.

In diesem Zusammenhang wird auch die Frage aufgeworfen, wie die Sequenz in der Veränderung in Bezug auf die drei Gestaltungsräume gestaltet werden sollte.

[421] In Anlehnung an Müller-Stewens und Lechner (2011): Strategisches Management, S. 534

Bevor der Wandel in Gang gebracht wird, müssen sich alle Beteiligten und Betroffenen schonungslos ihrer Ausgangssituation bewusst werden. Wandelaktivitäten müssen auf einem gut fundierten Bewusstsein für den Bedarf des Wandels basieren.

Weiterhin gehört zu einem Wandelprojekt ein unterstützendes Training der Beteiligten. MÜLLER-STEWENS und LECHNER empfehlen dafür die Bildung einer Trainings-Taskforce, die entsprechende Pilot- und Feedback-Möglichkeiten innerhalb eines Programmpaketes erarbeitet.[422]

4.2.5 Performance-Messung

Die Performance-Messung zielt darauf ab, über die Auswirkungen von Strategien und strategischen Initiativen auf unternehmerische Einheiten umfassend und rechtzeitig zu informieren. In ihrer Funktion als simultanes und nicht nachgelagertes Arbeitsfeld ist die Performance-Messung zu den restlichen Arbeitsfeldern des GMN in ein zirkuläres Verhältnis gesetzt.[423]

Strategische Performance-Measurement-Systeme

Strategische Performance-Measurement-Systeme (SPMS) zeichnen sich durch eine Integration von strategischen und operativen Zielen, den Einbezug mehrere Dimensionen, die Betrachtung von Ursache-Wirkung-Beziehungen zwischen Zielen und den Performance-Maßen und einer Abfolge von Zielen, Messkriterien und Handlungsplänen aus. Ansätze für SPMS sind zum Beispiel die Balanced Scorecard, die Performance-Pyramide oder das EFQM-Modell.

Die Performance-Messung im Rahmen des GMN erfolgt über drei Bausteine. Im ersten Schritt wird das Konzept der strategischen Initiative über ein Audit bewertet. Danach erfolgt eine Beurteilung der Umsetzung der strategischen Initiative über eine Scorecard und abschließend wird das finanzielle Ergebnis anhand von Financial Controlling überprüft.

---

[422] Vgl. zu den vorangegangenen Ausführungen zur Phase der Veränderung Müller-Stewens und Lechner (2011): Strategisches Management, S. 27 und S. 429 ff.

[423] Vgl. zu den nachfolgenden Ausführungen zum Arbeitsfeld der Performance-Messung Müller-Stewens und Lechner (2011): Strategisches Management, S. 27 und S. 575 ff.

Wichtige Kennzahlen

Für die notwendige Transparenz und um die richtigen Anreize zu setzen müssen geeignete Kennzahlen ausgewählt werden. Es wird dabei zwischen zwei Arten von Kennzahlen unterschieden: finanziellen und nicht finanziellen Kennzahlen.

Finanzielle Kennzahlen geben Auskunft über die aktuelle Situation eines Unternehmens und über den Fortschritt einer strategischen Initiative, da sich alle Aktivitäten eines Unternehmens in den Finanzen widerspiegeln. Kennzahlen des Finanz- und Rechnungswesen werden im Rahmen der strategischen Performance-Messung aufgrund ihrer Beeinflussbarkeit und Vergangenheitsorientierung kritisch beurteilt und in der Regel durch wertorientierte Kennzahlen ergänzt.

Den nicht-finanziellen Performance-Kennzahlen in den Bereichen Mitarbeiter, Führung, Kunden, Prozesse sowie Innovation und Wandel wird mitunter eine erhebliche Bedeutung beigemessen. Dennoch bleibt die Zusammenstellung dieser Kennzahlen individuell und situativ, da unterschiedliche Unternehmenskulturen, -philosophien, Märkte, etc. eine wesentliche Rolle spielen.[424]

4.3 Managementkonzepte

4.3.1 Managementkonzept, -modell, -system

Im Laufe der Zeit hat sich auf dem Fachgebiet der Managementlehre in der Literatur eine große Anzahl von synonym verwendeten Begriffen etabliert.[425] Aus diesem Grund sollen an dieser Stelle zunächst die Begrifflichkeiten des Managementkonzepts, -modells und -systems erläutert werden. In Abbildung 4-9 ist der Zusammenhang der drei Begriffe schematisch dargestellt.

---

[424] Vgl. zu den vorangegangenen Ausführungen zum Arbeitsfeld der Performance-Messung Müller-Stewens und Lechner (2011): Strategisches Management, S. 27 und S. 575 ff.

[425] Vgl. Schwaninger (1994): Managementsysteme, S. 31

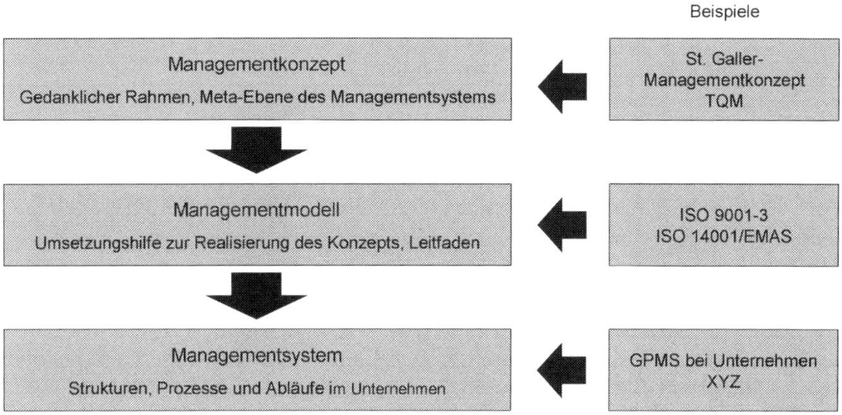

Abbildung 4-9: Managementkonzepte, -modelle und -systeme[426]

Eine Definition von Managementsystemen liefert JOHANN: „Unter einem Managementsystem wird allgemein die Gesamtheit aller organisatorischen Maßnahmen verstanden, die geeignet sind, das Erreichen eines festgelegten Unternehmensziels sicherzustellen"[427]. Unter organisatorischen Maßnahmen werden hier sowohl aufbauorganisatorische Festlegungen (zum Beispiel Hierarchie, Verantwortlichkeit, Zuständigkeit) als auch ablauforganisatorische Regelungen (zum Beispiel Berichtswesen, Informationswege, Entscheidungswege, Arbeitsverfahren) verstanden.[428] Managementsysteme unterstützen die Unternehmensführung, in dem sie systematisieren, formalisieren und artikulieren.[429] Es werden so insbesondere die Managementfunktionen Planung, Steuerung und Kontrolle in Managementsystemen zusammengefasst.[430] Im Gesamtzusammenhang stellen Managementsysteme ein geeignetes Instrument dar, um Managementkonzepte praktisch im Unternehmen umzusetzen.[431] Weitere häufige Bezeichnungen sind Führungssysteme, Geschäftssys-

[426] In Anlehnung an Seghezzi (1996): Integriertes Qualitätsmanagement, S. 198
[427] Johann (1994): Der Betriebsbeauftragte in der betrieblichen Praxis, S. 1 ff.
[428] Vgl. Johann (1994): Der Betriebsbeauftragte in der betrieblichen Praxis, S. ff.
[429] Vgl. Schütz (1998): Managementsysteme und Strategien, S. 97 f.
[430] Vgl. Bleicher (2011): Das Konzept Integriertes Management, S. 337 ff. und auch Müller-Stewens und Brauer (2009): Corporate Strategy & Governance, S. 528
[431] Vgl. Friedli et al. (2014): Konzepte - Modelle - Systeme, S. 160

teme oder Business Systems.[432] In diesem Zusammenhang verstandene Managementsysteme sind Abbilder unternehmensindividueller Prozesse und Strukturen, die sich je nach Unternehmen teilweise erheblich unterscheiden können. Unternehmensspezifische Ausprägungen sind zum Beispiel ein Geschäftsprozess-, Qualitätsmanagement-, Umweltmanagement- oder ein Energiemanagementsystem. Den Managementsystemen übergeordnet sind die Managementmodelle, welche die Bindeglieder zwischen realen Systemen und Konzepten darstellen.[433] Sie beschreiben einen Organisationsaufbau und -ablauf, der als Orientierung und Leitlinie für die Umsetzung eines Konzepts dienen kann. Demzufolge haben Modelle die Aufgabe, die Umsetzung von Konzepten in reale Systeme zu erleichtern.[434] Ein typisches Beispiel ist hier die DIN EN ISO 9001 Norm, welche Mindestanforderungen an ein Qualitätsmanagementsystem in einem Unternehmen definiert. Die Norm selbst wird dann im betrachteten Unternehmen in ein spezifisches Qualitätsmanagementsystem umgesetzt, welches die individuellen Anforderungen und Gegebenheiten des Unternehmens berücksichtigt.

Managementkonzepte bilden die übergeordnete Ebene und dienen als theoretische und methodische Grundlage für Managementmodelle und -systeme. Sie stellen eine Basis für die Gestaltung, Implementierung und Übersetzung von Organisation und Führung in die Realität bereit.[435] Beispiele sind hier das St. Galler Managementkonzept oder das Total Quality Management (TQM).

Für die Konzeptionierung eines Geschäftsprozessmanagementsystems ist auch dessen Einordnung in den gegebenen Rahmen der Managementkonzepte, -modelle und -systeme von Bedeutung.

4.3.2 Neues St. Galler Managementkonzept

Wie in Kapitel 2.3 beschrieben wurde, stehen Entscheidungen, welche in vielfältiger Weise im Unternehmen getroffen werden, im Mittelpunkt der Arbeit des Managements. Diese können zum Beispiel Beschlüsse über Bezugsquellen von Ressourcen,

---

[432] Vgl. Kirsch und Maaßen (1990): Managementsysteme Planung und Kontrolle, S. 2
[433] Vgl. Friedli et al. (2014): Konzepte - Modelle - Systeme, S. 160
[434] Vgl. Liesegang und Pischon (1999): Integrierte Managementsysteme, S. 96
[435] Vgl. Friedli et al. (2014): Konzepte - Modelle - Systeme, S. 160 ff.

über die Ausgestaltung der Unternehmensorganisation oder Entscheidungen über langfristige Ziele des Unternehmens sein. Da sich diese Entscheidungen sowohl in Bezug auf ihren zeitlichen Rahmen, ihre Freiheitsgrade und ihrer Bedeutung für die Unternehmensentwicklung, beziehungsweise den Unternehmenserfolg deutlich voneinander unterscheiden, bedarf es einer Einteilung in Kategorien.[436] Das St. Galler Managementkonzept dient hierfür als Ordnungsrahmen und nimmt die Einteilung der Aufgaben des Managements in drei verschiedene Kategorien beziehungsweise Ebenen vor, welche die verschiedenen Aufgabenfelder oder Inhalte des Managements beschreiben (vgl. Abbildung 4-10).[437]

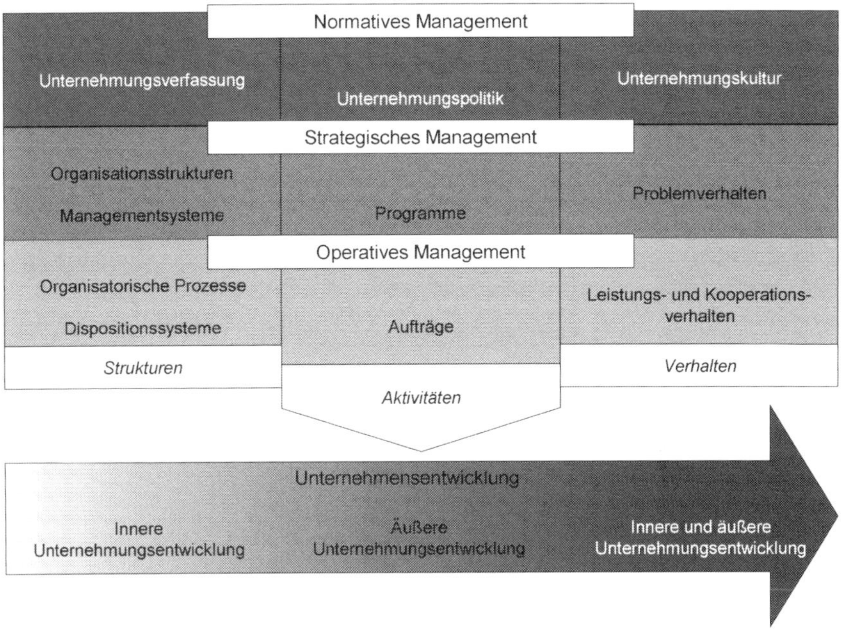

Abbildung 4-10: Gesamtzusammenhang des St. Galler Managementkonzeptes[438]

Die drei Ebenen normatives, strategisches und operatives Management bilden die Kernelemente des St. Galler Managementkonzeptes und wirken gemeinsam auf die

[436] Vgl. Hungenberg und Wulf (2006): Grundlagen der Unternehmensführung, S. 26
[437] Vgl. Bleicher (2011): Das Konzept Integriertes Management, S. 86 ff.
[438] In Anlehnung an Bleicher (2011): Das Konzept Integriertes Management, S. 92

Unternehmensentwicklung ein.[439] Das St. Galler Managementkonzept ordnet sich gemäß der Einteilung in Abbildung 4-9 als übergeordnetes Managementkonzept ein, welches der Unternehmensführung als Leitfaden dienen soll, um „wesentliche Probleme des Managements strukturiert durchdenken zu können und zu einem integrativen Gesamtkonzept zusammenfügen zu können“[440].

Das Normative Management hat die Hauptaufgabe die Lebens- und Entwicklungsfähigkeit des Unternehmens sicherzustellen und das Selbstverständnis des Unternehmens zu definieren.[441] Hierfür werden grundlegende Ziele, Prinzipien, Normen und Spielregeln für das Unternehmen festgelegt. Unternehmenspolitisches Handeln und Verhalten, welches von einer unternehmerischen Vision ausgeht, ist zentraler Inhalt des Normativen Managements. Auf Grund seiner konstituierenden Rolle begründet das Normative Management alle Handlungen des Unternehmens. Es definiert im Rahmen des Umfeldes zweckorientierte Ziele und vermittelt den Mitarbeiter so einen Sinn und eine Identität im Inneren und Äußeren.[442] Es wirkt also nutzenstiftend für seine Bezugs- und Anspruchsgruppen.[443]

Die zweite Ebene des St. Galler Managementkonzeptes stellt das Strategische Management dar. Es hat die Aufgabe die Voraussetzungen dafür zu schaffen, dass die im Normativen Management definierten Ansprüche und Ziele für die Unternehmensentwicklung langfristig erfüllt werden.[444] Um diese Aufgabe zu erfüllen muss das Strategische Management ausrichtend auf Aktivitäten im Unternehmen wirken. Zur Bestimmung der externen Ausrichtung (Marktposition) und internen Ausrichtung (Ressourcenbasis) des Unternehmens müssen Strategien festgelegt und mittels geeigneter Strukturen, wie zum Beispiel Managementsysteme, umgesetzt werden.[445]

Das Operative Management bildet die unterste Ebene der Managementaufgaben und hat kurzfristigen Charakter. Die Aufgabe des Operativen Managements besteht

---

[439] Vgl. Bleicher (2002): Integriertes Management als Herausforderung, S. 4

[440] Bleicher (2011): Das Konzept Integriertes Management, S. 26

[441] Vgl. Bleicher (2002): Integriertes Management als Herausforderung, S. 4 und auch Hungenberg und Wulf (2006): Grundlagen der Unternehmensführung, S. 26

[442] Vgl. Bleicher (2011): Das Konzept Integriertes Management, S. 4 und S. 89

[443] Vgl. Liesegang und Pischon (1999): Integrierte Managementsysteme, S. 103

[444] Vgl. Hungenberg und Wulf (2006): Grundlagen der Unternehmensführung, S. 26

[445] Vgl. Hungenberg und Wulf (2006): Grundlagen der Unternehmensführung, S. 26 f. und auch Liesegang und Pischon (1999): Integrierte Managementsysteme, S. 103

darin, die Leitideen, Konzepte und Vorgaben der normativen und strategischen Ebene, welche sich an den Fähigkeiten und Ressourcen orientieren, auf der operativen Ebene zu konkretisieren und praktisch umzusetzen.[446] Dieser operative Vollzug ist auf ökonomischer Ebene auf finanz-, leistungs- und informationswirtschaftliche Aspekte ausgerichtet.[447] Darüber hinaus besteht eine wichtige Aufgabe des Operativen Managements in der Abstimmung der Beziehungen und Koordination der einzelnen Funktionsbereiche eines Unternehmens. Auf personeller Ebene sind zumeist die Leiter der einzelnen Funktionsbereiche, zum Beispiel des Vertriebes oder der Produktion, für die operativen Managementaufgaben zuständig.[448]

4.3.3 Normativer Rahmen

Die Führungsinstrumente Vision, Ziele, Mission und Werte bilden den normativen Rahmen des Unternehmens.[449] Innerhalb des normativen Rahmens haben sich die Optionen für die Strategien zu bewegen. Der normative Rahmen wirkt zum einen einschränkend durch die Vorgabe von Mission und Werten, zum anderen wirkt er richtungsweisend, kurz- und mittelfristig durch Ziele und langfristig durch die Vision. Der normative Rahmen sollte in seinen Grundbestandteilen langfristige Gültigkeit besitzen, damit er für die strategische Entwicklung des Unternehmens dienlich ist. Es ist wichtig, den Umsetzungsbezug des normativen Rahmens herzustellen, damit dieser im Alltag seine Relevanz entfaltet. Im Folgenden werden die Bestandteile des normativen Rahmens erläutert.

Als **Vision** wird eine auf die Zukunft gerichtete Leitidee über die Entwicklung des Unternehmens bezeichnet, an deren Zielvorstellung sich die Handlungen des Unternehmens konsequent ausrichten. Eine Vision lässt sich durch vier Eigenschaften charakterisieren:

- Sinnstiftend: Eine Vision reduziert Komplexität, schafft Ordnung und Orientierung

---

446 Vgl. Liesegang und Pischon (1999): Integrierte Managementsysteme, S. 104
447 Vgl. Bleicher (2011): Das Konzept Integriertes Management, S. 90
448 Vgl. Hungenberg und Wulf (2006): Grundlagen der Unternehmensführung, S. 28
449 Vgl. zu den folgenden Ausführungen zum normativen Rahmen soweit nicht anders angegeben Müller-Stewens und Lechner (2011): Strategisches Management, S. 220 ff.

- Motivierend: Eine Vision schafft ein besonders erstrebenswertes Bild der Zukunft des Unternehmens
- Handlungsleitend: Eine Vision formt aus einzelnen Mitarbeitern einen kollektiven Akteur
- Integrierend: Eine Vision dient der Bündelung der Kräfte

Es kann zwischen sechs Typen von Visionen unterschieden werden:[450]

- Wettbewerbsfokussierte Visionen, beispielsweise messbar an der Position im Wettbewerb
- Feindfokussierte Visionen, beispielsweise den Hauptkonkurrenten bezwingen
- Rollenfokussierte Visionen, beispielsweise orientiert am Vorbildcharakter herausragender Unternehmen
- Wandelfokussierte Visionen, insbesondere für ältere, größere Unternehmen
- Kundenfokussierte Visionen, orientiert am Zukunftsbild der Befriedigung von Kundenbedürfnissen
- Geschäftsmodellfokussierte Visionen, beispielsweise bezogen auf ein internes Leistungsniveau

Die **Mission** begründet die Existenz eines Unternehmens, in dem sie den Zweck seines Tuns definiert und erklärt, welchen Auftrag dieses Unternehmen verfolgen soll und wie dabei der Beitrag an seine Anspruchsgruppen zu gestalten ist. Die Funktion der Mission bezieht sich auf Orientierung, Legitimation und Motivation. Zur Strukturierung einer Mission kann diese bezogen auf die verschiedenen Anspruchsgruppen ausgestaltet werden. Zudem sollte eine Mission Hinweise auf die Einzigartigkeit des Unternehmens beinhalten, also beispielsweise die Abgrenzung gegenüber Konkurrenten. Im Unterschied zur Vision ist die Mission nicht zwangsläufig auf die Zukunft gerichtet, sondern kann sich auf die Gegenwart beziehen. Dementsprechend kann eine Mission bestehen bleiben, auch wenn die Vision erfüllt wurde. Damit die Mission von den Mitarbeitern akzeptiert wird, sind diese in den Prozess zur Entwicklung der Mission einzubinden.

---

[450] Vgl. Coenenberg und Salfeld (2007): Wertorientierte Unternehmensführung, S. 26 ff.

Werte sind Richtlinien für das soziale Handeln und werden vom Management als Orientierungsmaßstäbe an das Verhalten der Mitarbeiter gerichtet. Werte bilden ein Band zwischen dem Unternehmen und seinen Anspruchsgruppen und geben Aufschluss darüber, was als angemessen erachtet wird. Mit der Entwicklung und Vorgabe von Werten im Unternehmen werden folgende Absichten verfolgt:

- Verdeutlichung: Werte verdeutlichen, welche Art Verhalten gewünscht ist
- Transparenz: Werte stellen ein Bekenntnis nach außen dar und schaffen Vertrauen, Verlässlichkeit und Berechenbarkeit
- Messbarkeit: Werte ermöglichen den Vergleich von tatsächlichem und erwartetem Verhalten
- Entwicklung: Werte zeigen Ansatzpunkte für Entwicklungspotenziale
- Integration: Gemeinsame Werte schaffen Identifikation bei zunehmender Diversität

Ziele fungieren als das zentrale Mittel zur Umsetzung strategischer Initiativen. Ziele geben vor, was, in welchem Ausmaß, bis wann, wo und durch wen erreicht werden soll. Ziele dienen als Steuergrößen, die für die Performance-Messung verwendet werden. Die Formulierung von Zielvorgaben unterstützt die wertschaffende Ausrichtung von Entscheidungen und Handeln. Im Kontext des normativen Rahmens werden die Ziele aus Vision und Mission abgeleitet. Die Ziele sebst sollten dabei auf Analysen und Annahmen über zukünftige Entwicklungen im Unternehmen und seinem Umfeld basieren.[451]

4.3.4 BPM Common Body of Knowledge

Einführung und Zielsetzung

Die aktuelle Fassung des deutschsprachigen BPM Common Body of Knowledge (CBOK) stellt einen Leitfaden für das Geschäftsprozessmanagement dar. Der Leitfaden wird von der European Association of Business Process Management (EABPM) herausgegeben und ist in enger Zusammenarbeit mit der amerikanischen Association

---

[451] Vgl. zu den vorangegangenen Ausführungen zum normativen Rahmen soweit nicht anders angegeben Müller-Stewens und Lechner (2011): Strategisches Management, S. 220 ff.

of Business Process Management Professionals (ABPMP) entstanden. Die Basis bildet hierbei der englischsprachige BPM CBOK der ABPMP, der entsprechend den europäischen Anforderungen und Verhältnissen angepasst und verbessert wurde, ohne hierbei die Grundphilosophie und das Grundgerüst des amerikanischen Konzepts in Frage zu stellen.[452]

Der Leitfaden zum BPM CBOK soll ein allgemeines Bezugssystem des GPM bieten, indem ein umfassender Überblick über Wissensgebiete und Erfolgsfaktoren des Prozessmanagement vermittelt wird. Hierbei werden sowohl Rollen, organisatorische Strukturen als auch Vorkehrungen zur Steuerung einer prozessorientierten Organisation adressiert. Neben dem allgemeinen Überblick sollen die verschiedenen Aktivitäten und Aufgaben beschrieben werden. Weiterhin soll der Leitfaden zu einem abgestimmten, gemeinsamen Vokabular des GPM beitragen, da hier häufig Begrifflichkeiten unterschiedlich interpretiert werden, was zu widersprüchlichen Definitionen führt.[453]

Der BPM Common Body of Knowledge soll im Rahmen dieser Arbeit gemäß den Ausführungen in Kapitel 4.3.1 einem konkreten Geschäftsprozessmanagementsystem als ein mögliches übergeordnetes Managementmodell dienen, da er den Anspruch hat einen allgemeinen Leitfaden für das GPM zu verkörpern und nicht ausschließlich die subjektive Meinung einzelner Autoren zum GPM wiedergibt.

Geschäftsprozessmanagement wird im BPM CBOK als eine Managementdisziplin verstanden, mit welcher die Ziele und Strategien einer Organisation und die Bedürfnisse sowie Erwartungen von Kunden verbunden werden. Hierfür werden End-to-End Prozesse in den Mittelpunkt gestellt, welche analysiert, entworfen, eingeführt, gesteuert und kontinuierlich verbessert werden. Um dies umzusetzen umfasst das GPM Strategien, Kultur, Ziele, Organisationsstrukturen, Regeln, Rollen, Grundsätze, Methoden und IT-Werkzeuge. Als wichtiger Aspekt und Stützpfeiler des GPM wird hier der Prozessmanagementprozess angesehen, da Geschäftsprozesse in einem geschlossenen Kreislauf gemanagt werden sollten, welcher die kontinuierliche

---

452 Vgl. EABPM (2014), BPM CBOK®, S. 30 ff.
453 Vgl. EABPM (2014), BPM CBOK®, S. 43

Verbesserung und die Prozessintegrität sicherstellt. Der GPM-Lebenszyklus wird hier als Plan-Do-Check-Act (PDCA)-Zyklus nach Deming ausgeführt.[454]

CBOK-Struktur

Die Inhalte des Geschäftsprozessmanagements werden in die zwei Hauptgliederungspunkte Unternehmensperspektive und Prozessperspektive unterteilt. Die einzelnen Wissensgebiete bzw. Unterpunkte ordnen sich entsprechend in diese beiden Gliederungspunkte ein. Zur Unternehmensperspektive auf das GPM gehören das Unternehmensprozessmanagement und die Prozessorganisation, welche die Basis für die weiteren Inhalte darstellen. Die Prozessperspektive beinhaltet die Bereiche Prozessmodellierung, -analyse, -design, -leistungsmessung und -transformation, die die wichtigsten BPM-Methoden und –Kompetenzen verkörpern. Diese Methoden und Techniken werden durch BPM-Technologien unterstützt, die ebenfalls zur Prozessperspektive gehören (vgl. Abbildung 4-11).[455]

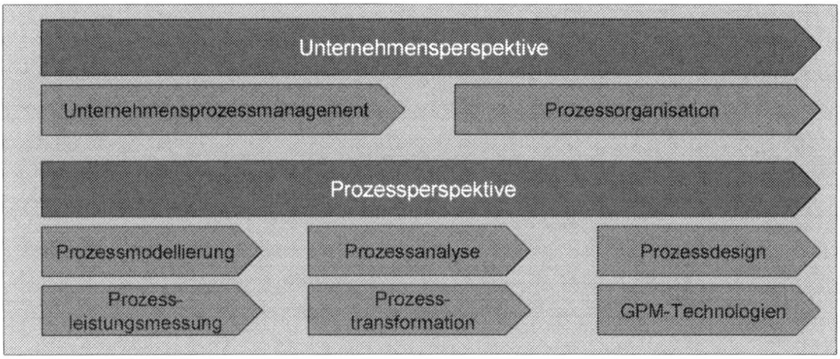

Abbildung 4-11: Bereiche und Aufgaben des Geschäftsprozessmanagements nach dem BPM CBOK[456]

Im Folgenden wird auf die einzelnen Bereiche eingegangen.

[454] Vgl. EABPM (2014): BPM CBOK®, S. 69 ff.
[455] Vgl. EABPM (2014): BPM CBOK®, S. 44 ff.
[456] In Anlehnung an EABPM (2014): BPM CBOK®, S. 44

Unternehmensprozessmanagement

Der Zweck des Unternehmensprozessmanagements ist es, die Ergebnisse von Geschäftsprozessen zu optimieren und diese zusätzlich mit eindeutig definierten Unternehmensstrategien und daraus abgeleiteten Zielen zu synchronisieren. Die Grundlage hierfür stellt ein konsistentes Prozessportfolio-Management dar, um Prozessinitiativen bezüglich ihrer Strategieverträglichkeit zu bewerten und zu priorisieren.[457] Ebenso werden Techniken und Methoden zur Erfassung des Prozessmanagement-Reifegrads eingesetzt. Das Reifegradmanagement bezüglich der Prozesse und des Prozessmanagements selbst wird hier als integraler Bestandteil des GPM angesehen. Weiterhin beinhaltet das Unternehmensprozessmanagement Themen wie die Schulung und Fortbildung der Mitarbeiter oder die Umsetzung einer Prozess- und Prozessmanagement-Governance. Als Prozessmanagement-Governance werden alle strategischen Rollen, Ziele, Regeln, Kennzahlen, Richtlinien, Prozesse und die Verteilung der Kompetenzen bezeichnet, die dazu dienen GPM in einem konkreten Unternehmen einzuführen, kontinuierlich zu steuern und weiterzuentwickeln. Die Prozess-Governance bezeichnet die Inhalte, die der Gestaltung, Weiterentwicklung und kontinuierlichen Steuerung eines konkreten End-to-End-Prozesses dienen.[458]

Prozessorganisation

In diesem Wissensgebiet werden Verantwortlichkeiten, Rollen und das Berichtswesen von prozessgesteuerten Unternehmen thematisiert. Ebenso gehören hierzu kulturelle Überlegungen, Überlegungen zu abteilungsübergreifender, teambasierter Zusammenarbeit und zu verschiedenen organisatorischen Modellen (Governance-Strukturen).[459] Ein umfangreiches Rollenkonzept stellt eine wesentliche Anforderung an Unternehmen dar, die eine Prozessorganisation anstreben und GPM umsetzen möchten. Die entsprechenden Rollen sind notwendig um Störungen, Ineffizienzen und Kommunikationsprobleme an den Schnittstellen zwischen Funktionen und Prozessen zu beseitigen und End-to-End-Prozesse über Organisationsgrenzen

---

[457] Vgl. EABPM (2014): BPM CBOK®, S. 47
[458] Vgl. EABPM (2014): BPM CBOK®, S. 324 ff.
[459] Vgl. EABPM (2014): BPM CBOK®, S. 47

hinweg steuern und koordinieren zu können. In diesem Zusammenhang werden sechs Kernrollen des GPM definiert: Prozessverantwortlicher, Prozess-Champion, Prozessmanager, Prozesskoordinator, GPM-Experte und Prozess-Officer.[460]

Auf die Elemente der Prozessperspektive wird an dieser Stelle nicht detaillierter eingegangen, da diese im Wesentlichen dem in Kapitel 2.2 vorgestellten Prozessmanagementprozess entsprechen.

4.3.5 Integrierte Managementsysteme

Managementsysteme sind wirksame Instrumente, auf die Unternehmen im Rahmen ihrer betrieblichen Organisation zurückgreifen können und die zum Beispiel die Umsetzung der zentralen Managementfunktionen ermöglichen und die Führung eines Unternehmens erleichtern. Je nach Aufbau und Anforderungen der Unternehmen werden gleichzeitig mehrere themenzentrierte Teilsysteme benötigt, die für sich gestellt unterschiedliche Aufgaben zu verrichten haben.[461] Häufig werden aus diesem Grund zum Beispiel Qualitäts-, Energie-, Umwelt, oder Risikomanagementsysteme parallel und isoliert voneinander aufgebaut und im Unternehmen implementiert.[462] Das Vorgehen des getrennten Aufbaus galt lange Zeit als einzig sinnvolle Alternative, da kein Zusammenhang zwischen den verschiedenen Teilsystemen gesehen wurde.[463] Einen Lösungsansatz kann die Nutzung eines Integrierten Managementsystems (IMS) darstellen.

Aufbau, Implementierung und Betrieb eines Integrierten Managementsystems haben in der praktischen Anwendung einige Vorteile gegenüber parallellaufenden unabhängigen Managementsystemen. Zusammenfassend sind hier die wesentlichen Vorteile der Nutzung eines IMS beispielhaft aufgeführt:[464]

- Nutzung von Synergieeffekten (z.B. einheitliche Verfahren und Instrumente)

---

[460] Vgl. EABPM (2014): BPM CBOK®, S. 82 ff.

[461] Vgl. Bayerisches Staatsministerium für Wirtschaft, Infrastruktur, Verkehr und Technologie (2014): Aktuelle normierte Managementsysteme, S. 41

[462] Vgl. Funck (2002): Konzeptionelle Anforderungen an Integrierte Managementsysteme, S. 26 f.

[463] Vgl. Liesegang und Pischon (1999): Integrierte Managementsysteme, S. 275 f.

[464] Vgl. Bayerisches Staatsministerium für Wirtschaft, Infrastruktur, Verkehr und Technologie (2014): Aktuelle normierte Managementsysteme, S. 41 und Liesegang und Pischon (1999): Integrierte Managementsysteme, S. 1 ff.

- Reduzierung von Verwaltungsaufwand durch gemeinsame Dokumentation der Einzelsysteme
- Identifizierung und Optimierung von Schnittstellen
- Steigerung der Effizienz durch Vermeidung von Doppelarbeiten
- Aufdeckung widersprüchlicher Anforderungen und möglicher Zielkonflikte
- Einsparung von Kosten und Zeit
- Steigerung der Mitarbeiterakzeptanz

Im Rahmen konkreter Überlegungen zur Einführung eines Integrierten Managementsystems ist es erforderlich verschiedene Ansätze, Methoden und Zielsysteme aufeinander abzustimmen.[465] Im Allgemeinen werden vier verschiedene konzeptionelle Anforderungen an Integrierte Managementsysteme unterschieden:[466]

Zielorientierung: Ein Integriertes Managementsystem kann einen entscheidenden Beitrag zur Harmonisierung der Ziele beziehungsweise zur Lösung von Zielkonflikten der einzelnen themenzentrierten Managementsysteme leisten. Divergenzen bestehen hier typischerweise zwischen Rentabilität, Mitarbeiterzufriedenheit, Kundenzufriedenheit und sozialen Gesellschafts- und Umweltaspekten.

Innovationsorientierung: Managementsysteme haben die Aufgabe Lern- und Entwicklungsprozesse zu ermöglichen und somit das Innovationsmanagement zu unterstützen.

Kooperationsorientierung: Durch zunehmenden Wettbewerbsdruck aufgrund der Globalisierung steigen die Ansprüche an die Produkt- und Leistungsqualität und die Prozesseffizienz in der Wertschöpfungskette. Integrierte Managementsysteme können hier einen wesentlichen Beitrag leisten, da sie in der Lage sind Koordinationsprobleme zu lösen, indem zwischenbetriebliche Schnittstellen in Prozessen abgebildet werden und so zu einer Erhöhung der Transparenz beitragen. Ebenso können multidimensionale Prozessziele und Standards für die Ablauforganisation formuliert werden.

---

[465] Vgl. Eversheim et al. (2002): Integrierte Managementsysteme, S. 69

[466] Vgl. Funck (2002): Konzeptionelle Anforderungen an Integrierte Managementsysteme, S. 26 ff.

Prozessorientierung: Die Ausrichtung eines Integrierten Managementsystems an Prozessen wird als eine wichtige Basis für die Entwicklung und Implementierung eines solchen Systems in einem Unternehmen angesehen. Zwischen Integrierten Managementsystemen und dem Prozessmanagement besteht also ein enger Zusammenhang. Eine prozessorientierte Organisation bietet zunächst den grundsätzlichen Vorteil, dass die Transparenz im Unternehmen erhöht wird. Zusätzlich wird eine Effizienzsteigerung unternehmerischer Abläufe durch entsprechende Reorganisationsmaßnahmen in Richtung Prozessorientierung erreicht. Darüber hinaus fördert die Prozessorientierung maßgeblich die Integration verschiedener Managementteilsysteme.[467]

4.4 Zwischenfazit

In Kapitel 4 wurden Ansatzpunkte aus dem strategischen Management vorgestellt, die zur Lösung der skizzierten Problemstellung beitragen können. Für die Definition einer grundsätzlichen Stoßrichtung für das GPMS wurden generische Wettbewerbsstrategien betrachtet. Der General Management Navigator zeigt eine Vorgehensweise für die grundsätzliche Durchführung strategischer Initiativen und beinhaltet eine Methodik zur Ausrichtung an Stakeholdern. Das neue St. Galler Managementkonzept liefert zusammen mit dem normativen Rahmen und dem BPM CBOK eine übergeordnete Orientierungshilfe für die Ausrichtung von GPMS. Die Beschreibung integrierter Managementsysteme zeigt eine Möglichkeit zur Synchronisierung des GPMS mit Qualitäts- und Lean-Management Systemen auf.

---

[467] Vgl. Funck (2002): Konzeptionelle Anforderungen an Integrierte Managementsysteme, S. 26 ff.

5 Konzeption der strategischen Ausrichtung von GPMS

Entsprechend der Zielsetzung aus dem Forschungsbedarf wird in diesem Kapitel ein Konzept zur strategischen Ausrichtung von Geschäftsprozessmanagementsystemen entwickelt. Das Konzept basiert auf den in Kapitel 5.1 dargestellten Anforderungen. In Kapitel 5.2 folgt dann die Herleitung des Grobkonzepts zur strategischen Ausrichtung von Geschäftsprozessmanagementsystemen.

5.1 Anforderungen an das Konzept

Zur Erstellung eines zielgerichteten und anwendungsorientierten Konzepts für die strategische Ausrichtung eines Geschäftsprozessmanagementsystems werden im Folgenden inhaltliche und formale Anforderungen formuliert.

5.1.1 Inhaltliche Anforderungen

Die inhaltlichen Anforderungen ergeben sich zum einen aus den praktischen Herausforderungen des spezifizierten Untersuchungsbereichs der Automobilzulieferindustrie (vgl. Kapitel 2.1). Zum anderen leiten sie sich aus den Defiziten der bestehenden theoretischen Konzepte ab (vgl. Kapitel 3.8). Der Ausarbeitung des Konzepts liegt das in Abbildung 5-1 dargestellte Anforderungsprofil zugrunde.

Anforderungen aus der Praxis
▪ Unterstützung bei der Bewältigung der Herausforderungen der Automobilzulieferindustrie ▪ Ausrichtung auf die Automobilzulieferindustrie und Berücksichtigung der speziellen Rahmenbedingungen ▪ Erstellung eines Gesamtkonzepts für die Einführung eines Geschäftsprozessmanagementsystems

Anforderungen aus der Theorie
▪ Systematik zur Berücksichtigung der Wettbewerbsstrategie des Unternehmens ▪ Ausrichtung an übergeordnetem Managementkonzept und -modell ▪ Systematik zur Anknüpfung des GPMS an den Strategieprozess ▪ Systematik zur Gewinnung der Unterstützung des Top Managements ▪ Systematik für die Auswahl von Prozessen für die Optimierung ▪ Systematik zur Synchronisierung des GPMS mit Qualitäts- und Lean-Management-Systemen

Abbildung 5-1: Anforderungsprofil

Die Zielsetzung der Arbeit ist die Entwicklung eines Konzepts für die strategische Ausrichtung von GPMS. Zu Beginn des zweiten Kapitels wurde gezeigt, dass im Besonderen die Automobilzuliefererindustrie mit hohen Kosten- und Zeitanforderungen sowie globalem Wachstum konfrontiert ist. Auf das starke Wachstum der Unternehmen, das primär außerhalb von Deutschland stattfindet, haben diese mit einer Veränderung ihrer Organisationsstrukturen hin zur Matrixorganisation reagiert. Um den Anforderungen des Wettbewerbs auf Stufe 1 der Zulieferpyramide entsprechen zu können, hat sich der Großteil dieser Zulieferer entsprechend einer Differenzierungsstrategie aufgestellt. Die Herausforderungen und Rahmenbedingungen der Automobilzulieferer finden bei der Konzeptionierung der strategischen Ausrichtung von GPMS Berücksichtigung. Aus der Problemstellung der Praxis wurde außerdem der Bedarf für ein Gesamtkonzept zur Einführung eines GPMS ersichtlich. In Kapitel 2.5 wurde auf die Probleme der Unternehmen bei der strategischen Ausrichtung von GPMS eingegangen. Von diesen Problemen wird durch die in Kapitel 3 beschriebenen Konzepte im Prozessmanagement nur ein Teil adressiert. Bei der strategischen Ausrichtung werden insbesondere folgende Probleme nicht gelöst:

Aufgrund mangelnder Kenntnis, Zeit oder der Ermangelung einer definierten Wettbewerbsstrategie werden GPMS nicht an der Wettbewerbsstrategie ausgerichtet. In der Konsequenz fehlt den Aktivitäten im Prozessmanagement eine Stoßrichtung. Durch eine fehlende Ausrichtung an einem übergeordneten Managementkonzept und dem normativen Rahmen fehlen dem GPMS übergeordnete Werte und

Verhaltensweisen, die eine höhere Akzeptanz der Mitarbeiter sicherstellen würden. Im laufenden Betrieb des GPMS fehlt es zudem an der Anknüpfung des GPMS an den Strategieprozess des Unternehmens. Dies hat zur Folge, dass Richtungsänderungen und neue strategische Impulse am GPMS vorbeigehen und die ursprünglich festgelegte Stoßrichtung des GPMS nicht mehr zur Stoßrichtung des Unternehmens passt. Neben der mangelnden Ausrichtung des GPMS an der Unternehmensstrategie lässt sich eine mangelnde Ausrichtung an den Anforderungen der Führungskräfte feststellen. Es fehlt eine Systematik zur Gewinnung der Unterstützung des Top Managements. Ohne die Unterstützung des Top Managements scheitert das GPMS häufig schon in der Konzeptionierungsphase. Den Führungskräften fehlt eine Systematik zur Auswahl von Prozessen für die Optimierung. Neben operativen Problemen sollten strategische Aspekte bei der Auswahl Berücksichtigung finden. Sofern die erste Hürde, nämlich die Überzeugung der Führungsmannschaft genommen wurde, scheitern GPMS häufig bei Einführung und Betrieb durch die mangelnde Ausrichtung an den Anforderungen der Mitarbeiter. Insbesondere die fehlende Synchronisierung mit vorhandenen Qualitäts- und Lean-Management-Systemen führt durch Redundanzen und Doppelarbeiten zu Akzeptanzproblemen. In der Konzeptionierung der strategischen Ausrichtung des GPMS ist also die Synchronisierung mit vorhandenen Systemen zu berücksichtigen.

5.1.2 Formale Anforderungen

Damit die inhaltlichen Anforderungen angemessen in einem Modell berücksichtigt werden, sind formale Anforderungen zu erfüllen. Die formalen Anforderungen basieren auf systemtheoretischen Überlegungen und unterstützen die Wirksamkeit des Modells. Nach PATZAK existieren folgende formale Anforderungen:[468]

- Empirische Richtigkeit: Das Modell soll möglichst gut die Beobachtungen der Praxis wiedergeben.
- Formale Richtigkeit: Das Modell sollte keine formalen Fehler aufweisen.
- Produktivität: Das Modell soll inhaltlich und formal zweckorientiert und nutzbar sein.

[468] Vgl. Patzak (1982): Systemtechnik, S. 309 f.

- Handhabbarkeit: Das Modell soll anwenderfreundlich und die Ergebnisse sollen verständlich sein.
- Geringer Aufwand: Das Modell soll aufwandsarm erstellt und genutzt werden können.

Die ersten drei Anforderungen stehen mit den beiden letzteren in einem Zielkonflikt. Jedes Modell stellt also einen Kompromiss zwischen Aufwand und Nutzen dar.[469]

5.2 Grobkonzept der strategischen Ausrichtung von GPMS

Die Notwendigkeit zur strategischen Ausrichtung von GPMS in der Automobilzulieferindustrie wurde aus der Problemstellung der Unternehmen hergeleitet. Die vorhandenen Konzepte aus der Theorie zum Prozessmanagement lösen die beschriebenen Probleme nur unzureichend. Es bleiben Mängel in der strategischen Ausrichtung des GPMS an der Unternehmensstrategie und gegenüber den Führungskräften und Mitarbeitern bestehen. In Kapitel 4 wurden Ansatzpunkte aus dem strategischen Management vorgestellt, die zur Lösung der skizzierten Problemstellung beitragen können. Für die Definition einer grundsätzlichen Stoßrichtung für das GPMS wurden generische Strategien in Kapitel 4.1 betrachtet. Der General Management Navigator in Kapitel 4.2 zeigt eine Vorgehensweise für die grundsätzliche Durchführung strategischer Initiativen und liefert eine Methodik zur Ausrichtung an Stakeholdern. Die übergeordnete Orientierungshilfe des Managementkonzepts in Kapitel 4.3 liefert den normativen Rahmen und die Beschreibung integrierter Managementsysteme zeigt eine Möglichkeit zur Synchronisierung des GPMS mit Qualitäts- und Lean-Management-Systemen auf. Die Ausgangshypothese dieser Arbeit kann damit zusammenfassend wie folgt formuliert werden:

Der Erfolg eines GPMS ist maßgeblich von seiner strategischen Ausrichtung abhängig. Die strategische Ausrichtung des GPMS hat an der Unternehmensstrategie, den Anforderungen der Führungskräfte und den Anforderungen der Mitarbeiter zu erfolgen. Durch die Ausrichtung an der Unternehmensstrategie wird die Wirksamkeit des GPMS sichergestellt. Die Ausrichtung an den Anforderungen der Führungs-

[469] Vgl. Patzak (1982): Systemtechnik, S. 309

kräfte sichert den Erfolg in der Konzeptionierung und Einführung des GPMS. Die Ausrichtung an den Anforderungen der Mitarbeiter sichert den erfolgreichen Betrieb des GPMS.

Mit der Formulierung der zentralen Hypothese wurde die Grundlage für die Erstellung und Detaillierung des Konzeptes geschaffen. Nachfolgend wird hierauf aufbauend die Struktur des Konzepts vorgestellt. In die Struktur werden die Konzeptbausteine eingeordnet.

5.2.1 Struktur des Konzepts

Da die strategische Ausrichtung im Rahmen von Konzeptionierung und Einführung des GPMS erfolgt, wird ein Vorgehensmodell benötigt.

Die Struktur des Vorgehensmodells ist an den in Kapitel 4.2 vorgestellten General Management Navigator angelehnt. Da dieser, wie dort formuliert, als Orientierungshilfe für strategische Veränderungsprojekte, wozu die Einführung eines GPMS zählt, dienlich ist. Die Struktur des Konzepts ist in Abbildung 5-2 dargestellt.

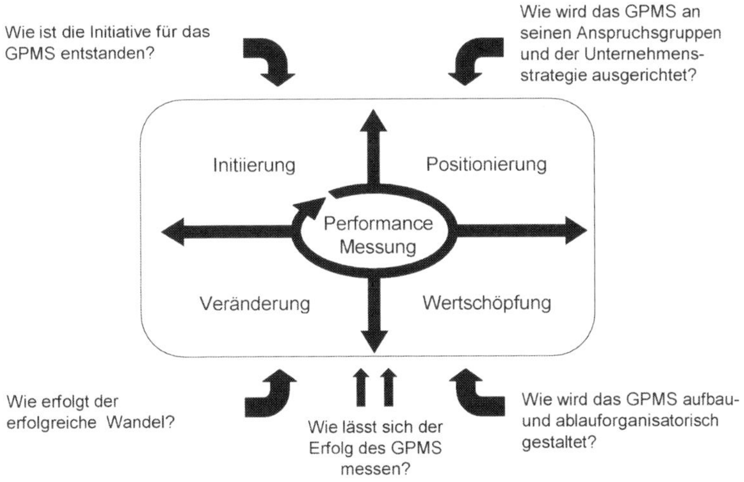

Abbildung 5-2: Grobkonzept zur strategischen Ausrichtung von GPMS

5.2.2 Zuordnung der Konzeptbausteine

Die Phasen des Grobkonzepts haben in Bezug auf die strategische Ausrichtung von GPMS eine unterschiedliche Bedeutung. In der ersten Phase der Initiierung stellt sich die Frage nach der Entstehung der Initiative für das GPMS. Abhängig davon, ob die Initiative aus dem Top Management stammt oder nicht, sind in der strategischen Ausrichtung unterschiedliche Aktivitäten erforderlich. Die Phasen der Positionierung und Wertschöpfung sind das Kernstück der strategischen Ausrichtung. Hier finden die Ausrichtung an dem übergeordneten Managementkonzept, der Unternehmensstrategie und gegenüber den Stakeholdern sowie die Synchronisierung mit vorhandenen Wertschöpfungsstrukturen statt. In der Phase der Veränderung finden sich eher allgemeine Hinweise zu Change Management und der Organisation des Wandels. Die Performance Messung adressiert insbesondere Reifegradmanagement und Prozessmessgrößen. Nachfolgend werden die einzelnen Phasen grob skizziert.

Phase der Initiierung

In jedem strukturierten Ansatz für strategische Projekte und dazu zählt auch die Einführung eines GPMS ist es notwendig die spezifische Situation des Unternehmens zu analysieren um zu verstehen, unter welchen Rahmenbedingungen das Projekt durchgeführt wird.[470] Für die Einführung eines GPMS bedeutet das, sich der Fragestellung zu widmen wie und durch wen die Initiative zur Einführung eines GPMS im Unternehmen entstanden ist.[471] Abhängig davon, wo die Initiative für das GPMS ihren Ursprung hat, gestaltet sich die strategische Ausrichtung unterschiedlich. Zu unterscheiden ist insbesondere zwischen einer Entstehung der Initiative im Top Management und in tieferen Führungsebenen. Bei Entstehung im Top Management stehen der Initiative von Anfang an die erforderlichen Ressourcen zur Verfügung und die erforderliche Aufmerksamkeit und Priorisierung innerhalb der Organisation sind gegeben. Bei der Entstehung in tieferen Managementebenen ist es zunächst erforderlich, die Unterstützung des Top Managements zu gewinnen.

---

[470] Vgl. Jeston und Nelis (2008): Business process management, S. 63

[471] Vgl. Müller-Stewens und Lechner (2011): Strategisches Management, S. 25 und die Ausführungen in Kapitel 4.2.1

Der Entstehungshintergrund ist auch für die projektbegleitende Kommunikation relevant. Es ist von entscheidender Bedeutung, den Bedarf für die stärkere Prozessorientierung und damit für die Einführung eines GPMS allen Beteiligten und Betroffenen klar zu kommunizieren, um die Akzeptanz in der Belegschaft für die Veränderung zu steigern.

In der Initiierung wird ein Projekt für die Einführung des GPMS aufgesetzt. Hier gilt es eine abteilungsübergreifende Projektorganisation zu bilden, die nach Abschluss der Einführungsphase in eine dauerhafte Organisation überführt werden kann. Die Inhalte der Phase der Initiierung sind Abbildung 5-3 zu entnehmen.

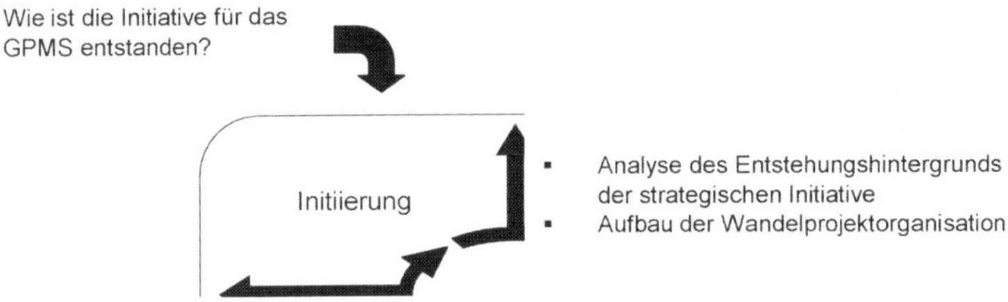

Abbildung 5-3: Inhalte der Phase der Initiierung

Nachdem geklärt wurde, wie und unter welchen Umständen die Initiative zur Einführung eines GPMS entstanden ist, gilt es in der sich anschließenden Phase der Positionierung die zunächst konzeptionelle strategische Ausrichtung des GPMS vorzunehmen.

Phase der Positionierung

Bei der Positionierung des GPMS kann im ersten Schritt eine Ausrichtung an übergeordnetem Managementkonzept und -modell erfolgen. Hier wird über die Formulierung von Werten, Vision, Mission und Zielen für das GPMS der Bezug zum normativen Rahmen des Unternehmens hergestellt.

Im zweiten Schritt wird das Verhältnis zu den internen und externen Anspruchsgruppen bestimmt. Bei der Einführung eines GPMS ist es von hoher Bedeutung auf die Anforderungen der relevanten Anspruchsgruppen einzugehen.[472] Dabei stellt

[472] Vgl. Schmelzer und Sesselmann (2013): Geschäftsprozessmanagement in der Praxis, S. 61 ff.

sich die Frage, welche Gruppierungen Ansprüche an ein GMPS haben. In der Positionierung werden die Anspruchsgruppen für das GPMS ermittelt und entsprechend ihrer Relevanz gewichtet. Besonders entscheidende Anspruchsgruppen in Bezug auf die Konzeptionierung, Einführung und den Betrieb von GPMS sind die Kunden, Mitarbeiter und das Top Management des Unternehmens. Über die Ausrichtung an der Wettbewerbsstrategie des Unternehmens wird die Positionierung des Unternehmens gegenüber den Kunden auf das GPMS übertragen.

Die Ausrichtung an den Anforderungen des Top Managements ist insbesondere dann von großer Bedeutung, wenn die Initiative für das GPMS nicht vom Top Management ausgeht. In diesem Fall ist ein Vorgehen erforderlich, das die Unterstützung des Top Managements aktiv herstellt. Dies kann beispielsweise über die erfolgreiche Pilotierung des GPMS in Teilbereichen und -prozessen erfolgen.

Die Ausrichtung an den Anforderungen der Mitarbeiter beinhaltet verschiedene wertbezogene und praktische Aspekte, die über die Ausrichtung am normativen Rahmen, ein umfassendes Change Management und die entsprechende Gestaltung des GPMS abgedeckt werden. Als besonderes Problem in der Praxis mit vorhandenem Forschungsbedarf wurde die Anforderung der Mitarbeiter zur Einbeziehung vorhandener Elemente im Unternehmen identifiziert. Hierauf wird in der Phase der Wertschöpfung beziehungsweise Kapitel 6.3 detailliert eingegangen.

Die Inhalte der Phase der Positionierung sind Abbildung 5-4 zu entnehmen.

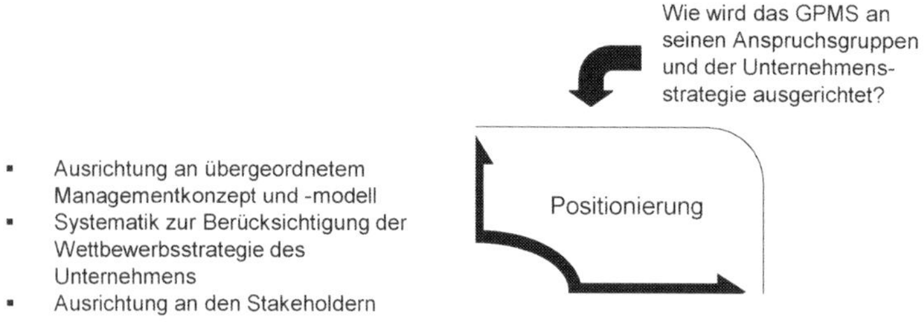

Abbildung 5-4: Inhalte der Phase der Positionierung

Nachdem die Positionierung gegenüber den Anspruchsgruppen und die Ausrichtung an der Unternehmensstrategie erfolgt sind, gilt es, in der Phase der Wertschöpfung, die im Unternehmen vorhandenen Strukturen hinsichtlich ihres Anpassungsbedarfs, basierend auf den Ergebnissen aus der Positionierung, zu untersuchen.

Phase der Wertschöpfung

In der Phase der Wertschöpfung wird das Innenverhältnis des Unternehmens, das heißt die Organisation der Wertschöpfung, gestaltet. Es stehen die Aufbau- und Ablauforganisation des GPMS im Fokus der Betrachtung. Die im Unternehmen vorhanden Strukturen werden an die Bedürfnisse aus der Phase der Positionierung zunächst konzeptionell angepasst, bevor in der Phase der Veränderung die Umsetzung erfolgt. Es wird zunächst die aktuelle Situation des Unternehmens analysiert. Besondere Berücksichtigung finden hierbei die vorhandenen Strukturen des Qualitäts- und Lean-Management-Systems, da es hier gilt Synergieeffekte zum GPMS zu nutzen und die Akzeptanz der Mitarbeiter für das neue GPMS sicherzustellen. Schließlich sollen die vorhandenen Systeme in einem integrierten Managementsystem zusammengeführt werden. Die Ablauforganisation im GPMS wird durch den Prozessmanagementprozess beschrieben. Die Bedeutung der Ausrichtung des GPMS an der Strategie wurde bereits beschrieben. In der Phase der Wertschöpfung wird nun die benötigte Systematik für die konkrete Verknüpfung von Strategieprozess und Prozessmanagementprozess entwickelt. Hierfür wird MOTION entsprechend der identifizierten Anforderungen angepasst. Im Einzelnen wird hierfür zum einen eine den Anforderungen genügende Prozesslandkarte entwickelt und zum anderen werden Anpassungen an dem Strategieaudit, der Beurteilung der Prozesse und der Priorisierung der Prozesse für die Optimierung vorgenommen.

Die Inhalte der Phase der Wertschöpfung sind der nachfolgenden Abbildung 5-5 zu entnehmen.

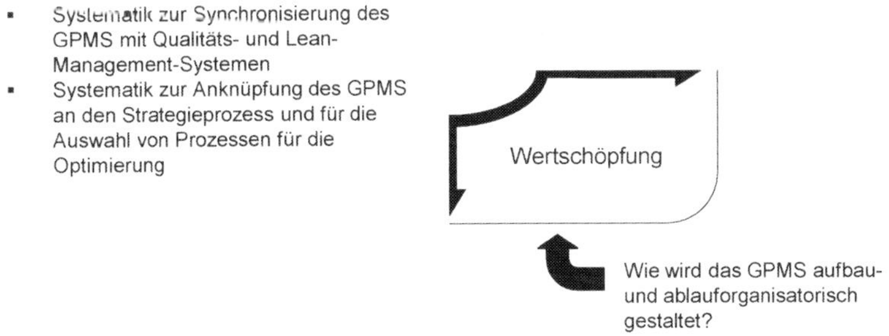

Abbildung 5-5: Inhalte der Phase der Wertschöpfung

Nachdem die erforderlichen Strukturen für das GPMS unter Berücksichtigung der gewählten Positionierung und der im Unternehmen vorhandenen Strukturen konzeptioniert wurden, gilt es die neuen Strukturen für das GPMS im Unternehmen umzusetzen.

Phase der Veränderung

In der Phase der Veränderung werden die vorher entworfenen Konzepte im Unternehmen eingeführt. Die Einführung eines GPMS führt zu umfangreichen Veränderungen im Unternehmen. Damit diese Veränderungen von Erfolg gekrönt sind und die Einführung des GPMS nicht an vorhandenen Widerständen scheitert, ist ein umfassendes, die Konzeptionierung und Einführung des GPMS begleitendes, systematisches Change Management erforderlich. Im Rahmen dieser Arbeit werden dafür die etablierten Ansätze des Change Managements mit ihren Phasen und Erfolgsfaktoren genutzt. Diese Inhalte werden auf die konkrete Wandelorganisation zur Einführung eines GPMS übertragen. Der Wandelprozess zur Etablierung der Prozessorientierung im Unternehmen wird in fünf Phasen von der Sensibilisierung bis zur Konsolidierung in Kapitel 6.4.2 vorgestellt.

Die Inhalte der Phase der Veränderung sind der nachfolgenden Abbildung 5-6 zu entnehmen.

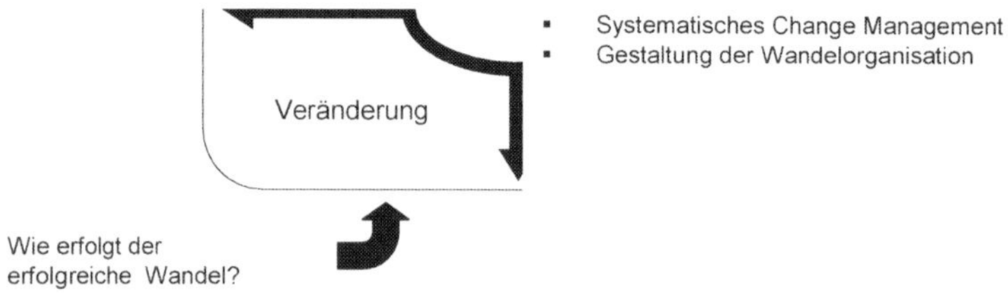

Abbildung 5-6: Inhalte der Phase der Veränderung

Performance Messung

Die Performance Messung als simultanes Arbeitsfeld beobachtet und beurteilt die Umsetzung des GPMS parallel zu den anderen Phasen. Die Aufgabe der Performance Messung ist es, umfassend und rechtzeitig über den Verlauf des Einführungsprozesses des GPMS zu informieren. Hierfür wird neben der Beurteilung der Güte der Prozesse auch die Güte der Organisation hinsichtlich ihrer Prozessorientierung beurteilt. Die Definition von Kriterien und die Überprüfung der Zielerreichung erfolgen über ein Reifegradmanagement. Als Basis wird das Reifegradmanagement von SCHMELZER und SESSELMANN verwendet (RGP- und RGPM-Modell, vgl. Kapitel 2.4.3) und in Kapitel 6.5 auf Basis von Projekterfahrungen des Autors um spezifische Kriterien ergänzt. Das Reifegradmanagement beinhaltet die Definition von Kennzahlen für Prozesse als ein entscheidendes Kriterium. Auf diese Process Performance Indikatoren wird im Rahmen dieser Phase in Anlehnung an SNABE ET AL. ebenfalls kurz eingegangen.

Die Inhalte der Phase sind der nachfolgenden Abbildung 5-7 zu entnehmen.

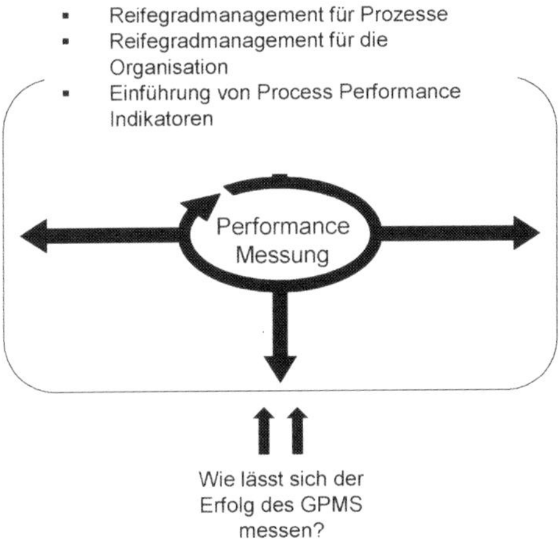

Abbildung 5-7: Inhalte der Performance Messung

Die Zuordnung der Inhalte zu den Phasen stellt lediglich eine Orientierung für die Einführung dar. Abhängig von der Situation des Unternehmens und dem Verlauf der Einführung ist es gegebenenfalls sinnvoll, einzelne Inhalte bereits im Ansatz oder vollständig in vor- beziehungsweise nachgelagerten Phasen zu betrachten.

5.3 Adressierte Anforderungen des Konzepts

Die vorgestellten Konzeptbausteine adressieren die formulierten Anforderungen. Der Zusammenhang zwischen Konzeptbausteinen und Anforderungen ist Abbildung 5-8 zu entnehmen.

	Gesamtkonzept GPMS	General Management Navigator	Generische Wettbewerbs-strategien	St. Galler Management-konzept, BPM CBOK	Ablauforganisation GPM und MOTION	Vorgehensmodell Konzeptionierung und Pilotierung	Integriertes Managementsystem
Anforderungen aus der Praxis							
Herausforderungen der Automobilzulieferindustrie	●						
Berücksichtigung der Rahmenbedingungen Automobilzulieferindustrie	●						
Erstellung Gesamtkonzept für die Einführung GPMS		●					
Anforderungen aus der Theorie							
Berücksichtigung der Wettbewerbsstrategie des Unternehmens			●				
Ausrichtung an Managementkonzept und -modell				●			
Systematik zur Anknüpfung des GPMS an den Strategieprozess					●		
Ausrichtung an den Anforderungen des Top Managements						●	
Systematik für die Auswahl von Prozessen für die Optimierung					●		
Synchronisierung des GPMS mit QMS und Lean-Management-Systemen							●

Anforderung wird durch Konzeptbaustein adressiert ●

Abbildung 5-8: Adressierte Anforderungen des Konzepts

6 Detaillierung des Konzepts

Im vorangegangenen Kapitel ist die strategische Ausrichtung eines GPMS konzipiert worden. Entsprechend der Struktur aus Abbildung 5-2 wird in diesem Kapitel das im Rahmen dieser Arbeit entwickelte Konzept zur strategischen Ausrichtung eines GPMS in den Phasen der Initiierung (Kapitel 6.1), der Positionierung (Kapitel 6.2), der Wertschöpfung (Kapitel 6.3), der Veränderung (Kapitel 6.4) und der Performance Messung (Kapitel 6.5) detailliert beschrieben (Abbildung 6-1).

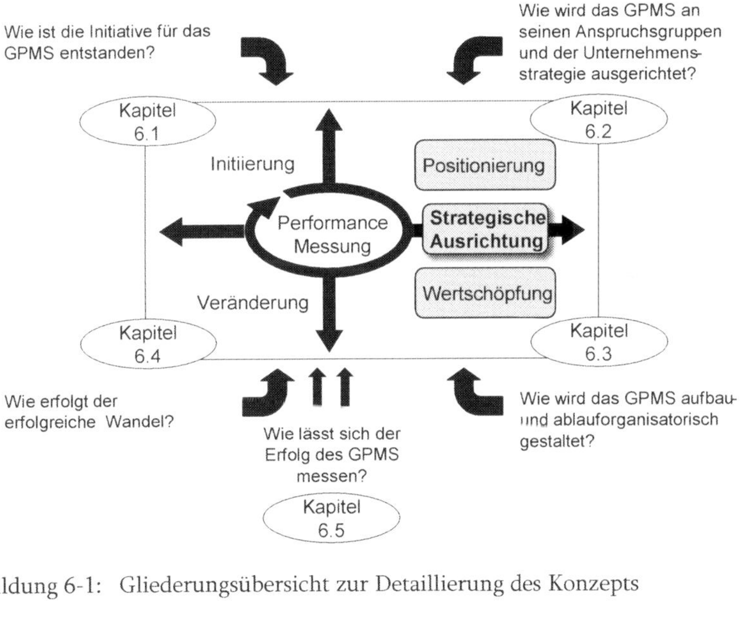

Abbildung 6-1: Gliederungsübersicht zur Detaillierung des Konzepts

6.1 Phase der Initiierung

In der Phase der Initiierung gilt es den Entstehungshintergrund der strategischen Initiative zur Einführung eines GPMS genauer zu analysieren. In diesem Zuge ist auch die Analyse und Aufbereitung des Wandelbedarfs des Unternehmens durchzuführen. Schließlich geht es darum eine Projektorganisation aufzusetzen, die die Konzeptionierung, Einführung und den Betrieb des GPMS begleitet. Die Inhalte der Phase und deren Zuordnung zu den Unterkapiteln sind der nachfolgenden Abbildung 6-2 zu entnehmen.

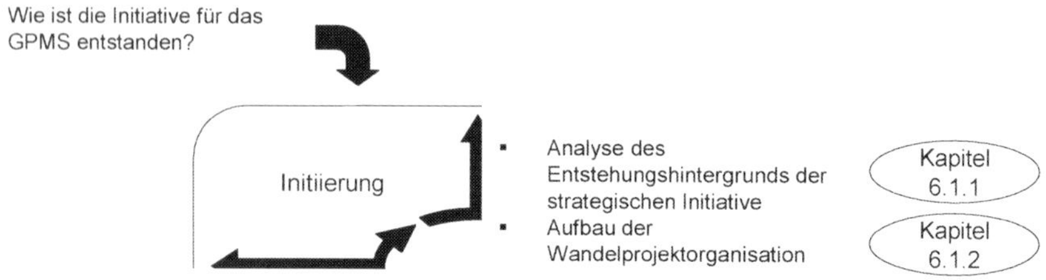

Abbildung 6-2: Detaillierung der Inhalte der Phase der Initiierung

6.1.1 Analyse des Entstehungshintergrunds der strategischen Initiative

Wie in Kapitel 5 beschrieben, sind für den Verlauf der strategischen Initiative die spezifischen Rahmenbedingungen der Entstehung der Initiative von Bedeutung. Abhängig davon, wo die Initiative für das GPMS ihren Ursprung hat, gestaltet sich die strategische Ausrichtung unterschiedlich. Zu unterscheiden ist insbesondere zwischen einer Entstehung der Initiative im Top Management und in tieferen Ebenen.

In Kapitel 4.1.3 wurde auf Dimensionen und Idealtypen von Strategieprozessen eingegangen. Anhand dessen sollen exemplarisch Möglichkeiten beschrieben werden, wie die Initiative für die Einführung eines GPMS in einem Unternehmen entstehen kann. In dem Idealtyp Kommandoansatz eines Strategieprozesse wird die Entscheidung über die Einführung eines GPMS vom Top Management getroffen. In Folge dessen werden alle weiteren Parameter zur Ausarbeitung der Initiative vom Top Management festgelegt. Dieses Top-down orientierte Vorgehen ermöglicht von Beginn an die Verfolgung eines unternehmensweiten und abteilungsübergreifenden Konzeptes, da die notwendigen materiellen und personellen Ressourcen bereitgestellt werden. So können dann beispielsweise auch die Geschäftsprozesse auf oberster Ebene End-to-End formuliert und mit Verantwortlichkeiten belegt werden.

Geht die Initiative nicht von der obersten Ebene der Geschäftsführung aus, sondern hat sie sich in einer einzelnen Abteilung entwickelt, so stellt sich die Frage in welchem Umfang sie vom Top Management unterstützt wird. Da im Fokus eines GPMS die abteilungsübergreifenden Geschäftsprozesse stehen und in Folge einer Umsetzung eine unternehmensweite Umstrukturierung ansteht, kann das Konzept nicht ohne die Unterstützung der Unternehmensleitung umgesetzt werden.

Der Entstehungshintergrund ist auch für die projektbegleitende Kommunikation relevant. Häufig ist das Entstehen der Initiative an einen konkreten Wandelbedarf geknüpft. Es ist von entscheidender Bedeutung, den Bedarf für die stärkere Prozessorientierung und damit für die Einführung eines GPMS allen Beteiligten und Betroffenen klar zu kommunizieren. Was gefährdet den Erfolg des Unternehmens? Welche Gefahren birgt das aktuelle Vorgehen im Unternehmen? Warum ist es erforderlich, dass sich im Unternehmen etwas verändert? Die für das Top Management oft naheliegenden Informationen sind in tieferen Führungs- und Mitarbeiterebenen oft nicht bekannt. Daher ist eine entsprechende Aufbereitung und Kommunikation der Sachverhalte beispielsweise in Form von Wimmelbildern als sogenannte Change Stories hilfreich, um die Akzeptanz in der Belegschaft für die Veränderung zu steigern.

6.1.2 Aufbau der Wandelprojektorganisation

In der Initiierung wird ein Projekt für die Einführung des GPMS aufgesetzt. Hier gilt es eine Projektorganisation zu bilden, die bei erfolgreichem Abschluss der Pilotprojekte in eine Wandelprojektorganisation für eine unternehmensweite Einführung des GPMS und nach erfolgreicher Einführung in eine dauerhafte GPM-Organisation überführt werden kann.

Die in der frühen Einführungsphase entscheidenden Personen sind der Projektsponsor und der Projektleiter. Als Sponsor gilt es eine Führungsperson aus dem oberen Management zu finden, die von dem Konzept des GPMS überzeugt ist und gewillt ist, als Fürsprecher für die Einführung des GPMS in der Organisation aufzutreten. Die Aufgabe des Sponsors ist es, dem Unternehmen die Vorteilhaftigkeit und Notwendigkeit des GPMS zu erläutern.[473] Bei einer Initiierung für das GPMS auf Ebene zwei bis drei des Managements bietet es sich an, dass der Initiator die Rolle

[473] Vgl. Schmelzer und Sesselmann (2013): Geschäftsprozessmanagement in der Praxis, S. 185

des Sponsors übernimmt. Der Projektleiter ist für die Einführung des GPMS verantwortlich. Er konzipiert das GPMS, stimmt es mit den relevanten Stakeholdern ab und plant das Vorgehen im Einführungsprozess. Da es sich bei der Einführung eines GPMS um ein weitreichendes und komplexes Projekt handelt, sollte der Projektleiter sowohl bereits Erfahrung als Projektleiter in Organisationsprojekten als auch Erfahrung in der Arbeit mit Prozessen aufweisen.[474] Idealerweise ist der Projektleiter seit längerer Zeit im Unternehmen tätig und hat bereits in verschiedenen Abteilungen gearbeitet, so dass er ein gutes Verständnis für die Belange der einzelnen Abteilungen sowie Kenntnisse über Schnittstellen zwischen den Abteilungen hat. Zusätzlich sollten erste Mitglieder für das Projektteam bestimmt werden. Dieser Punkt gestaltet sich jedoch schwierig, falls für das Projekt vom Top Management keine personellen Ressourcen bereitgestellt werden. In Abbildung 6-3 ist ein exemplarischer Aufbau der Wandelprojektorganisation für die Einführung eines GPMS dargestellt.

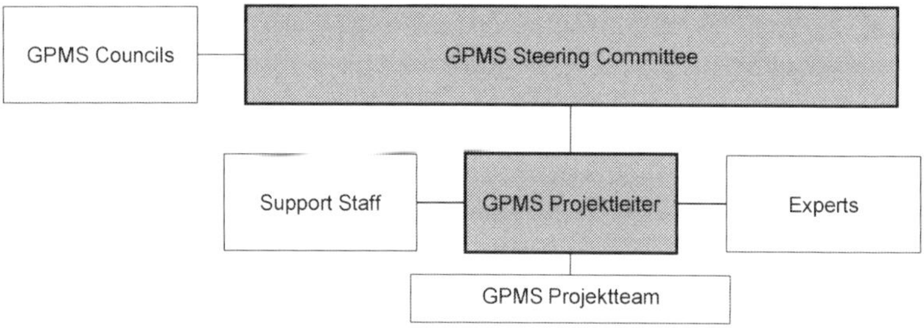

Abbildung 6-3: Die GPMS Wandelprojektorganisation[475]

Das GPMS Steering Committee setzt sich aus Top Managern, der wichtigsten Einheiten des Unternehmens, und falls erforderlich externen Experten zusammen. Hier werden alle grundlegenden Entscheidungen bezüglich des GPMS getroffen. Der GPMS Projektleiter leitet das Projektteam und ist für die Entwicklung des Gesamtkonzeptes für das GPMS verantwortlich. Er stellt das Bindeglied zur Geschäftsleitung dar, ist Ansprechpartner für alle Betroffenen und Beteiligten im Wandel und wird in seiner Arbeit durch den Support Staff unterstützt. Der GPMS Projektleiter muss mit

[474] Vgl. Schmelzer und Sesselmann (2013): Geschäftsprozessmanagement in der Praxis, S. 174
[475] In Anlehnung an Müller-Stewens und Lechner (2011): Strategisches Management, S. 534

weitgehenden Entscheidungskompetenzen ausgestattet werden und sollte umfassende Erfahrungen im Unternehmen und Methodenkompetenz im GPM mitbringen. Nach Abschluss der Einführung sollte der GPMS Projektleiter die Leitung einer für das Prozessmanagement verantwortlichen Stabsstelle übernehmen, welches aus den Mitgliedern des Support Staff gegründet wird. Experts sind in- und externe Fachleute und liefern Methoden- und Moderationsunterstützung. Besonders im Falle von bestehender Expertise im Prozessmanagement durch beispielsweise ein Produktionssystem oder das Qualitätsmanagement sollten Verantwortliche aus diesen Bereichen über diese Expertengruppe in die Konzeptionierung des GPMS miteinbezogen werden. Zusätzlich empfiehlt sich das Hinzuziehen von externen GPM Experten. Aufgabe der Mitglieder der GPMS-Projektteams ist die Identifizierung und Modellierung der einzelnen Prozessschritte und das Erstellen der dazugehörigen Dokumentation. Das GPMS Council setzt sich aus den Geschäftsprozessverantwortlichen und den Leitern der GPMS Projektteams sowie den Experts zusammen und dient dem regelmäßigen Erfahrungsaustausch und der Absprache weiterer Maßnahmen.[476]

Für den Erfolg des GPMS ist es entscheidend, die Konzeptionierung und Einführung des GPMS von Anfang an abteilungsübergreifend zu gestalten. Dies gilt insbesondere für das Steering Committee und das Projektteam. Von einer Konzeptionierung und Einführung vom Elfenbeinturm aus, ist dringend abzuraten, da ansonsten die Akzeptanz bei den Mitarbeitern und damit der erfolgreiche Betrieb des GPMS gefährdet sind. In der Praxis lassen sich zudem inhaltliche Schwächen des GPMS beobachten, wenn die Projektorganisation nicht abteilungsübergreifend aufgestellt ist.

Nachdem geklärt wurde, wie und unter welchen Umständen die Initiative zur Einführung eines GPMS entstanden ist, wird in der sich anschließenden Phase der Positionierung die zunächst konzeptionelle strategische Ausrichtung des GPMS vorgenommen.

6.2 Phase der Positionierung

Die Phase der Positionierung beinhaltet die Ausrichtung des GPMS an dem übergeordneten Managementkonzept und -modell, die Ausrichtung an der Wettbewerbs-

---

[476] Vgl. Müller-Stewens und Lechner (2011): Strategisches Management, S. 534 f.

strategie sowie gegenüber den Stakeholdern. Die Inhalte der Phase und deren Zuordnung zu den Unterkapiteln sind der nachfolgenden Abbildung 6-4 zu entnehmen.

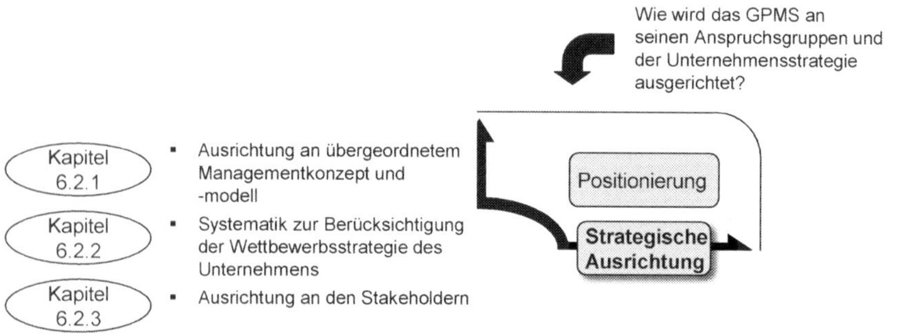

Abbildung 6-4: Detaillierung der Inhalte der Phase der Positionierung

6.2.1 Ausrichtung an übergeordnetem Managementkonzept und -modell

Die Ausführungen in Kapitel 4.3 haben gezeigt, dass für den Aufbau eines Managementsystems ein übergeordnetes Managementkonzept und -modell eine nützliche Orientierungshilfe sein können. Als Managementkonzept orientiert sich diese Arbeit am bereits vorgestellten St. Galler Managementkonzept (vgl. Kapitel 4.3.2). Als übergeordnetes Modell wurde das BPM CBOK der European Association of Business Process Management vorgestellt (vgl. Kapitel 4.3.4). Der Zusammenhang von Managementkonzept, -modell und -system übertragen auf den Anwendungszusammenhang der strategischen Ausrichtung von GPMS ist Abbildung 6-5 zu entnehmen.

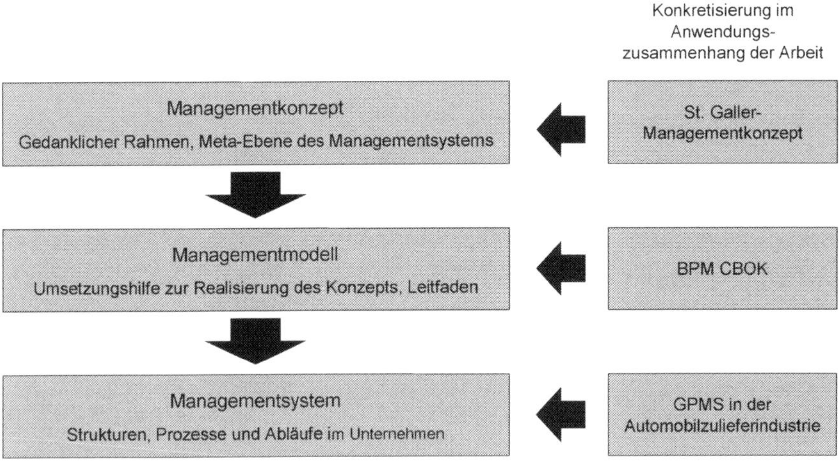

Abbildung 6-5: Managementkonzept und -modell als Überbau zur Ausrichtung

Aus dem St. Galler Managementkonzept ist insbesondere die normative Ebene zur Ausrichtung des GPMS hilfreich. Das GPMS sollte sich an den hier formulierten grundlegenden Prinzipien, Normen und Spielregeln für das Unternehmen orientieren. Durch die Ausrichtung des GPMS an dem normativen Rahmen des Unternehmens werden den Mitarbeitern Sinn und Identität vermittelt. Im Einzelnen liefern Vision, Ziele, Mission und Werte des Unternehmens den Bezugspunkt für die Ausrichtung des GPMS. Die Formulierung von Vision, Zielen, Mission und Werten für das GPMS sollte sich also hieran orientieren.

Bei der Formulierung einer Vision geht es darum, eine einheitliche Vorstellung über die zukünftige Situation des Unternehmens zu schaffen und damit darüber, was über die Einführung eines GPMS im Unternehmen erreicht werden soll. Eine Vision wirkt sinnstiftend, motivierend, handlungsleitend sowie integrierend[477] und liefert einen wichtigen Beitrag für das Change Management.[478] Entscheidend ist bei der Vision, dass sie einen direkten Bezug zur Unternehmensstrategie aufweist.[479] Aus der Vision lässt sich die Mission ableiten. Die Mission beschreibt den Auftrag des GPMS

477 Vgl. Müller-Stewens und Lechner (2011): Strategisches Management, S. 225 ff.
478 Vgl. Kotter und Cohen (2002): The heart of change, 61 ff.
479 Vgl. Gierhake (2000): Integriertes Geschäftsprozessmanagement, S. 120

beziehungsweise das Nutzenversprechen für die Anspruchsgruppen vom GPMS.[480] Aufbauend auf Vision und Mission werden die Ziele für das GPMS definiert. Die Formulierung der Ziele sollte möglichst konkret und unter Berücksichtigung der Dimensionen Zielart, Zielumfang und zeitlicher Bezug erfolgen.[481] Eine klare Zieldefinition fördert die Akzeptanz und ist Bestandteil der internen Kommunikation. Klare Ziele ermöglichen eine qualitative Erfassung des Projektnutzens und stellen die Grundlage für die in der Einführung parallel laufende Performance-Messung dar. Zusätzlich muss bei der Zieldefinition beachtet werden, dass das GPM auf eine nachhaltige Performancesteigerung ausgelegt ist. Flächendeckende Verbesserungspotenziale lassen sich meist erst nach geraumer Zeit realisieren. Demnach ist es notwendig auch kurzfristige Ziele für punktuelle Verbesserungen zu formulieren. Das Erzielen von solchen „Quick Wins" hat eine starke Signalwirkung auf die gesamte Organisation und unterstreicht den Nutzen des GPMS.[482]

Bei den Werten und relevanten Aspekten der Unternehmenskultur, die dem GPMS zugrunde liegen, existieren verschiedene Erfolgsfaktoren. Grundlegend ist das Denken und Handeln in Prozessen im Kontrast zur Funktionsorientierung. Außerdem, sofern im Unternehmen noch nicht vorhanden, ist eine besondere Fehlerkultur anzustreben. Hiermit ist gemeint, dass das Unternehmen Fehlern gegenüber aufgeschlossen reagiert, damit diese offen kommuniziert und abgestellt werden können. Da das GPMS eine kontinuierliche Verbesserung der Prozesse anstrebt, sind 80% Lösungen anzustreben, die in der Praxis nachgeschärft werden. Ansonsten geraten die Veränderungsbestrebungen ins Stocken.

Das BPM CBOK wird für die inhaltliche Ausgestaltung herangezogen. Die Bestandteile aus dem Unternehmensprozessmanagement und der Prozessorganisation sowie die Elemente des Prozessmanagementprozesses fließen in das Konzept ein.

---

[480] Vgl. Müller-Stewens und Lechner (2011): Strategisches Management, S. 227
[481] Vgl. Gierhake (2000): Integriertes Geschäftsprozessmanagement, S. 125
[482] Vgl. Schmelzer und Sesselmann (2013): Geschäftsprozessmanagement in der Praxis, S. 525

6.2.2 Systematik zur Berücksichtigung der Wettbewerbsstrategie des Unternehmens

Um einen Beitrag des GPMS zum Erfolg des Unternehmens sicherzustellen, muss das GPMS an der Wettbewerbsstrategie des Unternehmens ausgerichtet werden. Hierfür ist es notwendig, in einem ersten Schritt ein einheitliches Verständnis über die Strategie herzustellen. Ohne Einigkeit über die Strategie lässt sich keine Einigkeit über die Art und Weise, wie das GPMS konzipiert werden soll, erzielen.[483] In Kapitel 4 wurde auf Aspekte aus dem strategischen Management eingegangen. Von den beschriebenen generischen Wettbewerbsstrategien ist für die 1st-Tier-Automobilzulieferer die Differenzierungsstrategie am ehesten geeignet. Auf die Besonderheiten von Kostenführerschaft und Differenzierungsstrategie wird im Folgenden eingegangen.

Die Strategie der Kostenführerschaft wird tendenziell stärker von der Funktionsorganisation als von der Prozessorganisation unterstützt. Durch die funktionale Spezialisierung können Skalen- und Erfahrungskurveneffekte besser realisiert werden. Eine Differenzierungsstrategie hingegen wird durch die Prozessorganisation mit stärkerer Kundenorientierung, schnellerer Reaktion auf Kundenforderungen und funktionsübergreifende Integration unterstützt.[484] Die Differenzierungsstrategien für Automobilzulieferer können grundsätzlich auf Qualität, Zeit, Leistungsumfang und Technologie abzielen.[485]

Qualität ist heute eine Grundvoraussetzung für eine erfolgreiche Geschäftsentwicklung der Zulieferer. Qualität ist damit zu einer Basisanforderung geworden und stellt in der Regel kein Differenzierungsmerkmal mehr dar.[486] Zeitaspekte hingegen stellen ein zentrales Differenzierungsmerkmal dar. Es kann grundsätzlich zwischen der Time-to-Market (Verkürzung der Entwicklungszyklen) und der Time-to-Customer (reduzierte Auftragsabwicklungszeiten) unterschieden werden. Vergleichbar zur ständigen Kostensenkung müssen auch bei der Beschleunigung des gesamten Pro-

---

483 Vgl. Jeston und Nelis (2008): Business process management, S. 346

484 Vgl. Schmelzer und Sesselmann (2013): Geschäftsprozessmanagement in der Praxis, S. 101

485 Vgl. Wallentowitz et al. (2009a): Strategien in der Automobilindustrie, S. 39, Stockmar (2014): Erfolgsfaktoren für Automobilzulieferer, S. 222 ff., Kurek (2012): Erfolgsstrategien für Automobilzulieferer, S. 76

486 Vgl. Wallentowitz et al. (2009a): Strategien in der Automobilindustrie, S. 39, Stockmar (2014): Erfolgsfaktoren für Automobilzulieferer, S. 222 ff., Kurek (2012): Erfolgsstrategien für Automobilzulieferer, S. 76

duktentstehungsprozesses kontinuierlich alle Teilprozesse auf Zeitreduzierungspotenziale überprüft werden. Die bereits weit fortgeschrittene Veränderung vom Verkäufer- zum Käufermarkt hat zu einer hohen Variantenvielfalt geführt. Die hierdurch erforderliche kundenindividuelle Entwicklung, Produktion und Auftragsabwicklung erfordert schnelle Prozesse bei geringerem Standardisierungs- und Lagerhaltungsgrad. Kundenbedürfnisse müssen schnell erfüllt werden, sonst besteht die Gefahr, dass andere Anbieter die Nachfrage bereits bedient haben, bevor das eigene Angebot bereit steht.[487] Die Differenzierung über die Zeit ist der Hauptansatzpunkt für das Prozessmanagement.

Die Differenzierung über den Leistungsumfang ist in der Veränderung der Einkaufsstrategien der Automobilhersteller begründet. OEMs möchten zur Reduzierung des eigenen Koordinationsaufwands bei ihren Lieferanten größere Umfänge, nämlich Komponenten, Module oder ganze Systeme statt einzelnen Teilen beziehen.[488] Die Verantwortlichkeit für diese Art der Differenzierung liegt im Kern nicht im Prozessmanagement.

Bei der Differenzierung über Technologie beziehungsweise Innovationen geht es um die Generierung von innovativen Ideen, die Vorentwicklung von neuen Materialien, Prozess- und Produkttechnologien.[489] Die Verantwortlichkeit für diese Art der Differenzierung liegt bei den einzelnen Abteilungen und speziellen Stabsstellen. Das Prozessmanagement ist hierfür nicht hauptverantwortlich.

Der Zusammenhang zwischen den Differenzierungsmerkmalen und dem GPMS ist Abbildung 6-6 zu entnehmen.

	Differenzierungsmerkmal				
	Qualität	Zeit		Leistungsumfang	Technologie/ Innovation
		Time-to-Market	Time-to-Customer		
Unterstützung durch GPMS	Basisanforderung aber kein Differenzierungsmerkmal	Hauptdifferenzierungsmerkmal für das GPMS		Verantwortlichkeit außerhalb des GPMS	Verantwortlichkeit außerhalb des GPMS

Abbildung 6-6: Differenzierungsmerkmale und GPMS

[487] Vgl. Kurek (2012): Erfolgsstrategien für Automobilzulieferer, S. 18 f.
[488] Vgl. Stockmar (2014): Erfolgsfaktoren für Automobilzulieferer, S. 228
[489] Vgl. Stockmar (2014): Erfolgsfaktoren für Automobilzulieferer, S. 225

Bei der Ausrichtung des GPMS an der Differenzierungsstrategie stellt sich die Frage, wie die einzelnen Elemente des GPMS in Abhängigkeit von der Differenzierungsstrategie des Automobilzulieferers zu gestalten sind. In Kapitel 2.3 wurde das dieser Arbeit zugrunde liegende GPMS beschrieben. Dort wurden die vier Bestandteile Governance, Methoden, IT und der Prozessmanagementprozess erläutert. Die IT hat eine unterstützende Aufgabe. Sie kann als Enabler gesehen werden. Aus der Differenzierungsstrategie werden für die IT nur mittelbar Anforderungen abgeleitet. Governance beinhaltet Strukturvorgaben. Beispielsweise kann im Rahmen der Governance vorgegeben werden, dass der Produktentstehungsprozess einen starken Process Owner benötigt und die Rolle dieses Process Owners gegenüber anderen Rollen weisungsbefugt ist. Hierdurch würde die Time-to-Market in positivem Sinne beeinflusst. Analoges gilt für den Owner des Auftragsabwicklungsprozesses. Sodass die Time-to-Customer sich positiv beeinflussen ließe. Als grundlegendste Governance-Vorgabe ist das obligatorische Vorhandensein eines Process Performance Indikators (PPI) „Zeit“ zu nennen. Dies würde sich dann entsprechend auch bei den Methoden ausdrücken. So wäre bei dem Reifegradmodell auf der untersten Reifegradstufe bereits ein PPI Durchlaufzeit obligatorisch und im Prozessmanagementprozess wäre der zentral zu optimierende PPI ebenfalls die Durchlaufzeit. Der inhaltliche Fokus bei der Prozessoptimierung wäre dementsprechend auf den Produktentstehungsprozess und den Auftragsabwicklungsprozess zu legen. Das bedeutet gleichsam, dass die begrenzten Ressourcen einer Prozessmanagementzentraleinheit bei diesen Prozessen zur Optimierung einzusetzen sind.

6.2.3 Ausrichtung an den Stakeholdern

Nach der Ausrichtung des GPMS an Managementkonzept, -modell, normativem Rahmen und der Wettbewerbsstrategie des Unternehmens, ist eine Ausrichtung an den Stakeholdern durchzuführen. Bei der Konzipierung des GPMS sollten sowohl externe als auch interne Anspruchsgruppen berücksichtigt werden. Bei den externen Anspruchsgruppen stellen aufgrund der End-to-End-Gestaltung der Geschäftsprozesse Kunden die wichtigste Gruppierung dar. Die Ausrichtung der Geschäftsprozesse an den Kunden ist ein grundlegendes Element des GPM.[490] Werden in der Konzipierung der Geschäftsprozesse die Anforderungen der Kunden beispielsweise in Bezug auf Zeit, Ort, Qualität und Kosten aktiv miteinbezogen, kann das höchste Maß an Effizienz und Effektivität erreicht werden. Eine ebenso große Rolle spielen die internen Stakeholder des Unternehmens, ohne ihre Berücksichtigung würde das Projekt keine Unterstützung finden.[491] Welche Stakeholder im Einzelnen bei der Konzipierung des GPMS miteinbezogen werden sollten lässt sich nicht pauschal sagen sondern sollte in Bezug auf die spezielle Situation des Unternehmens anhand einer Stakeholder-Analyse festgestellt werden.

Auf Basis der Anforderungen aus der Praxis wurden die Mitarbeiter, das Top Management und die Kunden als zentrale Anspruchsgruppen für die Konzeptionierung, Einführung und den Betrieb von GPMS identifiziert. Die hohe Bedeutung gerade dieser Anspruchsgruppen beschreiben auch MÜLLER-STEWENS und LECHNER.[492] Die Ausrichtung am Kunden erfolgt über die Wettbewerbsstrategie. Im Folgenden wird daher die Ausrichtung in Bezug auf das Top Management und die Mitarbeiter vorgenommen.

Ausrichtung an den Anforderungen des Top Managements

Sofern die Initiative für die Einführung des GPMS nicht im Top Management entstanden ist, muss von Seiten des Initiators aufgezeigt werden, dass die Einführung eines GPMS zur Erreichung der Ziele des Top Managements beiträgt. Der Erfolg des GPMS liegt in der Verbesserung der Prozesse. Daher bietet es sich an über die gezielte Optimierung von Pilotprozessen die Wirksamkeit des GPMS aufzuzeigen. Dieses Vorgehen ist in Abbildung 6-7 analog zum Vorgehen im General Management Navigator, aber eben mit Fokus auf das Top Management, in den Phasen Positionierung, Wertschöpfung und Veränderung dargestellt.

---

[490] Vgl. Schmelzer und Sesselmann (2013): Geschäftsprozessmanagement in der Praxis, S. VII
[491] Vgl. Jeston und Nelis (2008): Business process management, S. 268 ff.
[492] Vgl. Müller-Stewens und Lechner (2011): Strategisches Management, S. 159

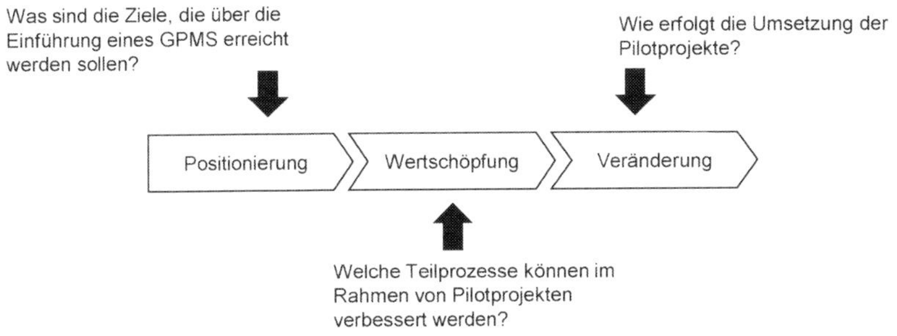

Abbildung 6-7: Grobstruktur zur Überzeugung des Top Managements

Die Positionierung befasst sich mit der strategischen Ausrichtung und den relevanten Stakeholdern des GPMS. Damit aufgezeigt werden kann, inwieweit ein GPMS zur Erreichung der Ziele des Top Managements beiträgt, muss Klarheit darüber bestehen, was die strategischen Ziele des Unternehmens sind. Zusätzlich wird festgestellt wer neben dem Top Management die wichtigsten Anspruchsgruppen in der Einführung des GPMS sind. Wer befürwortet die Initiative, wer steht ihr entgegen? Davon ausgehend werden Potenziale und Ziele für das GPMS formuliert, von denen ein möglicher Beitrag zur Erreichung der Ziele des Top Managements abgeleitet werden kann.

In der Wertschöpfung wird zunächst ein Grobkonzept für das GPMS erstellt. Auf Grundlage des Grobkonzepts muss ein Prozess gefunden werden, der als erstes Pilotprojekt optimiert werden kann. Ist kein Zugriff auf abteilungsübergreifende Ressourcen gegeben, ist es auch nur schwer möglich mit abteilungsübergreifenden Geschäftsprozessen zu arbeiten. Es gilt Teilprozesse zu identifizieren, für die die entsprechenden Ressourcen bereitstehen und die auch ein gewisses Potenzial für eine Verbesserung bezogen auf die strategischen Ziele des Unternehmens aufweisen.

In der Veränderung erfolgt die Umsetzung von Pilotprojekten. Ziel ist es, über diese Pilotprojekte die Leistung einzelner Teilprozesse zu verbessern und damit den Beitrag des GPMs zur Erreichung der strategischen Ziele des Unternehmens nachzuweisen.

Wenn möglich sollten Fürsprecher aus den Pilotprozessen für die Präsentation im Top Management gewonnen werden, um den tatsächlichen Bedarf der Organisation für das GPMS aufzuzeigen. Spricht sich das Top Management für die Einführung des

GPMS aus ist damit die Basis für die Umsetzung im gesamten Unternehmen geschaffen.

In Abbildung 6-8 sind die Schritte zur Überzeugung des Top Managements mit ihren Verantwortlichen und ihrem Ergebnis dargestellt.

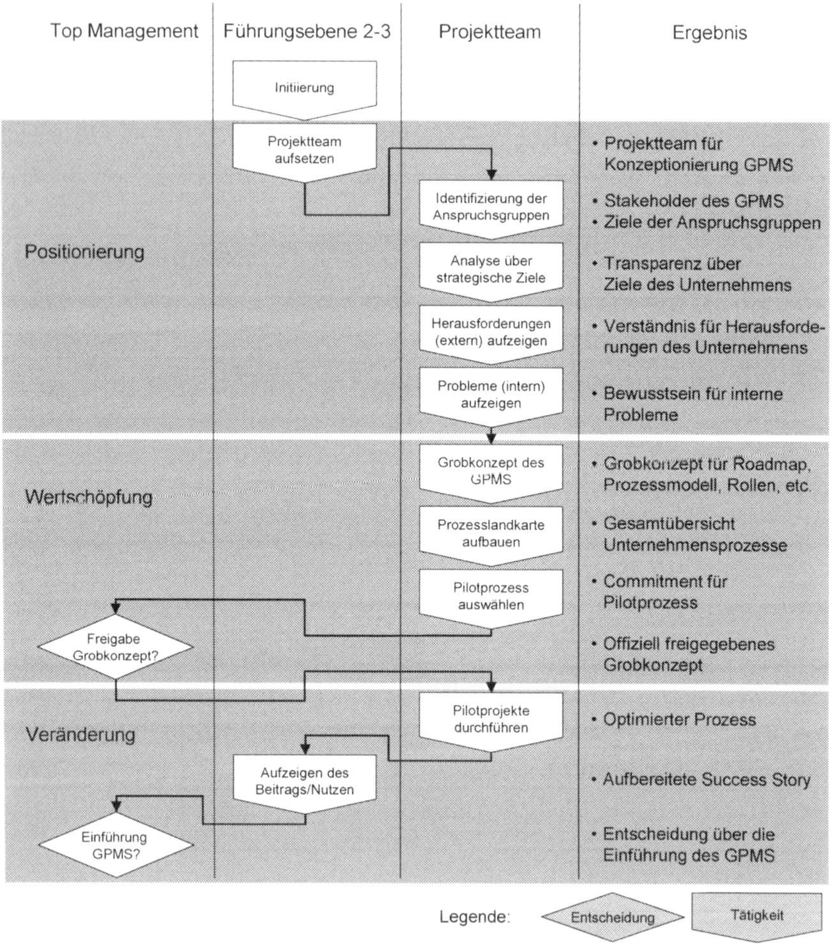

Abbildung 6-8: Vorgehensweise zur Überzeugung des Top Managements

Ist die Unterstützung durch das Top Management bereits gegeben, kann dieser Teil übersprungen werden.

Ausrichtung an den Anforderungen der Mitarbeiter

Die Mitarbeiter sind zusammen mit den Kunden die wichtigste Anspruchsgruppe für das GPMS. Eine fehlende Ausrichtung an den Erwartungen und Anforderungen der Mitarbeiter führt zu Widerständen bei der Einführung des GPMS und lässt das GPMS schließlich scheitern oder nur mäßig erfolgreich sein.[493] Die Motivation und das Einbringen der Mitarbeiter sind damit ein wichtiger Erfolgsfaktor für die Konzeptionierung, Einführung und den Betrieb eines GPMS. Erwartungen von Mitarbeitern sind Einkommen, Arbeitsplatzsicherheit, Status, Sozialbeziehungen, Identität, Selbstverwirklichung und Sinn.[494] Bezüglich der Ausrichtung der Elemente des GPMS an den Erwartungen der Mitarbeiter stellt sich also die Frage, wie die Elemente des GPMS dazu beitragen, die Erwartungen und Anforderungen der Mitarbeiter zu erfüllen und wie die Elemente des GPMS demnach gestaltet werden müssen. Grundsätzlich lässt sich festhalten, dass insbesondere Governance-Vorgaben die Erwartungen der Mitarbeiter erfüllen können. Die Methoden, der Prozessmanagementprozess und die IT unterstützen hingegen hauptsächlich die Fokussierung der Mitarbeiter auf sinnhafte Tätigkeiten. Dieser Zusammenhang ist in Abbildung 6-9 dargestellt.

Erwartungen / GPMS-Bestandteile	Einkommen	Arbeitsplatz-sicherheit	Status	Sozialbe-ziehungen	Identität	Selbstver-wirklichung	Sinn
Governance	Governance unterstützt die Befriedigung der Anforderungen und Erwartungen der Mitarbeiter						
Methoden	Methoden, Prozessmanagementprozess und IT unterstützen die Befriedigung dieser Anforderungen und Erwartungen der Mitarbeiter nicht						Unter-stützung der Fokus-sierung auf sinnhafte Tätig-keiten
Prozessmanage-mentprozess							
IT							

Abbildung 6-9: Bezug zwischen Erwartungen der Mitarbeiter und GPMS

Der Anforderung nach angemessenem Einkommen kann mit einer Kopplung der Erreichung der Prozessziele an die Entlohnung entsprochen werden. Dem Bedürfnis

493 Vgl. Jeston und Nelis (2008): Business process management, S. 284

494 Vgl. Müller-Stewens und Lechner (2011): Strategisches Management, S 165

nach Arbeitsplatzsicherheit kann durch eine offene Kommunikation der Zielstellung und des Vorgehens Rechnung getragen werden. Schließlich ist das GPMS ein Programm zum Abbau von Arbeitsplätzen. Dem Wunsch nach Status wird durch die Übernahme von Rollen (beispielsweise Process Owner) und Patenschaften entsprochen. Außerdem werden für die Mitarbeiter in der Prozessmanagementzentraleinheit Karrierepfade aufgezeigt. Sozialbeziehungen werden durch einen strukturierten Austausch zwischen den Prozessmanagern unterstützt. Ownership und Patenschaften stiften zusätzlich Identität und ermöglichen in dem erweiterten Kompetenzbereich die Selbstverwirklichung der Mitarbeiter. Der Sinn der Tätigkeiten wird über Prozessziele und die Reduzierung von Verschwendung ermöglicht. Hier unterstützen beispielsweise eine einfache Darstellung von Prozessen über Lern-Videos und intuitiv zu bedienende BPM-Software-Lösungen mit Suchlogiken sowie eine klar strukturierte Prozesslandkarte über die Prozesse und die zugehörigen Informationen einfach gefunden werden können.

Die Ausführungen zum Thema Change Management in Kapitel 5 und 6.4 zeigen, dass es für die Mitarbeiter besonders wichtig ist, die aktuell im Unternehmen vorhandenen Bestandteile in die Konzeptionierung mit einzubeziehen. Auf diesen Aspekt wird im Rahmen der folgenden Phase der Wertschöpfung weiter eingegangen.

Nachdem die Positionierung gegenüber den Anspruchsgruppen und die Ausrichtung an der Unternehmensstrategie erfolgt sind, gilt es, die im Unternehmen vorhandenen Strukturen hinsichtlich ihres Anpassungsbedarfs basierend auf den Ergebnissen aus der Positionierung zu untersuchen.

6.3 Phase der Wertschöpfung

In der Phase der Wertschöpfung stehen die Aufbau- und Ablauforganisation des GPMS im Fokus der Betrachtung. Die im Unternehmen vorhanden Strukturen werden an die Bedürfnisse aus der Phase der Positionierung zunächst konzeptionell angepasst, bevor in der Phase der Veränderung (vgl. Kapitel 6.4) die Umsetzung erfolgt.

Bei der zu gestaltenden Aufbau- und Ablauforganisation existieren Parallelen zu Qualitäts- und Lean-Management-Systemen. Im Folgenden wird aufgezeigt, wie diese Strukturen mit denen eines GPMS synchronisiert werden können. Außerdem wird eine Systematik zur Anknüpfung des GPMS an den Strategieprozesse vorgestellt. Diese Systematik ist auch für die Auswahl von Prozessen für die Optimierung dienlich.

Die Inhalte der Phase und deren Zuordnung zu den Unterkapiteln sind der nachfolgenden Abbildung 6-10 zu entnehmen.

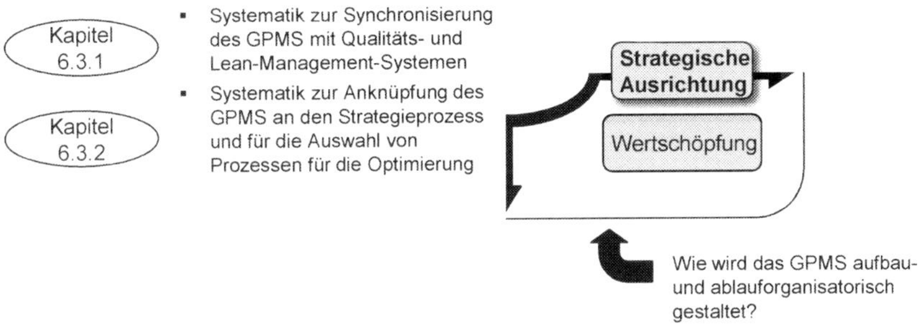

Abbildung 6-10: Detaillierung der Inhalte der Phase der Wertschöpfung

6.3.1 Systematik zur Synchronisierung des GPMS mit Qualitäts- und Lean-Management-Systemen

Aus den Anforderungen der Mitarbeiter und den vorgestellten Problemen bei der Einführung von GPMS geht die Notwendigkeit zur Synchronisierung von GPMS mit Qualitäts- und Lean-Management-Systemen hervor. Hier weisen vorhandene Konzepte zwar teilweise auf die Notwendigkeit einer integrativen Betrachtungsweise des GPMS im Zusammenhang mit anderen Managementsystemen, insbesondere mit dem Qualitätsmanagement, hin, beschreiben allerdings nur unzureichend wie eine konkrete Verknüpfung zu gestalten ist. Ebenso wird von einigen Konzepten eine Einbeziehung des Lean Managements in das GPMS gefordert, eine konkrete Beschreibung einer Vorgehensweise zur Verknüpfung der beiden Ansätze bleiben sie aber auch hier schuldig. In Kapitel 4.3.5 wurden integrierte Managementsysteme als möglicher Überbau für die vorhandenen Managementsysteme vorgestellt und deren Vorteile erläutert. Es stellt sich die Frage, wie das GPMS mit dem Qualitätsmanagementsystem und dem Lean-Management-System synchronisiert werden kann. Als Basis für die Synchronisierung dient das in Kapitel 2.4 vorgestellte GPMS. Bei der Synchronisierung sind die Bestandteile des GPMS mit den Bestandteilen von

QMS und Lean-Management-System abzugleichen. Insbesondere in Zielen, Inhalten, Aufbau- und Ablauforganisation ergeben sich Überschneidungen. Eine Übersicht über die Gemeinsamkeiten der Systeme liefert Abbildung 6-11

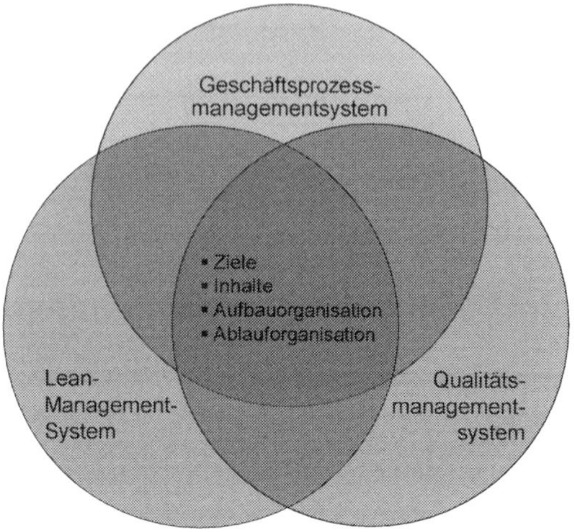

Abbildung 6-11: Gemeinsamkeiten von GPMS, QMS und LMS

Die Gemeinsamkeiten und Unterschiede der drei Managementsysteme werden im Folgenden in Bezug zu den in Abbildung 6-11 beschriebenen Kriterien ausgeführt.

Ziele der Managementsysteme

Geschäftsprozessmanagement wird als „integriertes System aus Führung, Organisation und Controlling zur zielgerichteten Steuerung und Optimierung von Geschäftsprozessen“[495] definiert. Das Hauptziel des GPM ist es durch Prozessoptimierung die Effizienz und Effektivität eines Unternehmens nachhaltig zu steigern, um die strategischen und operativen Prozessziele zu erreichen. Damit soll der Unternehmenswert erhöht werden und dem Unternehmen zu einer dauerhaft erfolgreichen Position im Wettbewerb verholfen werden.[496]

[495] Schmelzer und Sesselmann (2013): Geschäftsprozessmanagement in der Praxis, S. 6

[496] Vgl. Schmelzer und Sesselmann (2013): Geschäftsprozessmanagement in der Praxis, S. 10 und Bergsmann (2012): End-to-End Geschäftsprozessmanagement, S. 197 f.

Das Qualitätsmanagement wird definiert als alle planerischen, organisatorischen und kontrollierenden Maßnahmen und Aktivitäten, welche zu einer zielgerichteten Steuerung der Qualität von Produkten, Leistungen und Prozessen in einer Organisation beitragen. Hierzu zählen nach DIN EN ISO 9000 die Funktionen: Festlegung der Qualitätspolitik und der Qualitätsziele, Qualitätsplanung, Qualitätslenkung, Qualitätssicherung und Qualitätsverbesserung.[497] Das Qualitätsmanagement hat die Hauptaufgabe sicherzustellen, dass die Anforderungen der Kunden und anderer Interessensgruppen (Mitarbeiter, Eigentümer, Kapitalgeber, Partner, etc.) an eine Organisation erfüllt werden.[498]

Die allgemeine Zielsetzung des Lean Managements ist die ganzheitliche Ausrichtung der Unternehmensführung und -organisation an der Wertschöpfungskette, um eine erhöhte Kundenzufriedenheit, größere Marktnähe, Optimierung des menschlichen Arbeitseinsatzes und eine laufende Verbesserung der Prozess- und Produktqualität zu erreichen.[499] Das Lean Management hat zudem schlanke Prozesse zum Ziel und Gegenstand.[500]

Es ist ersichtlich, dass alle drei Konzepte, trotz ihrer unterschiedlichen Ausrichtungen, die Planung, Steuerung, Kontrolle und Verbesserung der Prozesse eines Unternehmens zum Ziel haben. Es ist jedoch auf eine Unterscheidung der Prozessebenen, auf welchen die unterschiedlichen Konzepte angewendet werden, zu achten.

Inhalte der Managementsysteme - Kundenorientierung

Geschäftsprozesse im GPM sollten idealerweise End-to-End von Kunde zu Kunde betrachtet werden. Sie werden durch einen Kundenbedarf ausgelöst und durch dessen Deckung beendet.[501] Gestaltung und Steuerung der Geschäftsprozesse werden entsprechend dem End-to-End Verständnis auf die Erfüllung der Erwartungen und Anforderungen der Kunden bzw. Stakeholder ausgerichtet.[502]

---

497 Vgl. Brüggemann und Bremer (2012): Grundlagen Qualitätsmanagement, S. 122
498 Vgl. Schmelzer und Sesselmann (2013): Geschäftsprozessmanagement in der Praxis, S. 31
499 Vgl. Womack und Jones (2004): Lean thinking, S. 8 ff.
500 Vgl. Töpfer (2009): Lean Six Sigma, S. 3
501 Vgl. Bergsmann (2012): End-to-End Geschäftsprozessmanagement, S. 19 ff.
502 Vgl. Schmelzer und Sesselmann (2013): Geschäftsprozessmanagement in der Praxis, S. 13

Die Kundenorientierung ist im Qualitätsmanagement (ISO 9000, Abschnitt 0.2) elementarer Bestandteil. Konkret bedeutet dies das Verstehen der Kundenbedürfnisse sowie Erfüllen der Kundenanforderungen und Treffen der Kundenerwartungen. Kundenanforderungen werden im Produktrealisierungsprozess in Produkte oder sonstige Leistungen umgesetzt. Deren Ziel ist es, durch ein definiertes Ergebnis die Kundenzufriedenheit zu erhöhen.[503]

Im Lean Management steht der Wert aus Kundensicht bei den fünf Kernprinzipien an erster Stelle.[504]

Bei allen drei Konzepten ist die Kundenorientierung ein zentraler Bestandteil.

Inhalte der Managementsysteme - Prozessorientierung

Das GPM ist ein prozessorientierter, ganzheitlicher Ansatz. Die Organisation und das Controlling orientieren sich an den Geschäftsprozessen. Aufbaustruktur, Ablaufstruktur und Unternehmenskultur sind dementsprechend prozessorientiert ausgerichtet.[505]

Das QM basiert ebenfalls auf einem prozessorientierten Ansatz. Dieser wird in der ISO 9001:2008 beschrieben als: "Die Anwendung eines Systems von Prozessen in einer Organisation, um das gewünschte Ergebnis zu erzeugen, gepaart mit dem Erkennen und den Wechselwirkungen dieser Prozesse sowie deren Management".[506]

Dem Lean Management liegt ebenfalls eine Prozessorientierung zugrunde, welche sogar so weit geht, dass das gesamte Unternehmen entsprechend ausgerichtet wird.[507] Die Prozessorientierung ist also in den fünf Grundprinzipien des Lean Managements fest verankert. Sie spiegelt sich wider in der Identifikation des Wertstroms oder in der Umsetzung des Fluss Prinzips.[508]

Alle drei Konzepte beinhalten den Ansatz der Prozessorientierung.

---

503 Vgl. Schmelzer und Sesselmann (2013): Geschäftsprozessmanagement in der Praxis, S. 33
504 Vgl. Womack und Jones (2004): Lean thinking, S. 23 ff.
505 Vgl. Schmelzer und Sesselmann (2013): Geschäftsprozessmanagement in der Praxis, S. 15 und S. 30 f.
506 Schmelzer und Sesselmann (2013): Geschäftsprozessmanagement in der Praxis, S. 33
507 Vgl. Fischermanns (2013): Praxishandbuch Prozessmanagement, S. 55
508 Vgl. Womack und Jones (2004): Lean thinking, S. 23 ff.

Inhalte der Managementsysteme - Performanceorientierung (Effektivität und Effizienz)

Die Effektivität und Effizienz des Unternehmens nachhaltig zu erhöhen ist eine der Hauptaufgaben des GPM. Dies geschieht durch die Beseitigung von Effizienzproblemen (viele Fehler und Beanstandungen, hohe Produktkosten, lange Durchlaufzeiten, unzureichende Liefertreue, etc.) und Effektivitätsproblemen (unklare strategische Ziele und Marktziele, mangelhafte Kenntnis von Erfolgsfaktoren und Erfolgspotenzialen, unzureichende Kenntnis der Kundenprobleme, -bedürfnisse, -anforderungen, etc.).[509]

Das QM beschreibt im Rahmen der Grundfunktion „Qualitätsverbesserung" alle Maßnahmen zur Steigerung von Effektivität und Effizienz in Tätigkeiten und Prozessen, die die Qualität betreffen. Qualitätsverbesserung ist der Teil des QM, der auf die Erhöhung der Eignung zur Erfüllung von Qualitätsanforderungen gerichtet ist (ISO 9000).[510]

Das Konzept des Lean Managements umfasst alle Prinzipien, Methoden und Verfahren zur effektiven und effizienten Gestaltung der gesamten Wertschöpfungskette.[511] Das Toyota Produktionssystem verfolgt z.B. die Ziele: minimale Kosten, beste Qualität, kürzeste Durchlaufzeiten; Produktion im Kundentakt oder Identifikation und Vermeidung der acht Arten der Verschwendung.[512]

Es wird deutlich, dass sowohl GPM, QM als auch das Lean Management auf eine Steigerung der Effektivität und Effizienz in verschiedenen Bereichen abzielen.

Inhalte der Managementsysteme - Kontinuierliche Verbesserung

Im GPM werden kontinuierliche Verbesserungen der Geschäftsprozesse vorgenommen.[513] Ebenso stellt die kontinuierliche Verbesserung und Weiterentwicklung des gesamten GPM einen wesentlichen Erfolgsfaktor dar.[514]

509 Vgl. Schmelzer und Sesselmann (2013): Geschäftsprozessmanagement in der Praxis, S. 2 ff.

510 Vgl. Brüggemann und Bremer (2012): Grundlagen Qualitätsmanagement, S. 123

511 Vgl. Pfeiffer und Weiß (1994): Lean Management, S. 53 ff.

512 Vgl. Friedli et al. (2014): Konzepte - Modelle - Systeme, S. 167

513 Vgl. Becker (2008): Prozessmanagement, S. 299

514 Vgl. Fischermanns (2013): Praxishandbuch Prozessmanagement, S. 32 f. und S. 515 ff. und auch Snabe (2009): Business Process Management, S. 219 ff.

Die ISO 9001:2008 sieht die ständige Verbesserung des gesamten QMS als einen Bestandteil ihres Prozessmodells an. Zusätzlich fokussiert insbesondere die ISO 9004 auf eine ständige Verbesserung der Gesamtleistung der Organisation.[515] Die kontinuierliche Verbesserung in allen Bereichen unter Einbeziehung aller beteiligten Mitarbeiter ist integraler Bestandteil des TQM.[516]

Im Lean Management wird im Rahmen des Grundprinzips „Perfektion" eine kontinuierliche Optimierung des Prozessflusses angestrebt.[517] Die Annäherung an die Perfektion ist stufenweise realisierbar. Verbesserungen können radikal und sprunghaft oder kontinuierlich und inkrementell (Kaizen) realisiert werden.[518]

Entsprechend den obigen Erläuterungen beinhalten alle drei Konzepte den Punkt der kontinuierlichen Verbesserung.

Aufbauorganisation der Managementsysteme

Im Kontext GPMS existieren umfassende Rollenkonzepte, wie in Kapitel 2.3 beschrieben. Die wichtigsten Rollen wurden dort als Chief Process Officer, Process Owner, Prozessmitarbeiter, Prozessberater und (GPM-)Projektleiter benannt.[519] Damit sind sowohl zentral, als auch dezentral Verantwortlichkeiten für das Prozessmanagement benannt. Es werden Rollen in Vollzeit (bspw. Prozessmanager) und Teilzeit (bspw. Teilprozessverantwortlicher) besetzt.

Im Kontext QMS haben sich ebenfalls umfangreiche Rollenkonzepte etabliert:[520]

- Beauftragter der obersten Leitung (BOL): Muss sicherstellen, dass das QM in der gesamten Organisation etabliert wird.
- Qualitätsmanager (QM): Unterstützt den BOL
- Qualitätsbeauftragter (QB, erst ab einer bestimmten Unternehmensgröße): Unterstützt den BOL

---

515 Vgl. Schmelzer und Sesselmann (2013): Geschäftsprozessmanagement in der Praxis, S. 33 ff.

516 Vgl. Brüggemann und Bremer (2012): Grundlagen Qualitätsmanagement, S. 178 ff.

517 Vgl. Womack und Jones (2004): Lean thinking, S. 23 ff.

518 Vgl. Töpfer (2009): Lean Six Sigma, S. 31 f.

519 Vgl. Gadatsch (2013): Grundkurs Geschäftsprozess-Management, S. 5; Schmelzer und Sesselmann (2013): Geschäftsprozessmanagement in der Praxis, S. 182 und auch Fischermanns (2013): Praxishandbuch Prozessmanagement, S. 37

520 Vgl. Wagner und Käfer (2013): PQM - prozessorientiertes Qualitätsmanagement, S. 11 ff.; eine ausführliche Rollenbeschreibung findet sich unter anderem auch in der ISO 9001

- Prozessverantwortlicher (PzV)
- Prozessteam (PzT)
- Interner Auditor (IA)

Je nach konkreter Ausprägung im Unternehmen sind die Rollen im QMS ebenfalls zentral und dezentral sowie nach Bedarf in Voll- oder Teilzeit vergeben.

Im Lean Management wurden in der Praxis verschiedene Rollenkonzepte entwickelt.[521]

- Lean Stabsstelle zentral: Weiterentwicklung Gesamtkonzept, unternehmensweiter Austausch von Best Practices, internes Marketing, abteilungsübergreifende Großprojekte, Schulungs- und Qualifizierungsmaßnahmen
- Lean Stabsstelle dezentral: Werksspezifische Umsetzung von Lean, Durchführung von Projekten, Schulungs- und Qualifizierungsmaßnahmen
- KVP-Verantwortliche in Abteilungen: Durchführung von Workshops und Umsetzung von Verbesserungsprojekten

Auch im Lean Management sind die Rollen zentral und dezentral sowie in Voll- oder Teilzeit vergeben.

Im Vergleich zwischen GPMS, QMS und Lean lässt sich neben der inhaltlichen Nähe der Rollen feststellen, dass die räumliche und organisatorische Trennung der Rollen ebenfalls ähnlich ist. So existieren sowohl in der Zentrale Mitarbeiter für GPMS, QMS und Lean als auch dezentral in den Werken. Häufig sind Mitarbeiter für die Themen Vollzeit in Stabsstellen eingesetzt, in den Abteilungen finden sich hingegen größenabhängig auch Teilzeitmitarbeiter.

Ablauforganisation der Managementsysteme - Planung

Zu den planerischen Aktivitäten gehören Prozessanalyse und Problemlösungsprozesse. Die Ausprägungen dieser Aktivitäten bei GPMS, QMS und Lean-Management-System werden im Folgenden beschrieben.

---

[521] Das beschriebene Rollenkonzept basiert auf der Industrieerfahrung des Autors u.a. aus einer umfangreichen Benchmarking-Studie

Im GPM liegt der Fokus auf den Geschäftsprozessen. Die Prozessanalyse ist elementarer Bestandteil des Prozessmanagementprozesses.[522] Die Basis für Problemlösungsprozesse bildet häufig der PDCA-Zyklus (Plan, Do, Check, Act).[523]

Im QMS liegt der Fokus auf eher produktionsnahen Prozessen. Eine Prozessanalyse findet im Rahmen der Einführung des QMS statt.[524] Der PDCA-Zyklus ist elementare Problemlösungsmethode des QM.[525] Der Zyklus wird dauerhaft ausgeführt und beginnt nach jedem Durchlauf von vorne.[526]

Im Lean Management liegt der Fokus ebenfalls eher auf produktionsnahen Prozessen. Analog zur Prozessanalyse findet dort die Wertstromanalyse statt.[527] Lean Management selbst ist kein projektbasiertes Verbesserungsverfahren. Jedoch wird beim Grundprinzip „Perfektion" der PDCA-Zyklus als Problemlösungsprozess durchlaufen.[528]

Alle drei Konzepte beinhalten Methoden und Werkzeuge zur Prozessanalyse, wenn auch lediglich das GPMS konkret auf Geschäftsprozesse fokussiert, während QMS und Lean-Management-System ihren Fokus eher auf produktionsnahe Prozesse legen. Im Rahmen aller Konzepte wird der PDCA-Zyklus durchlaufen.

Ablauforganisation der Managementsysteme - Steuerung

Zu den Aktivitäten, welche im Rahmen der Steuerung ausgeführt werden, gehören die Prozessgestaltung, Prozessdokumentation, Prozessumsetzung, Prozessoptimierung und das Reifegradmanagement. Die Ausgestaltung dieser Aktivitäten soll für jedes einzelne der drei Konzepte im Folgenden genauer erläutert werden.

Die Prozessgestaltung ist die dritte Phase des Prozessmanagementprozesses.[529] Die Prozessdokumentation umfasst im GPMS alle Dokumente, die im Rahmen des

---

[522] Vgl. Stöger (2009): Prozessmanagement, S. 31; Dumas et al. (2013): Fundamentals of BPM, S. 18; Becker (2008): Prozessmanagement, S. 316 und auch Müller (1999): Prozessorientierte Veränderungsprojekte, S. 315 f.

[523] Vgl. Schmelzer und Sesselmann (2013): Geschäftsprozessmanagement in der Praxis, S. 414 ff.

[524] Vgl. Brunner et al. (2011): Taschenbuch Qualitätsmanagement, S. 63 f.

[525] Vgl. Brüggemann und Bremer (2012): Grundlagen Qualitätsmanagement, S. 15 ff.

[526] Vgl. Brunner et al. (2011): Taschenbuch Qualitätsmanagement, S. 261 f.

[527] Vgl. Womack und Jones (2004): Lean thinking, S. 23 ff.

[528] Vgl. Töpfer (2009): Lean Six Sigma, S. 113 f.

[529] Vgl. Stöger (2009): Prozessmanagement, S. 31; Dumas et al. (2013): Fundamentals of BPM, S. 19 und auch Antonucci (2009): BPM body of knowledge, S. 29

Prozessmanagementprozesses (Prozessanalyse, Prozessgestaltung) erstellt werden.[530] In der Phase der Prozessumsetzung werden Schritte zur Transformation des Ist-Zustands in den Soll-Zustand koordiniert, durchgeführt und überwacht. Zur Prozessumsetzung gehören dabei das organisationale Change Management und die Prozessautomatisierung. Die Prozessoptimierung ist ein Hauptziel des GPM und liegt dem gesamten Prozessmanagementprozess zugrunde.[531] Im GPMS wird ein umfangreiches Reifegradmanagement eingesetzt. Darüber erfolgt das Assessment der Geschäftsprozesse, des gesamten GPMS oder sogar der Organisation.

Ein QMS beinhaltet planerische Maßnahmen und Aktivitäten zur zielgerichteten Steuerung der Qualität von Prozessen in einer Organisation. Jedoch liegt der Schwerpunkt des QM nicht alleine auf der Gestaltung der Prozesse eines Unternehmens, da ebenso die Produktgestaltung im Fokus steht.[532] Im Rahmen des Aufgabenfelds Qualitätsplanung werden unter anderem die notwendigen Ausführungsprozesse sowie zugehörige Ressourcen zur Erfüllung der Qualitätsziele geplant und gestaltet. Es kommen ebenfalls Methoden zur Prozessgestaltung zum Einsatz.[533] Die Dokumentation des QMS beinhaltet eine Dokumentation der Prozesse. Gliederung in 3 Ebenen: (1) QM-Handbuch: Dokument, das die Qualitätspolitik, das QMS und die qualitätsrelevanten Vorgehensweisen einer Organisation darlegt. (2) QM-Verfahrensanweisungen (organisatorisches und fachliches Know-how des Unternehmens): Beschreiben das "Was" und "Wie" einzelner Abläufe. Sie legen für einzelne qualitätsrelevante Tätigkeiten im Unternehmen Vorgaben fest und definieren die jeweiligen Randbedingungen, die vom Ausführenden eingehalten werden müssen. Für eine spezielle Aufgabe existiert eine von allen betroffenen Mitarbeitern nachvollziehbare, schriftliche Festlegung der Vorgehensweisen. (3) Arbeitsanweisungen: Dient dem Anwender des QMS als Anweisung für die tägliche Arbeit bei Einzeltätigkeiten.[534] Der Schwerpunkt des QM liegt nicht auf einer konkreten Prozessumsetzung. Jedoch werden, wie auch im GPMS, Schulungsmaßnahmen für Mitarbeiter durchgeführt, um diese mit einzubeziehen und sie beispielsweise zu motivieren sich

530 Vgl. Schmelzer und Sesselmann (2013): Geschäftsprozessmanagement in der Praxis, S. 174 f.

531 Vgl. Schmelzer und Sesselmann (2013): Geschäftsprozessmanagement in der Praxis, S. 407 ff.

532 Vgl. Schmelzer und Sesselmann (2013): Geschäftsprozessmanagement in der Praxis, S. 31 ff. Brüggemann und Bremer (2012): Grundlagen Qualitätsmanagement, S. VI

533 Vgl. Brüggemann und Bremer (2012): Grundlagen Qualitätsmanagement, S. 52 ff. und S. 123

534 Vgl. Brüggemann und Bremer (2012): Grundlagen Qualitätsmanagement, S. 132 f.

mit dem QMS zu identifizieren. Im QM werden verschiedene Methoden zur Prozessoptimierung eingesetzt. Die Prozessoptimierung ist eher auf produktionsnahe Prozesse ausgerichtet. Reifegradbewertungen werden zum Beispiel im Rahmen des TQM durchgeführt. Ein Beispiel ist das EFQM-Modell zur Bewertung der gesamten Organisation. Hier erfolgt auch eine gesonderte Berücksichtigung der Geschäftsprozesse.[535]

Das Lean Management fokussiert mit seinen fünf Grundprinzipien auf eine kundenorientierte Prozessgestaltung mit möglichst kurzen Durchlaufzeiten und geringer Verschwendung.[536] Zur Gestaltung verschwendungsfreier Prozesse werden Methoden und Tools eingesetzt.[537] Im Lean Management werden Wertströme aufgenommen und dokumentiert. Im Rahmen der Wertstromanalyse werden Prozesse und Produktionsabläufe aufgenommen, grafisch dargestellt und mit quantitativen Informationen bewertet.[538] Ebenso sollte das gesamte Lean Management System dokumentiert werden. Es sollten enthalten sein: (1) Angaben zur Lean Politik und den Zielen, welche eventuell mit dem QMS abgestimmt werden können. (2) Ein Lean-Handbuch, (3) Prozeduren und Qualitätsaufzeichnungen, welche die Lean Politik und die Lean Ziele unterstützen.[539] Die Umsetzung von Prozessen geschieht im Rahmen der fünf Grundprinzipien des Lean Managements um Verschwendung in den Prozessen und Abläufen zu vermeiden oder zu reduzieren. In der Umsetzungsphase werden insbesondere das Fluss- und das Pull-Prinzip eingeführt. Die Prozessoptimierung in Bezug auf Verschwendung und Durchlaufzeiten liegt dem Vorgehen der fünf Grundprinzipien zugrunde und wird ebenfalls im fünften Grundprinzip Perfektion gesondert hervorgehoben.[540] In Bezug auf das Reifegradmanagement kann ein Lean-Management-System ein integriertes Lean Assessment beinhalten.[541]

---

[535] Vgl. Brunner et al. (2011): Taschenbuch Qualitätsmanagement, S. 61 f., S. 178 ff und S. 347 ff. und auch Schmelzer und Sesselmann (2013): Geschäftsprozessmanagement in der Praxis, S. 21 f.

[536] Vgl. Töpfer (2009): Lean Six Sigma, S. 3

[537] Vgl. Friedli et al. (2014): Konzepte - Modelle - Systeme, S. 167 f. und auch Womack und Jones (2004): Lean thinking, S. 23 ff.

[538] Vgl. Friedli et al. (2014): Konzepte - Modelle - Systeme, S. 167

[539] Vgl. Levinson (2013): Lean management system LMS:2012, S. 87 f.

[540] Vgl. Womack und Jones (2004): Lean thinking, S. 23 ff. und auch Töpfer (2009): Lean Six Sigma, S. 31 f.

[541] Vgl. Levinson (2013): Lean management system LMS:2012, S. 67 ff.

Alle drei Konzepte beinhalten Methoden und Werkzeuge zur Gestaltung der Prozesse einer Organisation. Während die Prozessgestaltung im GPMs eine Kernaufgabe ist, so fokussieren QMS und das Lean-Management-System jedoch nicht nur auf diese. Ebenso beinhalten alle Konzepte eine dreistufige Dokumentation der Prozesse eines Unternehmens. Hier lassen sich insbesondere bei den einzelnen Dokumentationsstufen deutliche Überschneidungen zwischen GPMS, QMS und dem Lean-Management-System feststellen. Bezüglich der Prozessumsetzung legt einzig das GPMS hier einen eindeutigen Schwerpunkt. Im QMS werden Teilaspekte abgedeckt und im Lean-Management-System werden Prozesse im Rahmen der fünf Grundprinzipien zur Vermeidung von Verschwendung und Reduzierung der Durchlaufzeiten umgesetzt. Eine weitere Gemeinsamkeit ist die Prozessoptimierung. Dem GPMS liegen hierbei die Geschäftsprozesse eines Unternehmens zugrunde, während QMS und Lean-Management-System eher auf produktionsnahe Prozesse fokussieren. Alle Konzepte enthalten ein Reifegradmanagement, wobei hier deutliche Unterschiede in den Ausprägungen vorhanden sind. Im GPMS können sowohl die Geschäftsprozesse, das gesamte System als auch die Organisation analysiert, bewertet und eingestuft werden. Im QMS kommt die Selbstbewertung einer Organisation unter Zuhilfenahme des EFQM-Modells der Bewertung des GPMS am nächsten. Das Lean-Management-System legt seinen Schwerpunkt eher auf die Bewertung produktionsnaher Prozesse.

Ablauforganisation der Managementsysteme - Kontrolle

Schließlich werden im Rahmen der Kontrolltätigkeiten sowohl die Auditierung als auch die Überwachung von Prozessen ausgeführt. Deren verschiedene Ausprägungen werden im Weiteren näher beschrieben.

Im GPMS werden im Rahmen des operativen Prozesscontrollings Prozessaudits durchgeführt. Diese dienen als Hilfsmittel zur unabhängigen Prozessbewertung. Zusätzlich werden im Rahmen des operativen Prozesscontrollings Prozessperformancemessungen über geeignete Kennzahlen durchgeführt.[542]

Im QMS sind ebenfalls Audits vorgesehen. Es werden die Organisation, die Abläufe und Führungselemente überprüft. Es findet eine Unterscheidung zwischen internen

[542] Vgl. Schmelzer und Sesselmann (2013): Geschäftsprozessmanagement in der Praxis, S. 321 ff.

Audits und externen Audits sowie system-, prozess-, produkt- oder dienstleistungsorientierten Audits statt. Systemaudits sind für die Zertifizierung notwendig.[543]

Im Rahmen eines Lean-Management-Systems sind interne Audits vorgesehen. Im Lean-Management-System werden Prozesse anhand von KPIs gemessen und überwacht, beispielsweise in Bezug auf Verschwendung von Zeit, Materialien und Energie.[544]

Audits werden sowohl im QMS und GPMS als auch im Lean-Management-System zur Bewertung der Organisation und der Prozesse verwendet. Hier ist eine deutliche thematische Übereinstimmung gegeben. Alle drei Konzepte beinhalten eine Überwachung der Prozesse.

Integriertes Managementsystem aus GPMS, QMS und LMS

Das Integrierte Managementsystem (IMS) bildet den Ordnungsrahmen, welcher alle anderen Systeme umfasst. Im Bereich der Managementsysteme sind, gemäß dem Anforderungsprofil insbesondere das Lean Management (Produktionssystem) und das Qualitätsmanagementsystem berücksichtigt. Zusätzlich können unternehmensspezifisch noch andere Managementsysteme (z.B. Risiko-, Umwelt- oder Energiemanagementsystem) in einem integrierten Managementsystem Berücksichtigung finden. Auf diese soll im Rahmen dieser Arbeit jedoch nicht weiter eingegangen werden.

Bei konsequenter Umsetzung des IMS können Mitarbeiter gleichermaßen Aufgaben aus den einzelnen Fachbereichen des GPMS, QMS oder des Produktionssystems übernehmen. Somit wird die personelle Verknüpfung des GPMS mit den anderen Systemen hergestellt. Diese Verknüpfung bietet den Vorteil, dass eine höhere Identifikation und Akzeptanz des GPMS bei den Mitarbeitern erreicht werden kann. Dieser Punkt adressiert vor allem auch das Problem einer fehlenden Einbeziehung der Mitarbeiter des Qualitätsmanagement- und des Lean-Management-Systems in die Konzeptionierung und den Betrieb eines GPMS. Durch die Einbeziehung der Mitarbeiter und damit des vorhandenen Wissens aus der Organisation, steigt zudem die inhaltliche Qualität des GPMS.

---

[543] Vgl. Brüggemann und Bremer (2012): Grundlagen Qualitätsmanagement, S. 156 f.

[544] Vgl. Levinson (2013): Lean management system LMS:2012, S. 118 ff.

Zusätzlich zu den genannten Vorteilen wird die Akzeptanz der Mitarbeiter für das integrierte Managementsystem durch eine gute und einfach zugängliche Dokumentation aller Arbeitsabläufe im IMS mit allen integrierten Regelungen gefördert. Dies bedeutet konkret, dass jeder Mitarbeiter des GPMS oder der anderen Managementteilsysteme auf alle Informationen und Dokumente, die das gesamte integrierte Managementsystem betreffen, einfach zugreifen kann. Dies führt in Folge zu einer höheren Handlungssicherheit des gesamten Unternehmens.[545]

6.3.2 Systematik zur Anknüpfung des GPMS an den Strategieprozess und für die Auswahl von Prozessen für die Optimierung

Bei der Bewertung der bestehenden Konzepte hat sich gezeigt, dass lediglich die MOTION-basierten Ansätze eine konsequente Verknüpfung von Top-down und Bottom-up beinhalten. Nur durch die Kombination der beiden Perspektiven ist eine zufriedenstellende Berücksichtigung der Strategie im Prozessmanagementprozess möglich. Daher wird MOTION als Ausgangspunkt für die Erarbeitung der Systematik zur Anknüpfung des GPMS an den Strategieprozess genutzt und entsprechend der identifizierten Anforderungen angepasst.

Grobstruktur der Systematik

Es wurde festgestellt, dass es den vorhandenen Konzepten nicht gelingt, die strategische Planung und die Prozessarbeit zu verknüpfen. Die beiden Elemente werden in allen Ansätzen streng voneinander getrennt bearbeitet. So beginnt die Prozessarbeit erst, nachdem die Festlegung der strategischen Stoßrichtung des Unternehmens vollständig abgeschlossen ist. Diesem Manko wird beim vorliegenden Konzept entgegengewirkt, indem zuerst die Prozesslandkarte entworfen wird. Sie dient als Orientierung sowohl für das Strategieaudit, als auch für das Prozessaudit. Das Strategieaudit wird aus MOTION übernommen und hat die auf unterschiedliche Anspruchsgruppen bezogenen SEP zum Ergebnis. Im Prozessaudit werden die Fähigkeiten der Geschäftsprozesse beurteilt. Im Anschluss können die Prozesse anhand der Kriterien Importance und Dysfunction im Prozessportfolio evaluiert

---

545 Vgl. Funck (2002): Konzeptionelle Anforderungen an Integrierte Managementsysteme, S. 30 ff.

werden. Hier findet also die Anknüpfung von Strategieprozess und Prozessmanagementprozess statt. Die Verknüpfung des Prozessmanagementprozesses mit dem Strategieaudit ist stellvertretend für die Verknüpfung des Prozessmanagementprozesses zu jeglichen regelmäßig stattfindenden Strategieprozessen zu verstehen. Außerdem sollten auch solche strategischen Initiativen einfließen, die losgelöst von Regelprozessen im Unternehmen stattfinden. Nach Identifikation der kritischen Prozesse liegt der Fokus auf der Auswahl von Veränderungsprojekten anhand des Feasibility-Kriteriums. Auf strategischer Ebene wird eine Systematik zur umfassenden Beurteilung von Aufwand und Nutzen dieser Projekte entwickelt. Auf operativer Ebene werden problemorientierte Verbesserungsinitiativen generiert und den bestehenden Projekten hinzugefügt. Nach Priorisierung der Elemente im Projekt-Pool können die Prozessmanagementaktivitäten aufgenommen werden. Am Ende der Projektauswahl steht eine Reihe von Projektaufträgen. Prozessdesignation, Prozessevaluation und Projektauswahl entsprechen damit einer ausführlichen Beurteilung der Ausgangslage. Das im Rahmen der Prozessanalyse entwickelte Lastenheft stellt eine Konkretisierung der zuvor definierten Projektaufträge dar. Während Projektaufträge noch aus den beobachteten Problemen motiviert sind, ist ein Lastenheft bereits lösungsorientiert formuliert und nennt eindeutige Anforderungen an die Prozessgestaltung. Die im Laufe der Wirksamkeitsprüfung gesammelten Kennzahlen und neuen Anforderungen fließen beim nächsten Durchlauf in das Prozessaudit ein. Damit startet der nächste Zyklus des Prozessmanagementprozesses (vgl. Abbildung 6-12).

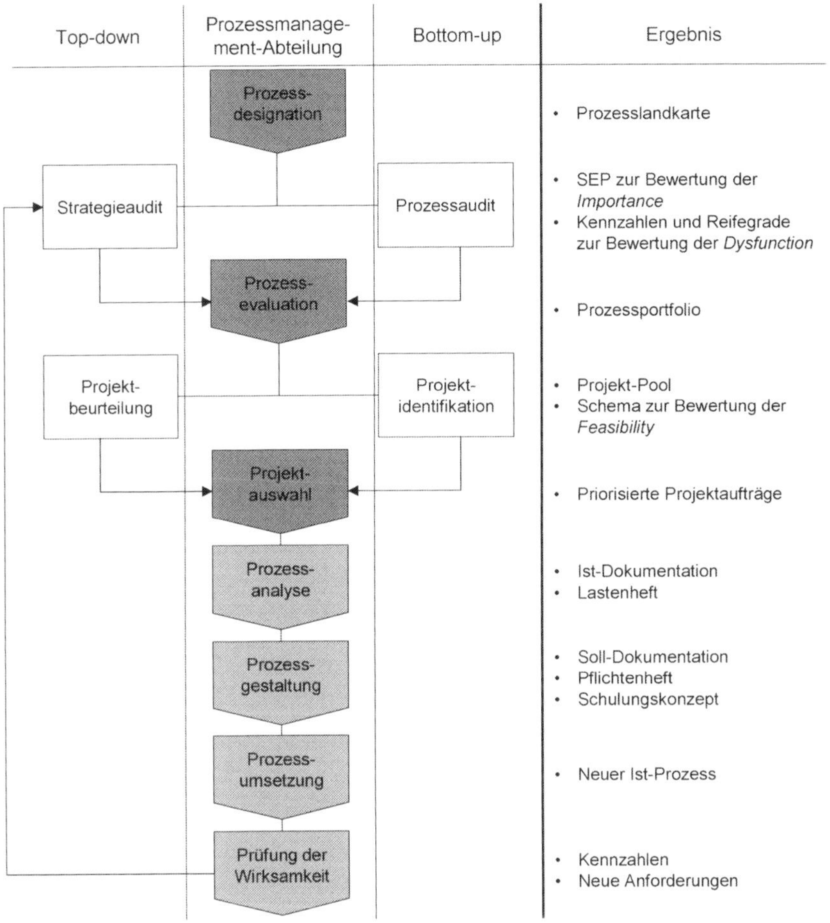

Abbildung 6-12: Konzept für die Verknüpfung von Top-Down und Bottom-Up

Aufbauend auf den vorherigen Ausführungen und den Inhalten aus Kapitel 2 und 3.4 werden nachfolgend die Ergänzungen und Anpassungen von MOTION für einen dauerhaften Einsatz im Rahmen des GPMS vorgestellt. Im Einzelnen wird hierfür auf eine den Anforderungen genügende Prozesslandkarte, die Modifizierung des Strategieaudits, die Beurteilung der Prozesse und die Priorisierung der Prozesse für die Optimierung eingegangen.

Prozesslandkarte

Die Prozesslandkarte setzt sich zusammen aus Management-, Kern- und Unterstützungsprozessen. Kernprozesse können zur besseren Übersichtlichkeit in der Prozesslandkarte entsprechend ihrer Reihenfolge in der Wertschöpfungskette positioniert werden. Kunden-Lieferanten-Beziehungen zwischen Geschäftsprozessen sind durch Pfeile anzuzeigen. Eine Anlehnung der Prozesslandkarte an die Funktionen im Unternehmen sollte vermieden werden. Ansonsten wird hierdurch das Denken und Handeln in funktionalen Strukturen begünstigt.[546] An die Forderung nach der Berücksichtigung aller relevanten Stakeholder anknüpfend, werden vor- und nachgelagerte Lieferanten- und Kundenprozesse ebenfalls auf der Prozesslandkarte dargestellt und die Wechselwirkungen mit den Geschäftsprozessen des Unternehmens dargestellt.[547] Während von dieser Ergänzung maßgeblich Kernprozesse betroffen sind, so können auch Stakeholder ausgemacht werden, die auf Management- und Unterstützungsprozesse wirken. Die Strategieentwicklung und -planung betrachtet idealerweise alle Aspekte von Umwelt und Innenleben eines Unternehmens von einer Meta-Ebene aus. Besonders prägend sind nach wie vor aber die Anteilseigner, der Vorstand und die Wettbewerber am Markt. Unterstützungsprozesse weisen Kontaktstellen zum Arbeits- und Finanzmarkt sowie zum Gesetzgeber auf (vgl. Abbildung 6-13).

[546] Vgl. Rüegg-Stürm (2005): St. Gallen management model, S. 53; Vom Brocke und Rosemann (2014): Handbook on Business Process 2, S. 64

[547] Vgl. Vom Brocke und Rosemann (2014): Handbook on Business Process 1, S. 12

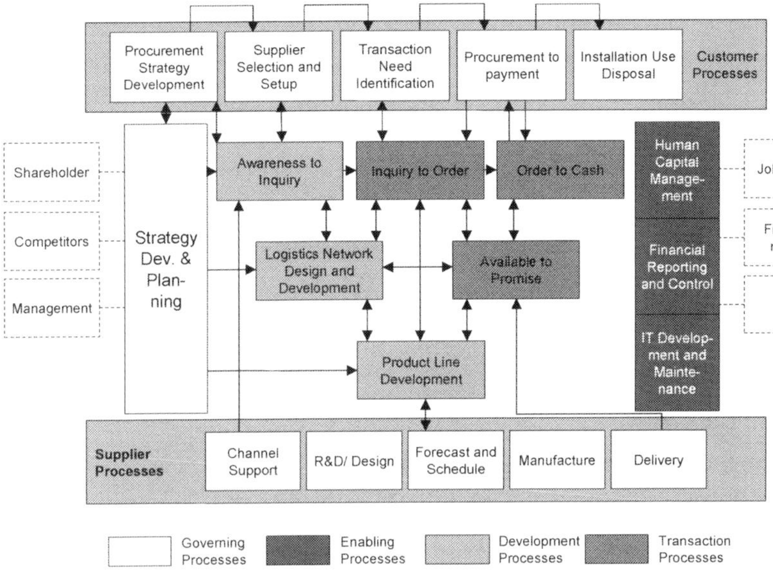

Abbildung 6-13: Erweiterung von Hammers Enterprise Process Modell[548]

Basierend auf der vorgestellten Prozesslandkarte kann ein Prozessmodell aufgebaut werden, das die Geschäftsprozesse über mehrere Ebenen detailliert. Die Prozesslandkarte ist der zentrale Bezugspunkt für alle prozessorientierten Veränderungsprojekte.

Modifizierung des Strategieaudits

Die im Strategieaudit nach MOTION verwendeten SEP bleiben in ihrem Bezug auf Kunden und Wettbewerber beschränkt. Der facettenreichen Strategie eines modernen Unternehmens wird damit nur bedingt Rechnung getragen. Insbesondere die Automobilzulieferer sehen sich beispielsweise gezwungen, eine eigene Personalstrategie zu formulieren. Weil sie nur selten direkten Kontakt zum Endkunden haben,

548 In Anlehnung an Hammer (2014): What is BPM, S. 13

bleiben sie namentlich relativ unbekannt.[549] Zusammen mit einem starken Wachstum ergibt sich daraus eine Problematik bei der Rekrutierung neuer Mitarbeiter.[550]

Im modifizierten Strategieaudit sind die SEP auf weitere Anspruchsgruppen (zum Beispiel Mitarbeiter, Lieferanten und Gesetzgeber) bezogen. Für die Identifikation der relevanten Anspruchsgruppen kann auf die zuvor erstellte Prozesslandkarte zurückgegriffen werden. Für die Anspruchsgruppen werden im Strategieaudit angestrebte Ziele entworfen, aus denen konkrete Erfolgspositionen abgeleitet werden können. Im Rahmen der Personalstrategie könnte das Ziel formuliert werden, sich als einer der attraktivsten Arbeitgeber der Branche zu etablieren. Mögliche Mittel zu dessen Erreichung wären die Einführung einer flexiblen Arbeitszeitregelung, die Unterstützung der Vereinbarkeit von Familie und Karriere oder die regelmäßige Ermöglichung von Fortbildungsmaßnahmen. Außerdem könnte angestrebt werden, die Rekrutierung und Einarbeitung neuer Mitarbeiter bestmöglich zu gestalten.

Beurteilung der Prozesse

Parallel zum Strategieaudit erfolgt die Evaluation der Prozesse nach den drei Kriterien Importance, Dysfunction und Feasibility. Die Importance bewertet die strategische Relevanz von jedem Prozess und empfiehlt für das aktive Prozessmanagement solche Prozesse, die in der engsten Beziehung zu den strategischen Zielen einer Organisation stehen. Die Dysfunction schätzt die generelle Gesundheit der Prozesse ein und bestimmt die mit den größten Schwierigkeiten und folglich dem größten Verbesserungspotenzial. Die Feasibility sagt aus, wie empfänglich ein Prozess für Aktivitäten des Prozessmanagements ist. Hürden liegen meist in der Prozesskultur begründet und eine geringe Veränderungsbereitschaft kann sich daraus ergeben, dass ein Prozess vor kurzem erst verändert wurde oder aktuell im Begriff einer Umgestaltung ist.[551]

549 Vgl. Wallentowitz et al. (2009b): Strategien in der Automobilindustrie, S. 37 f.
550 Vgl. MBtech Consulting GmbH (2012): Trend Monitor 2012, S. 5
551 Vgl. Dumas et al. (2013): Fundamentals of BPM, S. 38

Bei der Mehrheit der vorhandenen Konzepte werden die Prozesse mithilfe eines zweiachsigen Diagramms oder einer zweidimensionalen Matrix evaluiert.[552] Der Business Value Score nimmt unter den Konzepten eine Sonderstellung ein, da er aus mehreren Dimensionen ein eindimensionales Endergebnis aggregiert.[553] Die Benennung der Diagrammachsen beziehungsweise der Zeilen und Spalten der Matrix ist stets auf die Messung eines der drei oben genannten Kriterien ausgerichtet. Auffällig ist, dass kein Konzept eine Messgröße für die Feasibility vorschlägt. Zur Beurteilung der Importance soll das Kompetenzportfolio nach DEFLORIN und FRIEDLI verwendet werden. DEFLORIN und FRIEDLI entwickeln das Prozessportfolio aus MOTION weiter.[554] Strategieüberlegungen werden weiterhin auf Basis von SEP durchgeführt. Die Transition der Strategie ins Prozessmanagement erfolgt in drei Schritten. Zunächst werden die Prozesse gemäß Effizienz und Effektivität im Vergleich zum besten Wettbewerber in ein Prozessportfolio eingetragen. Im zweiten Schritt erfolgt eine Priorisierung der Prozesse im Hinblick darauf, ob sie für die Erreichung der festgelegten SEP eine zentrale Rolle spielen. Im Kompetenzportfolio werden Wettbewerbsposition und Strategierelevanz schließlich zusammengeführt (vgl. Abbildung 6-14).

---

552 Vgl. Schuh (1998): MOTION-Change Management, Deflorin und Friedli (2007): Der Fall Alu Menziken Extrusion, S. 113 ff., Achsenbenennung im Sinne der Salience Worth Matrix in Keen (1997): The process edge, S. 25 ff., Burlton (2014): Delivering Business Strategy, S. 45 ff., Hardaker und Ward (1987): Getting Things Done, S. 112

553 Vgl. Bandara et al. (2014): Prioritizing Process Improvement, S. 289 ff.

554 Vgl. Deflorin und Friedli (2007): Der Fall Alu Menziken Extrusion, S. 113 ff.

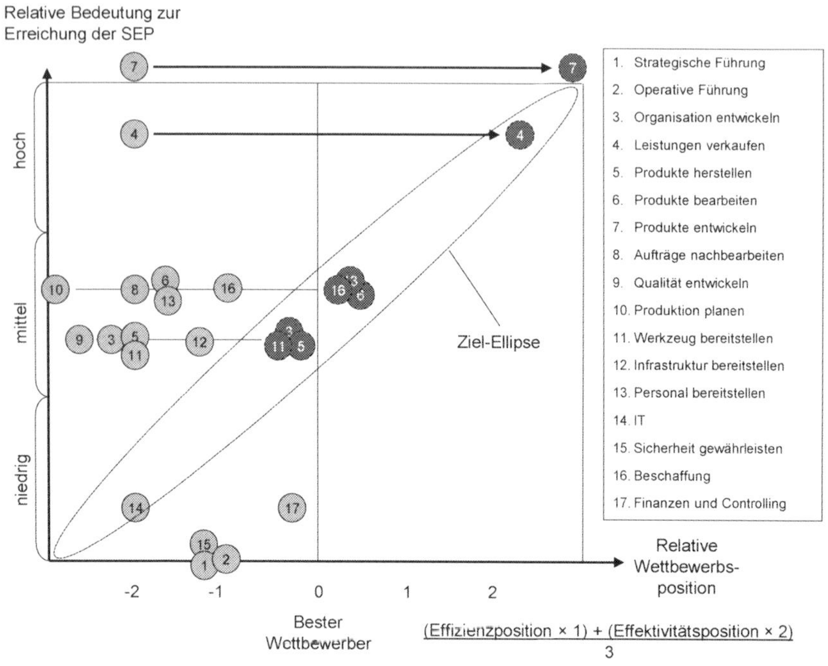

Abbildung 6-14: Kompetenzportfolio mit Ziel-Ellipse[555]

Die Wettbewerbsposition setzt sich zu einem Drittel aus der Effizienz und zu zwei Dritteln aus der Effektivität eines Prozesses zusammen.[556] In der Strategierelevanz wird berücksichtigt, inwieweit ein Prozess einen direkten und nachhaltig positiven Einfluss auf eine oder mehrere SEP hat. Essenzielle SEP einer Strategie können dabei doppelt gewichtet werden. Dem Kompetenzportfolio liegt die Überlegung zugrunde, dass strategisch zentrale Prozesse eine ausreichend gute Wettbewerbsposition haben sollten. Die Soll-Positionen für die Prozesse sind daher innerhalb einer Ziel-Ellipse anzusiedeln. Für die Priorisierung wird die Differenz zwischen Ist-Position und Soll-Position herangezogen. Je größer das Delta, desto intensiver muss an der Weiterentwicklung des Prozesses gearbeitet werden. Zentrales Argument für die Wahl dieses Bewertungsschemas ist die Konsistenz mit dem Strategieaudit. Die Strategi-

555 In Anlehnung an Deflorin und Friedli (2007): Der Fall Alu Menziken Extrusion, S. 150
556 Vgl. Deflorin und Friedli (2007): Der Fall Alu Menziken Extrusion, S. 148

schen Erfolgspositionen als ein wertvolles Ergebnis des Strategieaudits können unmittelbar zur Prozessbewertung genutzt werden. Gegenüber der subjektiven Salience in der Process Worth Matrix besticht diese Bewertung durch ihre Transparenz, gegenüber dem Process Quality Management überzeugt sie durch eine differenzierte Gewichtung der SEP.

Insgesamt stehen drei Perspektiven für die Bewertung der Fähigkeit eines Prozesses beziehungsweise dessen Dysfunction zur Verfügung. Nach innen gerichtet können KPIs bezüglich Qualität, Zeit und Kosten gemessen werden. Nach außen gerichtet kann die effektive Stiftung von Kundennutzen erfasst werden. Und für die Einschätzung der dynamischen Fähigkeiten[557] wird das beschriebene Reifegradmodell nach SCHMELZER und SESSELMANN herangezogen. Das genaue Vorgehen und eine eventuelle Gewichtung der Perspektiven sind unternehmensspezifisch festzulegen.

Priorisierung der Prozesse

Im vorigen Abschnitt wurden die Prozessbeurteilungskriterien Importance, Dysfunction und Feasibility beschrieben. Idealerweise fließen alle drei in die Priorisierung von Prozessmanagementaktivitäten mit ein.

Die gewichtete Addition der Erfüllungsgrade der einzelnen Kriterien stellt eine pragmatische Lösungsmöglichkeit dar.[558] Eine eindimensionale Punktzahl wäre für die eindeutige Sortierung ideal. Damit wird jedoch eine Objektivität suggeriert, die so nicht gegeben ist. Über eine Änderung der Gewichtungen könnten beinahe beliebige Handlungsempfehlungen generiert werden. Die Erweiterung der vorgestellten zweidimensionalen Diagramme um eine dritte Achse wäre konsequent und ebenso unpraktisch, sowohl die Visualisierung, als auch die anschließende Analyse betreffend. Eine gleichzeitige Darstellung der drei Komponenten ist nicht notwendig, wenn der Priorisierungsprozess in zwei Phasen aufgeteilt wird. Bedeutung und Verbesserungspotenzial sind maßgeblich für die Entscheidung, welche Prozesse optimiert werden müssen. Die Umsetzbarkeit innerhalb der Organisation kann

557 Vgl. zum Begriff der dynamischen Fähigkeiten Niehaves et al. (2014): BPM capability development - a matter of contingencies, S. 92

558 Vgl. Snabe (2009): Business Process Management, S. 191 ff.

nachgelagert überprüft werden. Entsprechend gehen Importance und Dysfunction in die erste Phase ein, die Feasibility wird erst in der zweiten Phase hinzugezogen.

Nachdem die erforderlichen Strukturen für das GPMS unter Berücksichtigung der gewählten Positionierung und der im Unternehmen vorhandenen Strukturen konzipiert worden sind, gilt es die neuen Strukturen für das GPMS im Unternehmen umzusetzen.

6.4 Phase der Veränderung

Während die Inhalte der vorherigen Phasen eher konzeptionellen Charakter hatten, geht es nun darum, die vorher entworfenen Konzepte im Unternehmen einzuführen. Die Phase der Veränderung beinhaltet dementsprechend das hierfür erforderliche Change Management und die Gestaltung der Wandelorganisation. Die Inhalte der Phase und deren Zuordnung zu den Unterkapiteln sind der nachfolgenden Abbildung 6-15 zu entnehmen.

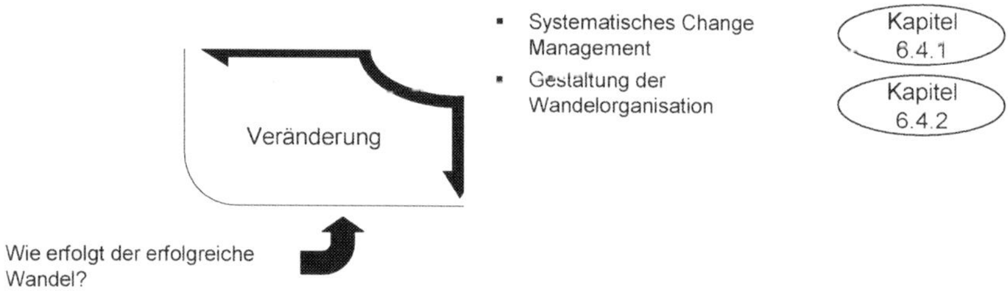

Abbildung 6-15: Detaillierung der Inhalte der Phase der Veränderung

6.4.1 Systematisches Change Management

Die Etablierung eines Geschäftsprozessmanagementsystems bedeutet für das gesamte Unternehmen meist eine erhebliche Veränderung bestehender Strukturen. Die Fähigkeit, diese Veränderung effektiv zu managen und zu führen, ist dabei ein kritischer Erfolgsfaktor. Bei der Bewertung der vorhandenen Konzepte wurde festgestellt, dass diese das Change Management bei der Einführung von Prozessorientierung im Unternehmen bereits umfangreich berücksichtigen. Es werden daher an dieser Stelle nur kurz die etablierten Ansätze des Change Managements mit den für diese Arbeit wichtigen Ansätzen vorgestellt.

Das Change Management beschreibt die Wandlung einer Organisation von einem gegenwärtigen Zustand zu einem gewünschten zukünftigen Zustand. Es umfasst alle Maßnahmen, Aufgaben und Tätigkeiten in einer Organisation, die erforderlich sind, um umfassende funktionsübergreifende und inhaltlich weitreichende Veränderungen in Strategien, Strukturen, Systemen, Prozessen und Verhaltensmustern zu initiieren und durchzuführen. Das zentrale Anliegen des Change Managements ist es, die Bereitschaft für Veränderungen in der Organisation zu fördern. Das Verständnis und die Akzeptanz bei den Mitarbeitern sind wesentliche Elemente.[559]

Dementsprechend beinhaltet das Change Management keine inhaltliche Definition eines erwünschten Zielzustandes und Methoden zur Zielplanung, sondern vielmehr die optimale Gestaltung des Wegs zum Ziel. Dabei setzen die zum Change Management gehörenden Methoden primär an Individuen, Unternehmensstrukturen und der Unternehmenskultur an.[560]

Die Hauptursache für das Scheitern von Veränderungsvorhaben ist der Widerstand der Mitarbeiter. Diese Widerstände beruhen oftmals nicht auf rationalen Gründen, sondern sind vielmehr psychologische Abwehrreaktionen. Mögliche Gründe können dafür eine generelle Ablehnung des zunächst Fremden, Freiheitsverlust oder kommunikative Missverständnisse sein. Der Widerstand kann vom direkten Widerspruch bis hin zur Kündigung reichen. Deutlich problematischer als die Widerstände an sich ist meist der falsche Umgang mit den Widerständen. Widerstände von Mitarbeitern sollten ernst genommen und bei der Konzipierung des GPMS berücksichtigt werden. Harte disziplinarische Maßnahmen sollten nur im absoluten Ausnahmefall angegangen werden, da diese eine eher kontraproduktive Wirkung entfalten.[561]

Der hohe Einfluss der menschlichen Komponente führt dazu, dass Veränderungsvorhaben stets individuell konzipiert werden müssen. Eine weitere Voraussetzung für den Erfolg des Vorhabens ist die professionelle, ganzheitliche Planung des

---

[559] Vgl. Gattermeyer (2001): Change-Management und Unternehmenserfolg, S. 14 f.
[560] Vgl. Lauer (2010): Change Management, S. 3 f.
[561] Vgl. Lauer (2010): Change Management, S. 41 ff.

Veränderungsprojekts. Sie verhindert einen Bruch zwischen Konzeption und Umsetzung und legt die notwendige Dramaturgie des Wandels fest.[562]

Um verstehen zu können warum manche Unternehmen Veränderungsprojekte erfolgreicher umsetzten als andere, ist der Verlauf effektiver Veränderungsbemühungen zu betrachten.[563] Das in diesem Zusammenhang am meisten genutzte Modell ist das Drei-Phasen-Modell der Veränderung nach LEWIN.[564]

Die erste Phase wird als „Unfreezing" bezeichnet. Der Zustand der Organisation kann als quasi-statisches Gleichgewicht zwischen zwei gegensätzlichen Kräften beschrieben werden, zwischen akzelerierenden Kräften, die auf einen Wandel drängen und retardierenden Kräften, die sich gegen einen Wandel richten.[565] In der ersten Phase geht es darum, ein Bewusstsein für die Notwendigkeit der Veränderung herzustellen und die Beteiligten auf die Veränderung vorzubereiten.[566] Das Erzeugen von Veränderungsbereitschaft ist die Voraussetzung um alte Gewohnheiten, Verhaltensweisen und Denkweisen zu verwerfen.[567] Die zweite Phase ist die „Changing" Phase. Sie umfasst die eigentliche Veränderungsarbeit.[568] Neue Strategien, Strukturen und Systeme werden geschaffen und neue Verhaltensweisen und Arbeitsweisen entstehen.[569] Zuletzt ist es die Aufgabe der dritten Phase die Veränderung zu festigen, sie wieder „einzufrieren" (Refreezing). Nach der vollzogenen Veränderung geht es um die Stabilisierung der Organisation, indem die retardierenden und akzelerierenden Kräfte in ein neues Gleichgewicht gebracht werden.[570] Neue Gewohnheiten, Verhaltensweisen und Denkweisen sind in das Tagesgeschäft integriert. Die Organisation muss an diesem Punkt sicherstellen, dass die Mitarbeiter nicht in alte Gewohnheiten zurückfallen.[571]

Der Erfolg von Veränderungsvorhaben hängt weiterhin von einer Reihe kritischer Erfolgsfaktoren ab. Ein Ansatz zur Strukturierung der kritischen Erfolgsfaktoren

---

562 Vgl. Schuh (2006): Change Management, S. 105
563 Vgl. Kotter und Cohen (2002): The heart of change, S. 3 f.
564 Vgl. Fritzenschaft (2014): success factors change management, S. 25
565 Vgl. Lauer (2010): Change Management, S. 55
566 Vgl. Fritzenschaft (2014): success factors change management, S. 27
567 Vgl. Senior und Fleming (2006): Organizational change, S. 349
568 Vgl. Lauer (2010): Change Management, S. 58
569 Vgl. Senior und Fleming (2006): Organizational change, S. 349
570 Vgl. Lauer (2010): Change Management, S. 58
571 Vgl. Senior und Fleming (2006): Organizational change, S. 350

stammt von JOHN KOTTER. KOTTER identifiziert acht Schritte, die die Chance einer erfolgreichen Implementierung eines Veränderungsvorhabens erhöhen (vgl. Abbildung 6-16).[572]

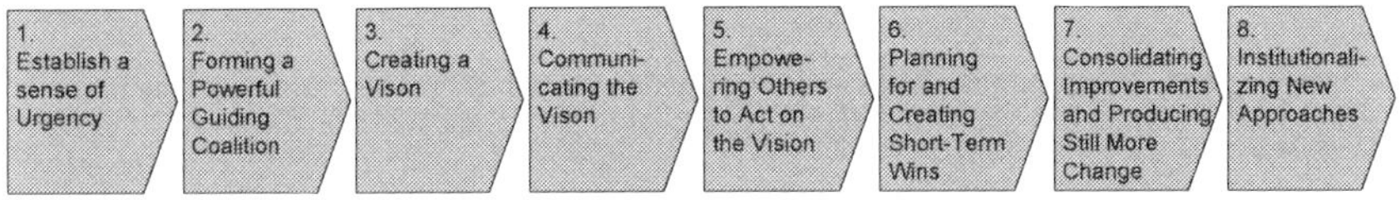

Abbildung 6-16: Acht Schritte einer erfolgreichen Veränderung nach KOTTER[573]

Diese Erfolgsfaktoren wurden an verschiedenen Stellen bei der Erstellung des vorliegenden Konzeptes berücksichtigt. So wurde beispielsweise im Rahmen der Initiierung der Bedarf für den Wandel dokumentiert und für die interne Kommunikation aufbereitet. Es wurde eine abteilungsübergreifende Projektorganisation, mit hochrangig besetztem Steering Committee gegründet und es wurde eine Ausrichtung des GPMS an der Vision des Unternehmens postuliert. Außerdem wurde ein Rollenkonzept vorgestellt und die Durchführung von Pilotprojekten für Quick Wins vorgeschlagen.

6.4.2 Gestaltung der Wandelorganisation

Der Wandelprozess zur Etablierung einer Prozessorientierung im Unternehmen kann in Anlehnung an MÜLLER-STEWENS und LECHNER über fünf Phasen beschrieben werden (vgl. Abbildung 6-17).

---

572 Vgl. Fritzenschaft (2014): success factors change management, S. 40 ff.
573 In Anlehnung an Kotter und Cohen (2002): The heart of change, S. 4 ff.

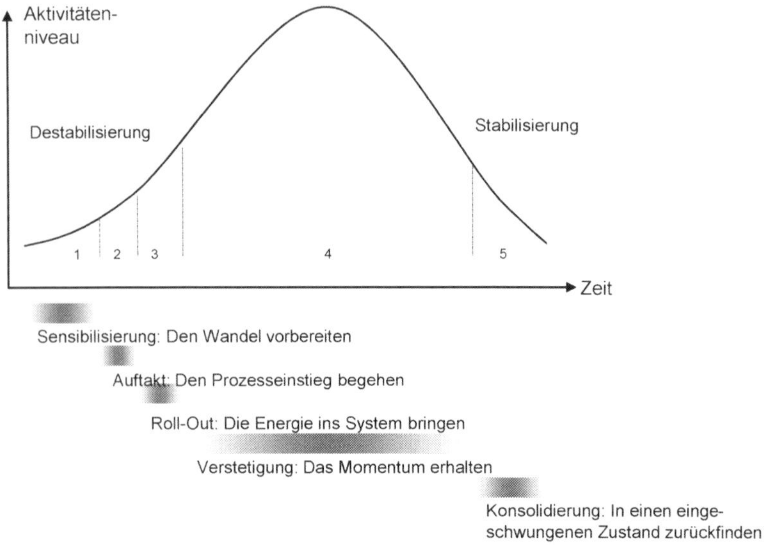

Abbildung 6-17: Das 5-Phasen-Modell[574]

Phase 1 - Sensibilisierung

Im Zentrum dieser ersten Phase steht die Sensibilisierung der Organisation für die Gründe des Wandels und die Entwicklung eines Bewusstseins über den Inhalt eines GPMS. Viele der Punkte in der Sensibilisierung, wie zum Beispiel eine Einschätzung der Stakeholder, wurden bereits in den vorgelagerten Phasen des Einführungsprozesses behandelt. Zur Vorbereitung des Wandels gehört weiterhin, sofern es nicht bereits zuvor geschehen ist, die Entwicklung eines Grobkonzepts für den Einführungsprozess. Es empfiehlt sich dabei keine genaue Feinplanung vorzunehmen, der Fokus sollte auf der Entwicklung von Meilensteinen und Projektstrukturen liegen.[575]

Nach KOTTER steht an erster Stelle einer erfolgreichen Veränderung der Aufbau eines „Gefühls der Dringlichkeit“ für den Wandel im Unternehmen.[576] Es gilt möglichst allen Beteiligten aufzuzeigen, dass ein Wandel für ein langfristig erfolgrei-

---

[574] In Anlehnung an Müller-Stewens und Lechner (2011): Strategisches Management, S. 500
[575] Vgl. Müller-Stewens und Lechner (2011): Strategisches Management, S. 201 und S. 503
[576] Vgl. Kotter und Cohen (2002): The heart of change, S. 15

ches Arbeiten unbedingt notwendig ist.[577] Dies stellt auch den Ausgangspunkt für eine umfassende Kommunikation über das Projekt im Unternehmen dar. Für die Kommunikation empfiehlt sich die Ausarbeitung eines Kommunikationsplans.

Phase 2 - Auftakt

In der zweiten Phase wird der Einführungsprozess offiziell gestartet.[578] Dies beinhaltet unter anderem das Einrichten einer Wandelorganisation.[579] Auch für KOTTER ist der Aufbau eines führenden Teams im Wandel der zweite Schritt in einer erfolgreichen Veränderung.[580] Zusätzlich erfolgt in der zweiten Phase die Information der gesamten Organisation über den Ablauf der Einführung und die Inhalte des GPMS.

Phase 3 und 4 – Roll-Out und Verstetigung

In der dritten und vierten Phase werden die Aufbau- und Ablauforganisation des Prozessmanagements pilotiert und eingeführt.[581] Im Zentrum dieser Phase stehen daher die Destabilisierung und das Aufbrechen bestehender Strukturen und Orientierungsrahmen damit die Organisation den Anforderungen aus dem GPMS angepasst werden kann. Zu beachten ist dabei, dass eine solche Veränderung nicht nur Unterstützer findet, sondern auch zwangsläufig Widerstände hervorrufen wird.[582] Um diese Widerstände zu überwinden gilt es alle Beteiligten über eine breite Kommunikation zu erreichen, offen gegenüber kritischen Punkten zu sein und vor allem alle Beteiligten von der Vision, die mit dem GPMS verknüpft ist, zu überzeugen und sie dazu zu bringen, für das Erreichen dieser Vision zu arbeiten.[583] Ein wichtiger Punkt ist dabei, alle betroffenen Mitarbeiter einzubeziehen und sie über Prozessschulungen mit den Methoden des Prozessmanagements vertraut zu machen.

Eine flächendeckende Optimierung der Prozesse ist im Einführungsprozess des GPMS nicht vorgesehen. Es sollten einige wenige Pilotprojekte für eine Optimierung ausgewählt werden, um den Nutzen eines GPMS aufzuzeigen.

---

[577] Vgl. Kotter und Cohen (2002): The heart of change, S. 36
[578] Vgl. Müller-Stewens und Lechner (2011): Strategisches Management, S. 504
[579] Vgl. zur Wandelprojektorganisation die Ausführungen in Kapitel 6.1.2
[580] Vgl. Kotter und Cohen (2002): The heart of change, S. 37
[581] Vgl. Schmelzer und Sesselmann (2013): Geschäftsprozessmanagement in der Praxis, S. 569
[582] Vgl. Müller-Stewens und Lechner (2011): Strategisches Management, S. 509 ff.
[583] Vgl. Kotter und Cohen (2002): The heart of change, S. 83

Phase 5 – Konsolidierung

In der letzten Phase geht es darum, den Einführungsprozess abzuschließen und das GPMS ins Tagesgeschäft zu integrieren.[584] Zu diesem Zeitpunkt sind alle wichtigen Prozesse des Unternehmens modelliert und dokumentiert und mit Verantwortlichkeiten versehen. Die grundlegende Umstrukturierung des Unternehmens ist abgeschlossen. Die Wandelorganisation wird in eine bestehende Organisation überführt. Das GPMS ist vollständig im Unternehmen etabliert und es findet eine kontinuierliche Prozessverbesserung statt.

6.5 Performance Messung

Die Performance-Messung erfolgt parallel zu den anderen Phasen (Initiierung, Positionierung, Wertschöpfung, Veränderung). Für die Beurteilung der Güte der Prozesse und der Organisation wird jeweils ein Reifegradmanagement eingeführt. Im Reifegradmanagement ist die Definition von Kennzahlen für Prozesse als ein entscheidendes Kriterium enthalten. Auf diese Process Performance Indikatoren wird im Rahmen dieser Phase eingegangen. Die Inhalte der Phase und deren Zuordnung zu den Unterkapiteln sind der nachfolgenden Abbildung 6-18 zu entnehmen.

[584] Vgl. Müller-Stewens und Lechner (2011): Strategisches Management, S. 521

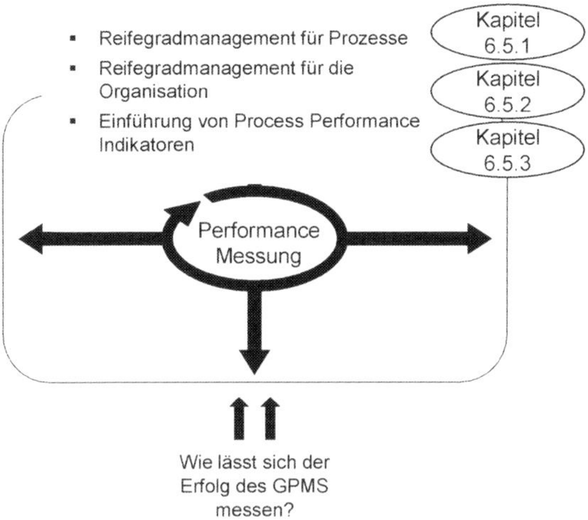

Abbildung 6-18: Detaillierung der Inhalte der Performance Messung

Die Aufgabe der Performance Messung ist es, umfassend und rechtzeitig über den Verlauf des Einführungsprozesses des GPMS zu informieren. Das kontinuierliche Überprüfen des Fortschrittes in Bezug auf die gesetzten Ziele und Abweichungen von der beabsichtigten Strategie sichert die Akzeptanz und Unterstützung von Management und Mitarbeitern. Werden die Zielvorgaben in diesem Zusammenhang noch mit einem Entlohnungssystem verknüpft, steigen Motivation und Einsatz zusätzlich. Es lassen sich über die Performance-Messung falsche Annahmen und schlechte Entscheidungen frühzeitig erkennen und die Strategie für die Einführung kann entsprechend angepasst werden.[585]

6.5.1 Reifegradmanagement für die Prozesse

Der Messung von Reifegraden liegt die Hypothese zugrunde, dass ein höherer Reifegrad auch zu einer höheren Leistung führt. Wie in Kapitel 2.4.3 erläutert, soll in dieser Arbeit das vollständige GPM-Modell (RGP- und RGPM-Modell) verwendet werden. Für die Performance-Messung in der Einführung sollte ein Modell gewählt

585 Vgl. Müller-Stewens und Lechner (2011): Strategisches Management, S. 587

werden, das auch als Grundlage für die Überprüfung der Leistung der Geschäftsprozesse im etablierten GPMS dienen kann. Dieses Kriterium erfüllen sowohl des RGP- als auch das RGPM-Modell.

Entsprechend der vorigen Ausführungen kann ein Unternehmen sich langfristig erfolgreich vom Wettbewerb differenzieren, wenn das gesamte Geschäftsprozessmanagementsystem einen hohen Reifegrad aufweist und nicht nur einzelne Geschäftsprozesse. Somit müssen die beiden Reifegradmodelle für Organisation und Prozesse zusammenhängend betrachtet werden. Da Prozessmanagementaktivitäten häufig auf mehreren Reifegradstufen parallel ansetzen, werden die definierten Reifegrade gleichzeitig und unabhängig voneinander bewertet. Die Reifegrade finden Eingang in die Roadmap zur Einführung der Prozessorientierung in Form von Zielwerten. Auf diese Weise werden die Reifegrade für die Zielformulierung und Überprüfung der Zielerreichung bei der Einführung des GPMS verwendet.

In Ergänzung zu den von SCHMELZER und SESSELMANN beschriebenen Kriterien für die Reifegrade von Prozessen (vgl. Kapitel 2 und Abbildung 2-23) werden auf Basis von Projekterfahrungen des Autors folgende weitere Kriterien für das Reifegradmodell der Arbeit verwendet (vgl. Abbildung 6-19):

Im Rahmen der Prozessdefinition (Stufe 1) gilt es zunächst Process-One-Pager zu erstellen. Diese beinhalten alle Basisinformationen bezüglich des Prozesses in übersichtlicher und standardisierter Form. Für die Prozessbeschreibung hat sich ein weiteres Kriterium als sehr nützlich erwiesen, nämlich die Beurteilung, ob es sich um einen repetitiven oder nicht repetitiven Prozess handelt. Hierauf aufbauend sollte beispielsweise bei der Definition von Kennzahlen und Zielen anders verfahren werden. Neben den Prozessschritten werden auf den One-Pagern auch bereits Verantwortlichkeiten des Prozesses dokumentiert (Stufe 2). Bei der Prozesszielplanung (Stufe 3) sollten die drei wichtigsten Anforderungen des Kunden ergänzt werden. Hier ist die direkte Kommunikation mit dem Kunden des Prozesses anzustreben. Neben dieser eher qualitativen Beschreibung der Kundenanforderungen sollten an dieser Stelle auch Process Performance Indikatoren (PPI) definiert werden. Für die erfolgreiche Prozesssteuerung (Stufe 4) ist es dann entscheidend, die Process Performance Indikatoren mit den Key Performance Indikatoren (KPI) der Aufbauorganisation zu verknüpfen. Für die Definition von Prozesszielen und die Steuerung der Prozesse sollten außerdem Service Level Agreements mit dem Kunden vereinbart werden. Beispielsweise seien hier Verfügbarkeit, Zuverlässigkeit,

Antwortzeit und Bearbeitungszeit genannt. Für die Optimierung, Steuerung und Zielplanung ist es außerdem hilfreich, eine Prozessvision zu formulieren. Das Reifegradmodell für Prozesse nach SCHMELZER und SESSELMANN mit den wesentlichen Ergänzungen ist in Abbildung 6-19 dargestellt.

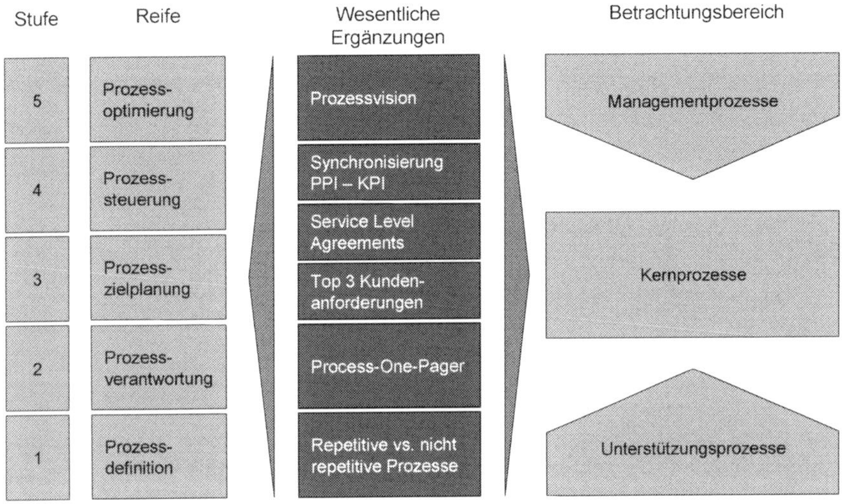

Abbildung 6-19: Reifegradmodell für Geschäftsprozesse mit Ergänzungen[586]

Die Entwicklung der Geschäftsprozesse hin zu einer hohen Reife wird über eine prozessorientierte Organisation ermöglicht. Hierfür hat die Organisation gewisse Kriterien zu erfüllen, die sich ebenfalls in einem Reifegradmodell abbilden lassen.

6.5.2 Reifegradmanagement für die Organisation

In Ergänzung zu den von SCHMELZER und SESSELMANN beschriebenen Kriterien für die Reifegrade einer Organisation beziehungsweise eine GPMS (vgl. Kapitel 2 und Abbildung 2-22) werden auf Basis von Projekterfahrungen des Autors folgende weitere Kriterien für das Reifegradmodell der Arbeit verwendet (vgl. Abbildung 6-20):

586 In Anlehnung an Schmelzer und Sesselmann (2013): Geschäftsprozessmanagement in der Praxis, S. 376

Stufe 3 (Defined) hat konkret eine Prozesslandkarte, die auf Führungsebene abgestimmt wurde zum Inhalt. Die Prozesslandkarte sollte von der aufbauorganisatorischen Funktionsorientierung losgelöst sein und End-to-End-Prozesse beinhalten. Bei der Stufe 4 (Managed) wird ein regelmäßiger, strukturierter Austausch zwischen den Prozessverantwortlichen etabliert und durch die Stabsstelle gesteuert. Dort werden Erfahrungen und Best Practices ausgetauscht. Hiermit verknüpft sollten nach einem definierten Vorgehen Prämierungen für herausragende Prozessoptimierungen erfolgen. Das Management der Prozesse sollte ferner ein aktives Reifegradmanagement beinhalten. Neben gesunder Konkurrenz über aktive Kommunikation auf Geschäftsführungsebene hat hier auch eine Anleitung der Prozessverantwortlichen zur Erreichung der Reifegrade zu erfolgen. Schließlich sollte die Stufe 4 die beschriebene Synchronisierung von GPM, QMS und Lean-Management-System (LMS) abdecken. Auf Stufe 5 (Optimizing) sollten Zielvereinbarungen für Prozesse auf Ebene 1 der Prozesslandkarte erfolgen und von dort heruntergebrochen werden.

Das Reifegradmodell für das GPMS nach SCHMELZER und SESSELMANN mit den wesentlichen Ergänzungen ist in Abbildung 6-20 dargestellt.

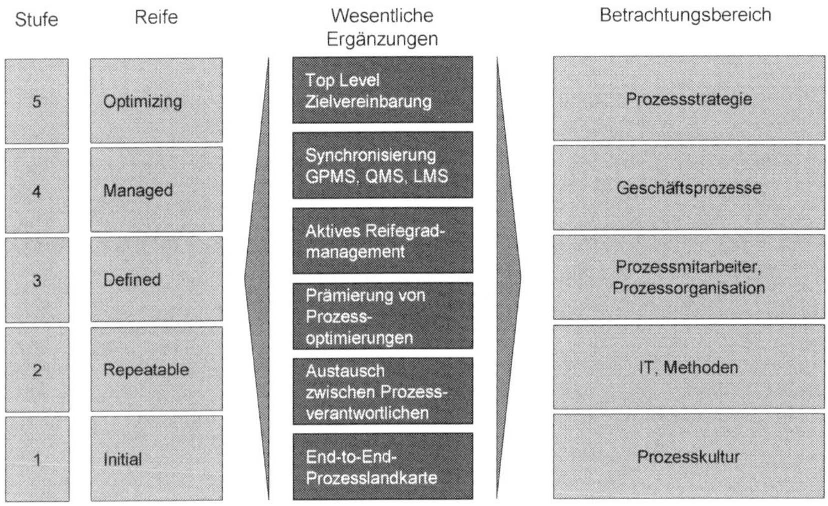

Abbildung 6-20: Reifegradmodell für GPMS mit Ergänzungen[587]

6.5.3 Einführung von Prozess Performance Indikatoren

Die Prozess Performance Indikatoren (PPI) sollten von den Zielen des GPMS, die in der Positionierung definiert wurden, abgeleitet werden. Der Fokus liegt dabei auf kundenbezogenen Kennzahlen wie Kundenzufriedenheit, Prozesszeit, Termintreue, Prozessqualität und Prozesskosten.[588] SNABE ET AL. entwickeln die PPIs über fünf Schritte aus der Unternehmensstrategie (vgl. Kapitel 3.5 und die nachfolgende Abbildung 6-21).

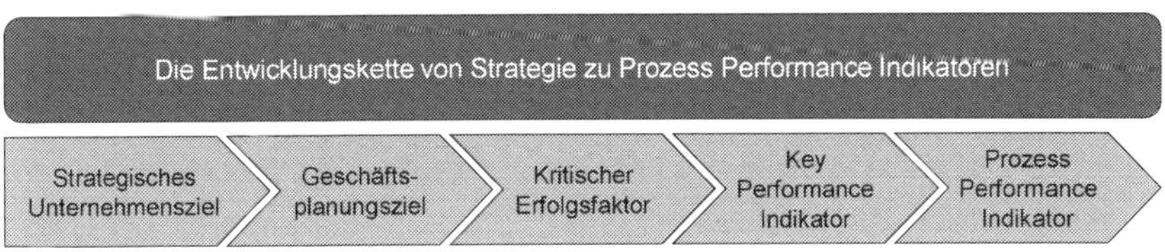

Abbildung 6-21: Von strategischen Zielen zu PPIs[589]

[587] In Anlehnung an Schmelzer und Sesselmann (2013): Geschäftsprozessmanagement in der Praxis, S. 377
[588] Vgl. Schmelzer und Sesselmann (2013): Geschäftsprozessmanagement in der Praxis, S. 563
[589] In Anlehnung an Snabe (2009): Business Process Management, S. 126

Zusätzlich ist bei den Zielvorgaben zu beachten, dass die Kennzahlen nicht einheitlich für alle Geschäftsprozesse definiert werden, sondern sich von der aktuellen Situation der einzelnen Geschäftsprozesse ableiten.

7 Anwendung und Reflexion der Ergebnisse

Der Anspruch praxisorientierter Forschung ist es, bei der Lösung praktischer Probleme zu unterstützen.[590] Daher sieht der im Kapitel 1 vorgestellte Forschungsprozess nach ULRICH eine Validierung der Forschungsergebnisse in der Praxis vor.[591] Dieses Kapitel beschreibt dementsprechend die Überprüfung des entwickelten Konzepts zur strategischen Ausrichtung von Geschäftsprozessmanagementsystemen. Die folgenden Praxisbeispiele dienen als Validierung für die vorgestellten Konzeptbausteine:

- Ein Automobilzulieferer, der Verantwortlichkeiten, Führung und Kommunikation im stark international gewachsenen Unternehmen durch die Einführung eines GPMS optimieren möchte (vgl. 7.1.1).
- Ein Automobilzulieferer, der die unverhältnismäßig stark angestiegenen Verwaltungskosten durch die Einführung eines GPMS in Kombination mit Lean Management reduzieren möchte (vgl. 7.1.2).

7.1 Überprüfung der Ergebnisse im Anwendungszusammenhang

7.1.1 Fallbeispiel 1: Automobilzulieferer

Ausgangssituation

Das betrachtete Unternehmen agiert als 1st- und 2nd-Tier-Automobilzulieferer. Zu den Produkten zählen unter anderem mechatronische Module. Es handelt sich um ein Familienunternehmen, das auf langfristigen Erfolg ausgerichtet ist. Die Unternehmenswerte lassen sich als eher konservativ bezeichnen. Radikale Veränderungen entsprechen nicht der Unternehmenskultur. Mit mehr als 10.000 Mitarbeitern und

---

590 Vgl. Kubicek (1977): Heuristische Bezugsrahmen, S. 7
591 Vgl. Ulrich et al. (1984): Management, S. 193

über 30 Standorten ist das Unternehmen global in der Nähe der OEMs aufgestellt. Der Mitarbeiteranteil außerhalb Deutschlands liegt bei 80%. In den letzten fünf Jahren wurde die Mitarbeiteranzahl um 50% gesteigert. Der Aufbau von neuem Personal hat dabei nahezu ausschließlich im Ausland stattgefunden.

Das betrachtete Unternehmen befindet sich seit mehreren Jahren in einer Umstrukturierung seiner Organisationsstruktur von einer einfachen Matrix- zu einer Tensor-Matrix-Organisation. Durch die Umstrukturierung ändern sich die Schnittstellen der Mitarbeiter. Bislang konnte die Führung der Mitarbeiter über das gesprochene Wort erfolgen. Durch die wachsende Unternehmensgröße wird dies zunehmend schwierig. Bei der Umstrukturierung fehlen bislang Standardprozesse im Sinne einer einheitlichen Prozesswelt und einheitlicher Ressourcen.

Zur Bewältigung der vorhandenen Herausforderungen wird ausgehend von der zweiten Führungsebene die Einführung eines GPMS vorgeschlagen. Allerdings steht die Führungsmannschaft nicht geschlossen hinter einem Top-Down-Vorgehen zur Einführung des GPMS. Ein vorangegangenes Projekt wurde aufgrund des hohen Dokumentationsaufwands für die Prozesse eingestellt.

Zielsetzung

Zielsetzung des Projektes ist es, bei der Organisationsstrukturänderung hin zur Prozessorientierung zu unterstützen. Hiefür soll ein GPMS konzipiert werden. Ein besonderer Fokus liegt dabei auf der Erzeugung von Standarddokumenten, wie Prozessdokumentationen und Rollenbeschreibungen zur Mitarbeiterführung, sodass beispielsweise neue Mitarbeiter schnell eingearbeitet werden können. Es soll die Prozesslandschaft mit Fokus auf Zusammenarbeit und Verantwortlichkeiten neu beschrieben werden.

Vorgehen

Im Rahmen der Konzeptionierung wurden zunächst die bereits vorhandenen Konzeptideen zur Gestaltung des GPMS aufgenommen und bewertet. Als Entscheidungsunterstützung für Konzeptalternativen wurden vier Benchmarking-Besuche durchgeführt. Hierauf aufbauend und unter Berücksichtigung der Zielstellung des Unternehmens wurde das Konzept für das GPMS mit sieben Erfolgsfaktoren erstellt. Diese sollen im Folgenden vorgestellt werden. Die Bestandteile des Konzepts zur strategischen Ausrichtung von GPMS werden den sieben Erfolgsfaktoren zugeordnet.

Als erster Erfolgsfaktor wurde die Notwendigkeit erkannt, für die Kommunikation der Herausforderungen, des Zielbilds und des gemeinsamen Wegs zur Zielerreichung eine Change Story zu formulieren. Als zentrale Herausforderungen wurden das starke internationale Wachstum (50% mehr Mitarbeiter in den letzten fünf Jahren, Personalaufbau im Ausland), gestiegene Anforderungen der OEMs an die Prozesse durch globalen Anlauf von Plattformprojekten und Kostendruck durch die Einkäufer der OEMs identifiziert. Bezüglich des Entstehungshintergrundes wurde festgestellt, dass die Initiative für die Einführung des GPMS auf Ebene zwei des Unternehmens entstanden ist. Die Skepsis im Top Management gegenüber einem Top-down-Vorgehen wurde als zentrales Problem identifiziert und für das weitere Vorgehen berücksichtigt. Dementsprechend fand hier eine Ausrichtung an den Anforderungen des Top Managements statt. Zusätzlich wurden einzelne Prozessanalysen und -optimierungen entsprechend der Bedürfnisse der Organisation gestartet. Die Formulierung von Vision und Strategie wurde angestoßen, allerdings ist es zunächst erforderlich, dass sich der Strategieprozess auf Unternehmensebene vollständig etabliert. Als Anregung aus den Benchmarking-Besuchen wurde die Erstellung von Video-Botschaften seitens der Geschäftsführung mit Fokus auf den Mehrwert des GPMS für die Mitarbeiter aufgenommen.

Als zweiter Erfolgsfaktor wurde die Definition von End-to-End-Prozessen auf der obersten Ebene der Prozesslandkarte durch das Top Management identifiziert. Es war im Unternehmen eine Prozesslandkarte vorhanden. Diese war aber sehr stark an der funktionalen Organisation orientiert. An vielen Stellen wurden Prozesse dadurch definiert, dass an die Funktionsbezeichnung das Wort „Prozess" angehängt wurde. Wenn das Unternehmen insgesamt in Richtung Prozessorientierung verändert werden soll, so ist eine Veränderung auf oberster Ebene erforderlich. Auf Ebene eins der Prozesslandkarte sind grundsätzlich funktionsübergreifende End-to-End-Prozesse zu beschreiben. Nur auf diese Weise können diese Prozesse sinnvoll mit Verantwortlichkeiten und Kennzahlen belegt werden. Es wurde ein Entwurf für eine solche Prozesslandkarte erstellt.

Als dritter Erfolgsfaktor wurde das weitere Vorgehen für die Konzeptionierung und Implementierung geplant. Neben der zu erstellenden Roadmap war es von besonderer Bedeutung, die bisher eher aus einer Stabsstelle heraus getriebene Konzeptionierung nun abteilungsübergreifend aufzustellen. Auf Basis der Benchmarking-Besuche wurde vorgeschlagen, ein funktionsübergreifendes Steering Committee und Projektteam aufzusetzen. Es wurde außerdem die Abstimmung mit dem vorhandenen Qualitätsmanagement- und Produktionssystem gesucht. Hiermit fand ein erster Teil der Ausrichtung an den Anforderungen der Mitarbeiter statt.

Der vierte Erfolgsfaktor beinhaltet die Top-down-Festlegung von Prozessverantwortlichen. Die Prozessorientierung findet durch gelebte Prozessverantwortung auf Ebene des Top Managements Einzug ins Unternehmen. Die Aufgaben und Verantwortlichkeiten sollen von der obersten Führungsebene heruntergebrochen werden. Es ist ein Rollenkonzept entwickelt und die Koordination von Funktional- und Prozessverantwortlichen konzipiert worden.

Als fünfter Erfolgsfaktor wurde die strategiekonforme Entwicklung von Prozesskennzahlen und Reifegradbewertungen formuliert. Der Reifegradbewertung liegt das in der Arbeit vorgestellte Reifegradmanagement zugrunde. Zusätzlich wurden Process Performance Indikatoren in Abstimmung mit den vorhandenen Key Performance Indikatoren vorgeschlagen. Hiermit wurde die Basis für die parallel zur Einführung laufende Performance Messung gelegt und die Ausrichtung an der Wettbewerbsstrategie vorgenommen.

Der sechste Erfolgsfaktor hat die Erstellung von Process-One-Pagern zum Inhalt. Durch die Dokumentation der entscheidenden Prozesse auf Ebene 3 der Prozesslandkarte wurde das Ziel verfolgt, Prozessdenken ins Unternehmen zu bringen sowie Transparenz und Standardisierung in Bezug auf die Prozesse zu erzeugen. Es wurden möglichst selbsterklärende, visuelle Prozessbeschreibungen, zu denen über eine intuitiv zu bedienende Prozesslandkarte und eine Stichwortsuche navigiert werden kann, konzipiert. Durch eine Zuordnung der Prozesse zu Rollen und der Rollen zu Mitarbeitern ist auch eine direkte Selektion der Prozesse, die einem bestimmten Mitarbeiter zugeordnet sind, möglich.

Der siebte Erfolgsfaktor beinhaltet die zentralen Aufgaben der Prozessmanagement-Stabsstelle. Neben den klassischen Process Governance Aufgaben, die Vorgaben für das Prozessmanagement definieren, schulen und überwachen, wurden auch die

Aufgaben im Rahmen der Analyse und Optimierung von Prozessen definiert. Es wurde die Notwendigkeit der Anknüpfung des GPMS an den Strategieprozess thematisiert. Bei diesem Punkt wurde also die aufbau- und ablauforganisatorische Verankerung des GPMS in der Phase der Wertschöpfung adressiert.

Resultat

Durch die Konkretisierung der Herausforderungen und der Zielstellung, konnten die Prozessmanagementaktivitäten fokussiert werden. Die Formulierung der Change Story stellt den vorhandenen Wandelbedarf konkret für jeden Mitarbeiter greifbar dar. Die Change Story findet zusammen mit Schulungen Eingang in das Kommunikationskonzept. Die Nutzung des Kommunikationskonzeptes wird nach Einschätzung der Beteiligten die Akzeptanz für das GPMS in der Belegschaft signifikant erhöhen. Das erhoffte Potenzial des GPMS konnte durch erfolgreiche Pilotprojekte bestätigt werden.

Der Entwurf für die Prozesslandkarte wurde zunächst nicht umgesetzt, da die Unterstützung des Top Managements fehlte. Es wurde statt der Top-down eine eher Bottom-up geprägte Vorgehensweise gewählt. Damit wurde den grundlegenden Werten des Unternehmens Rechnung getragen. In die vorhandene Unternehmenskultur passt eine eher stetige, langsame Veränderung hin zur Prozessorientierung besser. Damit wurde die Diskussion über Schnittstellen und Verantwortlichkeiten allerdings nur auf einen späteren Zeitpunkt verschoben. Da bei der Konsolidierung von Prozessen auf den unteren Ebenen zweifelsfrei Überschneidungen in Verantwortlichkeiten, doppelt oder gar nicht beschriebene Prozesse aufgedeckt werden.

Durch die stärkere Einbindung der anderen Abteilungen in die Konzeptionierung und Einführung des GPMS konnte die Qualität und Akzeptanz des GPMS gesteigert werden. Durch die Einbeziehung des Qualitätsmanagements konnten wichtige Zertifizierungsfragestellungen geklärt werden. Im Ergebnis konnte damit auf eine redundante Dokumentation für Zertifizierungszwecke verzichtet werden und unnötige Doppelarbeiten wurden vermieden.

Durch die fehlende Unterstützung des Top Managements wurden nicht top-down Verantwortlichkeiten festgelegt, sonder zunächst nur auf operativer Ebene Prozessverantwortliche bestimmt.

Bei der Definition von Kennzahlen war eine Hauptanforderung, für jeden Prozess Zeiten zu erfassen. Dies entspricht dem Fokus der Differenzierungsstrategie auf Zeitaspekte, dem ein GPMS besonders nützlich sein kann.

Mit der Erstellung der Process-One-Pager wurde die Auseinandersetzung mit Prozessen auf operativer Ebene gestartet. Es wurde ein konstruktiver Austausch über Aufgaben und Verantwortlichkeiten angestoßen, der nun auf den höherliegenden Ebenen weitergeführt werden muss. Durch eine benutzerfreundliche Gestaltung der Prozessdokumentation wird sichergestellt, dass die Prozessbeschreibungen auch genutzt werden. Die geringeren Such- und Zugriffszeiten in Verbindung mit einer sehr hohen Aktualität der Prozessdokumentation haben dazu geführt, dass die Nutzung der Prozessdokumentation stark zugenommen hat. Hiermit wurde ein erster Schritt in Richtung des Ziels einer Prozessharmonisierung und -standardisierung getätigt. Außerdem kann hierdurch die geforderte Einarbeitungszeit für neue Mitarbeiter deutlich reduziert werden.

Die Aufgabenverteilung innerhalb der Stabsstelle lag zu Beginn sehr stark auf konzeptionellen Aspekten bei der Ausgestaltung des GPMS. Prozessoptimierungen waren zweitrangig. Je weiter die Einführung jedoch fortgeschritten ist, desto stärker verschiebt sich der Fokus von Governance-Themen zu Prozessoptimierungen. Die Anknüpfung des GPMS an den Strategieprozess wurde als wichtig erachtet. Die Ergebnisse aus dem Strategieprozess des Unternehmens werden über den Leiter der Stabsstelle, der am Unternehmensstrategieprozess beteiligt ist, in den Prozessmanagementprozess überführt. Die Geschäftsprioritäten konnten bei der Auswahl von Prozessen zur Optimierung schon mehrfach erfolgreich berücksichtigt werden.

Zusammenfassend lässt sich festhalten, dass verschiedene Aspekte des Konzepts erfolgreich validiert werden konnten. Für eine vollständige Validierung waren die unternehmens- und projektspezifischen Rahmenbedingungen nicht hinreichend. Zudem lässt sich der erfolgreiche Betrieb eines GPMS erst über die Zeit beurteilen. Startend von der Initiierung über Konzeptionierung und Einführung kann von einer Dauer von zwei Jahren ausgegangen werden, bis sich der erfolgreiche Betrieb des GPMS beurteilen lässt.

7.1.2 Fallbeispiel 2: Automobilzulieferer

Ausgangssituation

Das betrachtete Unternehmen agiert als 1st- und 2nd-Tier-Automobilzulieferer. Zu den Produkten zählen unter anderem mechatronische Systeme. Es handelt sich um ein Familienunternehmen, das auf langfristigen Erfolg ausgerichtet ist. Die Unternehmenswerte lassen sich als eher konservativ bezeichnen. Der Anspruch des Unternehmens an sich und seine Mitarbeiter ist hoch. Mit mehr als 20.000 Mitarbeitern und über 50 Standorten ist das Unternehmen global in der Nähe der OEMs aufgestellt. Der Mitarbeiteranteil außerhalb Deutschlands liegt bei 70%. In den letzten fünf Jahren wurde die Mitarbeiteranzahl um 60% gesteigert. Der Aufbau von neuem Personal hat dabei nahezu ausschließlich im Ausland stattgefunden. Mit dem starken Wachstum ist auch der Verwaltungsaufwand gestiegen. Der Anteil der Personalkosten in indirekten Bereichen liegt bei über 50%.

Bei den externen Herausforderungen sind neben den weltweiten Anläufen neuer Produkte insbesondere Kostendruck seitens der OEMs und steigende Zeitanforderungen im Sinne von Time-to-Market aber auch Time-to-Customer zu nennen.

Die internen Herausforderungen liegen in einer gewachsenen, komplizierten Regelungslandschaft, unklaren Verantwortlichkeiten und langen Entscheidungswegen.

Zur Bewältigung der vorhandenen Herausforderungen wird ausgehend von einem Geschäftsführungsmitglied die Einführung eines GPMS in Kombination mit Lean Management angestrebt. Die Führungsmannschaft ist grundsätzlich von der Notwendigkeit einer stärkeren Prozessorientierung überzeugt, bewertet die Umsetzung aber als sehr große Herausforderung.

Zielsetzung

Durch die Einführung eines GPMS in Kombination mit Lean Management soll das angestrebte Umsatzwachstum der nächsten Jahre soweit möglich ohne den Aufbau neuen Personals erfolgen. Ziel ist es, dies über eine nachhaltige Veränderung der

Unternehmenskultur hin zu Prozessorientierung und Lean Management zu erreichen.

Vorgehen

Zunächst wurden die Lean Initiative und das GPMS separat aufgesetzt. Lean sollte über Schulungen der Mitarbeiter in das Unternehmen getragen werden. Die Lean Initiative wurde in den indirekten Bereichen zunächst losgelöst von den bereits vorhandenen Aktivitäten im Bereich Produktionssystem gestartet. Bei der Schulung wurde der Bedarf nach einem integrierten Gesamtkonzept für Lean und das GPMS klar. Dementsprechend wurde ein Gesamtkonzept entwickelt und die Einführung über eine Roadmap geplant. In der Roadmap wurde bewusst die frühzeitige Synchronisierung mit den bereits vorhandenen Bestandteilen des Produktionssystems in den direkten Bereichen eingeplant. Die Entwicklung von GPMS und Lean wird über ein Reifegradmanagement gesteuert. Nach der Konzeptionierung ist die stufenweise Benennung von Verantwortlichen geplant, damit GPMS und Lean in der Organisation verankert werden. Die organisatorische Verankerung wird zudem über die Aufnahme von Lean in die Zielvereinbarungen mit den Mitarbeitern unterstützt. Neben der konzeptionellen Arbeit wurden parallel Pilotprojekte entsprechend des Bedarfs des Unternehmens durchgeführt.

Resultat

Durch die erfolgreiche Durchführung von Pilotprojekten und die Kommunikation der Erfolge über die Prozessbeteiligten in Richtung Geschäftsführung, konnte die Unterstützung des Top Managements erreicht werden. Damit konnte die erforderliche Top-down-Vorgehensweise gestartet werden. Die Koordination der Aktivitäten des GPMS und Lean Managements in indirekten Bereichen mit den vorhandenen Bestandteilen in direkten Bereichen hat die Akzeptanz der Mitarbeiter, aber auch die Qualität des GPMS und Lean Ansatzes insgesamt deutlich gesteigert.

7.2 Kritische Reflexion der Ergebnisse

7.2.1 Beurteilung hinsichtlich der inhaltlichen Anforderungen

Kriterium 1: „Unterstützung bei der Bewältigung der Herausforderungen der Automobilzulieferindustrie“

Die Herausforderungen, die mit dem globalen Wachstum einhergehen, sind bezogen auf das GPMS insbesondere organisatorischer Natur. Diesen Herausforderungen begegnet das Konzept mit einem adäquaten Rollenmodell und einer Ablauforganisation. Die hohen Zeitanforderungen erfordern die Prozessorientierung. Diese wird durch die Einführung des GPMS gefördert. Das vorgestellte Konzept für die strategische Ausrichtung von GPMS wird mit Lean Ansätzen synchronisiert, die per Definitionem auf Verschwendungsvermeidung ausgelegt sind. Hierdurch werden Kostenaspekte adressiert.

Kriterium 2: „Ausrichtung auf die Automobilzulieferindustrie und Berücksichtigung der speziellen Rahmenbedingungen“

Das vorgestellte Konzept ist insbesondere für größere Zulieferunternehmen, die in einer Matrixorganisation aufgestellt sind und global agieren, konzipiert. Als eine Besonderheit der 1st-Tier-Zulieferer wurde die dort dominierende Differenzierungsstrategie in der Konzeptionierung berücksichtigt.

Kriterium 3: „Erstellung eines Gesamtkonzepts für die Einführung eines Geschäftsprozessmanagementsystems“

Da das vorgestellte Konzept auf dem General Management Navigator aufbaut und die bestehenden Ansätze von unter anderem SCHMELZER und SESSELMANN integriert, ist ein Gesamtkonzept für die Einführung eines Geschäftsprozessmanagementsystems entwickelt und das Kriterium entsprechend erfüllt.

Kriterium 4: „Systematik zur Berücksichtigung der Wettbewerbsstrategie des Unternehmens“

Die Wettbewerbsstrategie, im speziellen die Differenzierungsstrategie, wird im vorgestellten Konzept explizit berücksichtigt. Insbesondere durch den Fokus auf zeitbasierten Kennzahlen im Reifegradmanagement für Prozesse erfolgt die Ausrichtung des GPMS an der Wettbewerbsstrategie des Unternehmens.

Kriterium 5: „Ausrichtung an übergeordnetem Managementkonzept und -modell"

Bei der Konzeptionierung, Einführung und dem Betrieb des GPMS wird besonders darauf geachtet, dass die im Unternehmen vorhandenen Werte, aber auch Mission, Vision und Strategie als Vorgabe für das GPMS gelten und genutzt werden. Der so bezeichnete normative Rahmen des Unternehmens dient der Ausrichtung des GPMS.

Kriterium 6: „Systematik zur Anknüpfung des GPMS an den Strategieprozess"

Der vorgestellte Ansatz basiert bezogen auf den Prozessmanagementprozess auf MOTION, in dem das Strategieaudit ein entscheidender Bestandteil ist. Der Prozessmanagementprozess wurde dahingehend angepasst, dass er zunächst formal an den strukturierten Strategieprozess des Unternehmens angeknüpft wird, aber auch auf andere Weise entstandene strategische Initiativen berücksichtigt.

Kriterium 7: „Systematik zur Gewinnung der Unterstützung des Top Managements"

Die signifikante Bedeutung der Unterstützung des Top Managements wurde erläutert. Darauf aufbauend, wurde eine Vorgehensweise vorgestellt, die die Anforderungen des Top Managements analysiert und dann mit gezielten Pilotprojekten Erfolge generiert und so die Unterstützung des Top Managements sicherstellt.

Kriterium 8: „Systematik für die Auswahl von Prozessen für die Optimierung"

Der Prozessmanagementprozess wurde basierend auf MOTION überarbeitet. Das Strategie- und Prozessaudit wurden den Anforderungen entsprechend angepasst. Über eine mehrstufige Vorgehensweise werden die relevanten Prozesse nach den Kriterien Importance, Dysfunction und Feasibility bewertet. Damit ist eine Systematik für die Auswahl von Prozessen für die Optimierung vorgestellt worden.

Kriterium 9: „Systematik zur Synchronisierung des GPMS mit Qualitäts- und Lean-Management-Systemen"

Im vorhandenen Konzept wurden die Vorteile von integrierten Managementsystemen erläutert. Es wurde eine Analyse der Zielstellungen, Inhalte und Strukturen von Qualitäts- und Lean-Management-Systemen durchgeführt. Damit ist die Basis für die erfolgreiche Synchronisierung gelegt.

7.2.2 Beurteilung hinsichtlich der formalen Anforderungen

Kriterium 1: „Empirische Richtigkeit: Das Modell soll möglichst gut die Beobachtungen der Praxis wiedergeben."

In das entwickelte Konzept sind, neben dem intensiven projektbezogenen Austausch mit fünf Automobilzulieferern, Ergebnisse aus einer Benchmarking-Studie mit 50 teilnehmenden Unternehmen eingeflossen.

Kriterium 2: „Formale Richtigkeit: Das Modell sollte keine formalen Fehler aufweisen."

Durch die Validierung des Konzeptes im Anwendungszusammenhang, können formale Fehler in den validierten Teilen ausgeschlossen werden. Eine vollständige Validierung ist noch durchzuführen.

Kriterium 3: „Produktivität: Das Modell soll inhaltlich und formal zweckorientiert und nutzbar sein."

Das Modell wurde erfolgreich angewendet und hat bei den vorgestellten Fallbeispielen nachweislich Nutzen gestiftet.

Kriterium 4: „Handhabbarkeit: Das Modell soll anwenderfreundlich und die Ergebnisse verständlich sein."

Die gute Handhabbarkeit des Modells wurde durch die erfolgreiche Anwendung in der Praxis bestätigt.

Kriterium 5: „Geringer Aufwand: Das Modell soll aufwandsarm erstellt und genutzt werden können."

Da es sich bei der Konzeptionierung, Einführung und dem Betrieb eines GPMS um ein unternehmensweites Veränderungsprojekt handelt, ist ein gewisser Aufwand in Kauf zu nehmen. In Relation zu den zu erwartenden Erfolgen, wird der Aufwand als angemessen erachtet.

8 Zusammenfassung

Die Unternehmen in der Automobilzulieferindustrie sehen sich mit drei zentralen Herausforderungen konfrontiert: zunehmender Kostendruck, globales Wachstum und höhere Zeitanforderungen. Die Einführung eines Geschäftsprozessmanagementsystems ermöglicht es Entwicklungs- und Durchlaufzeiten zu minimieren, Kosten zu senken sowie global zuverlässig gleiche Leistung in gleicher Qualität anzubieten und bietet somit eine Möglichkeit den steigenden Herausforderungen im internationalen Wettbewerb zu begegnen. Die Einführung und nachhaltige Verankerung in Form eines Geschäftsprozessmanagementsystems scheitert aber häufig oder realisiert nicht die erhofften Potenziale. In der Praxis wurden als Gründe hierfür insbesondere Mängel bei der strategischen Ausrichtung von GPMS identifiziert. Das GPMS wird häufig nicht ausreichend an der Unternehmensstrategie, den Anforderungen der Führungskräfte und den Anforderungen der Mitarbeiter ausgerichtet. Dadurch trägt das GPMS nicht zu den Zielen des Unternehmens bei, weist inhaltliche Schwächen auf und stößt auf Akzeptanzprobleme. Dementsprechend war die Zielstellung der vorliegenden Arbeit die Entwicklung eines Konzepts, das Unternehmen bei der strategischen Ausrichtung ihres Geschäftsprozessmanagementsystems an der Unternehmensstrategie und seinen Stakeholdern unterstützt, um den Erfolg des Systems sicherzustellen.

Im ersten Kapitel wurden Ausgangssituation, Problemstellung und daraus abgeleitet die Zielstellung der Arbeit formuliert. Basierend auf der ausgewählten Forschungsmethodik nach ULRICH wurde der Aufbau der Arbeit vorgestellt.

In Kapitel 2 wurden die besonderen Herausforderungen und Rahmenbedingungen der Automobilzulieferindustrie dargestellt und der Betrachtungsbereich der Arbeit auf die global tätigen 1st-Tier-Zulieferer, die in Matrix-Organisationen mit mehr als 10.000 Mitarbeitern agieren, eingeschränkt. Die Struktur und Inhalte von GPMS wurden basierend auf den Grundlagen und der historischen Entwicklung des Prozessmanagements erläutert. Schließlich wurde aus den Problemen bei der Konzeptionierung, Einführung und dem Betrieb von GPMS der Handlungsbedarf in der Praxis abgeleitet.

In Kapitel 3 wurden wissenschaftliche Ansätze zur Lösung der in Kapitel 2 beschriebenen Problemstellung vorgestellt und basierend auf den in Kapitel 2 hergeleiteten Anforderungen aus der Praxis bewertet. Dabei wurde deutlich, dass die bisher existierenden Ansätze die strategische Ausrichtung von GPMS in weiten Teilen nicht berücksichtigen. Sowohl in Bezug auf die strategische Ausrichtung des GPMS an der Unternehmensstrategie, als auch an den Stakeholdern wurde Forschungsbedarf identifiziert.

Zur Schließung der Forschungslücke wurden in Kapitel 4 Konzepte aus dem strategischen Management vorgestellt. Neben den generischen Wettbewerbsstrategien nach PORTER, wurde der General Management Navigator als Ordnungsrahmen für das zu entwickelnde Konzept und Managementkonzepte als übergeordnete Ausrichtungshilfe für das GPMS vorgestellt. Als Teil des St. Galler Managementkonzeptes wurde der normative Rahmen beschrieben, der zur langfristigen, grundlegenden Ausrichtung eines GPMS dienlich ist. Der BPM CBOK wurde als allgemeingültiger Leitfaden für ein GPMS vorgestellt.

In Kapitel 5 wurde das Konzept zur strategischen Ausrichtung von GPMS entwickelt. Hierfür wurden zunächst die inhaltlichen und formalen Anforderungen formuliert. Die inhaltlichen Anforderungen ergeben sich aus dem Praxisproblem (Kapitel 2) und dem Forschungsdefizit (Kapitel 3).

Das sechste Kapitel diente der Detaillierung des Konzepts zur strategischen Ausrichtung von GPMS. Dort wurden die Phasen angelehnt an den General Management Navigator im Detail erläutert. Ausgehend von der Initiierung der strategischen Initiative für die Einführung eines GPMS lag dabei der Schwerpunkt auf den Phasen der Positionierung und Wertschöpfung, da dort zum einen die Ausrichtung des GPMS, also die Positionierung gegenüber den Anspruchsgruppen, stattfindet und zum anderen die erforderliche Aufbau- und Ablauforganisation gestaltet werden. In der Phase der Veränderung wird auf bekannte Elemente aus dem Change Management zurückgegriffen. Bei der Performance Messung werden vorhandene Reifegradmanagementkonzepte an die Erfordernisse der vorliegenden Arbeit angepasst.

In Kapitel 7 wurde die Anwendung des Konzepts zur strategischen Ausrichtung von GPMS beschrieben. Im Rahmen von zwei Praxisbeispielen konnten wesentliche Teile des Konzeptes validiert werden.

Weiterer Forschungsbedarf besteht in der vollständigen Anwendung und Validierung des entwickelten Konzepts, damit eine Verallgemeinerung und Übertragbarkeit der Ergebnisse sichergestellt werden kann. Eine Quantifizierbarkeit der Ergebnisse ist bisher nicht gegeben. In diesem Zusammenhang wäre auch eine Kopplung mit Anreiz- und Belohnungssystemen zu überprüfen. Zum Beispiel könnte hierfür eine Synchronisierung von Key Performance Indikatoren und Process Performance Indikatoren in Betracht kommen.

Literaturverzeichnis

Adorno, Theodor W.; Albert, Hans; Dahrendorf, Ralf; Habermas, Jürgen; Pilot, Harald; Popper, Karl R. (1969): Der Positivismusstreit in der deutschen Soziologie. Neuwied: Luchterhand (Soziologische Texte, 58). Online verfügbar unter http://www.gbv.de/dms/faz-rez/691022_FAZ_0027_27_0003.pdf. Zuletzt geprüft am 28.10.2015.

Allweyer, Thomas (2005): Geschäftsprozessmanagement. Strategie, Entwurf, Implementierung, Controlling. Herdecke u.a: W3L-Verl (IT lernen).

Antonucci, Yvonne Lederer (2009): Guide to the business process management common body of knowledge. Version 2.0 - Second Release. Terre Haute, Indiana: Association of business process management professionals.

Asmussen, Nils (2009): Effekte inter-organisationaler Balanced Scorecards. Automobile Hersteller-Zuliefererbeziehungen im internationalen Vergleich. 1. Aufl. Wiesbaden: Gabler (Gabler research : Entscheidungs- und Organisationstheorie).

Bandara, Wasana; Guillemain, Alain; Coogans, Paul (2014): Prioritizing Process Improvement: An Example from the Australian Financial Services Sector. In: Jan Vom Brocke und Michael Rosemann (Hg.): Handbook on Business Process Management 2: Springer Berlin Heidelberg, S. 289–307.

Bayerisches Staatsministerium für Wirtschaft, Infrastruktur, Verkehr und Technologie (2007): Managementsysteme im Überblick: Qualität-Umwelt-Arbeitsschutz. Hg. v. Bayerisches Staatsministerium für Wirtschaft, Infrastruktur, Verkehr und Technologie. München. Online verfügbar unter http://www.wuerzburg.ihk.de/fileadmin/user_upload/pdf/Innovation_Umwelt/Innovation_Technologie/Managementsysteme.pdf. Zuletzt geprüft am 28.10.2015.

Bayerisches Staatsministerium für Wirtschaft, Infrastruktur, Verkehr und Technologie (2014): Aktuelle normierte Managementsysteme. Qualitäts-, Umwelt-, Energie-,

Arbeitsschutz-, Risiko- und Nachhaltigkeitsmanagement ; ein Überblick für kleine und mittlere Unternehmen. Stand: Januar 2011, red. Rev. 2014. München.

BearingPoint (2012): Business Process Management-Studie 2012. Hg. v. BearingPoint. Frankfurt am Main. Online verfügbar unter https://www.bearingpoint.com:443/content/3422.htm?tokenID=bems-6642f27d-14bb677392d-890a391173d43fd7, zuletzt geprüft am 23.02.2015.

Becker, Helmut (2007): Auf Crashkurs. Automobilindustrie im globalen Verdrängungswettbewerb. 2., aktualisierte Aufl. Berlin, New York: Springer.

Becker, Jörg (Hg.) (2008): Prozessmanagement. Ein Leitfaden zur prozessorientierten Organisationsgestaltung. 6., überarb. und erw. Aufl. Berlin u.a: Springer.

Bergsmann, Stefan (2012): End-to-End Geschäftsprozessmanagement. Organisationselement, Integrationsinstrument, Managementansatz. Wien: Springer.

Binder, Volker; Kantowsky, Jan (1996): Technologiepotentiale. Neuausrichtung der Gestaltungsfelder des strategischen Technologiemanagements. Zugl.: St. Gallen, Univ., Diss. V. Binder, J. Kantowsky, 1996. Wiesbaden: Dt. Univ.-Verl (DUV-Wirtschaftswissenschaft).

Bleicher, Knut (2002): Integriertes Management als Herausforderung. In: Stefanie Schwendt und Dirk Funck (Hg.): Integrierte Managementsysteme. Konzepte, Werkzeuge, Erfahrungen: Springer-Verlag Berlin Heidelberg, S. 2–23.

Bleicher, Knut (2011): Das Konzept Integriertes Management. Visionen - Missionen - Programme. 8. Aufl. Frankfurt: Campus Verlag.

BPM&O (2011): Status Quo Prozessmanagement 2010/2011. BPM&O GmbH.

Braun, David (2012): Von welchen Supply-Chain-Management-Maßnahmen profitieren Automobilzulieferer? Eine wertorientierte Analyse an der Schnittstelle zwischen Zulieferer und Automobilhersteller. 1. Aufl. Wiesbaden: Gabler (Gabler Research).

Brüggemann, Holger; Bremer, Peik (2012): Grundlagen Qualitätsmanagement. Von den Werkzeugen über Methoden zum TQM. Wiesbaden: Vieweg+Teubner (Studium).

Bruin, T. de; Rosemann, M.; Freeze, R.; Kulkarni (2005): Understanding the Main Phases of Developing a Maturity Assessment Model. In: B. Campbell, J. Underwood und D. Bunker (Hg.): 16th Australasian Conference on Information Systems (ACIS 2005). Sydney, S. 1–10.

Brunner, Franz J.; Wagner, Karl W.; Durakbasa, Numan M. (2011): Taschenbuch Qualitätsmanagement. Leitfaden für Studium und Praxis. 5. Aufl. s.l.: Carl Hanser Fachbuchverlag. Online verfügbar unter http://www.hanser-elibrary.com/action/showBook?doi=10.3139/9783446426702. Zuletzt geprüft am 28.10.2015.

Burgelman, Robert A. (1983): A Process Model of Internal Corporate Venturing in the Diversified Major Firm. In: *Administrative Science Quarterly* (28), S. 223–244.

Burlton, Roger (2014): Delivering Business Strategy Through Process Management. In: Jan Vom Brocke und Michael Rosemann (Hg.): Handbook on Business Process Management 2: Springer Berlin Heidelberg, S. 45–78.

Bussler, Christoph (2006): Business Process Management Workshops. Revised selected papers. Berlin: Springer (Lecture Notes in Computer Science, 3812).

Chandler, Alfred Dupont (1995): Strategy and structure. Chapters in the history of the industrial enterprise. 19. print. Cambridge Mass. u.a: MIT Press.

Coenenberg, Adolf Gerhard; Salfeld, Rainer (2007): Wertorientierte Unternehmensführung. Vom Strategieentwurf zur Implementierung. 2., überarb. Aufl. Stuttgart: Schäffer-Poeschel.

Corsten, Hans (1996): Grundlagen und Elemente des Prozeßmanagement. Kaiserslautern: Univ. Lehrstuhl für Produktionswirtschaft (Schriften zum Produktionsmanagement, 4).

Daniel, Jan (2007): Management von Zuliefererbeziehungen. Einflussfaktoren der zwischenbetrieblichen Zusammenarbeit in Deutschland. 1. Aufl. Wiesbaden: Deutscher Universitäts-Verlag (Wirtschaftswissenschaft, 64).

Davenport, Thomas H. (1993): Process innovation. Reengineering work through information technology. Boston, Mass.: Harvard Business School Press.

de Morais, Rinaldo Macedo; Kazan, Samir; de Pádua, Silvia Inês Dallavalle; Costa; André Lucirton (2014): An analysis of BPM lifecycles: from a literature review to a framework proposal. In: *Business Process Management Journal* 20 (3), S. 412–432.

Deflorin, Patricia; Friedli, Thomas (2007): Der Fall Alu Menziken Extrusion. Eine Vision in der Sanierung. In: Günther Schuh, Thomas Friedli und Michael A. Kurr (Hg.): Prozessorientierte Reorganisation. München: Hanser, S. 113–165.

Drawehn, Jens; Kochanowski, Monika; Kötter, Falko (2014): Business Process Management Tools 2014. Marktüberblick. Hg. v. Anette Weisbecker und Jens Drawehn. Stuttgart: Fraunhofer Verlag (Business Process Management Tools 2014, 1).

Dumas, Marlon; La Rosa, Marcello; Mendling, Jan; Reijers, Hajo A. (2013): Fundamentals of Business Process Management. Berlin: Springer. Online verfügbar unter http://dx.doi.org/10.1007/978-3-642-33143-5. Zuletzt geprüft am 28.10.2015.

EABPM (2014): BPM CBOK®. Business Process Management BPM Common Body of Knowledge, Version 3.0. Leitfaden für das Prozessmanagement. 2., überarb., deutschsprachige Aufl. Wettenberg, Hess: Schmidt, Götz (Schriftenreihe der EABPM, Bd. 1).

Eversheim, Walter (1998): Das MOTION-Konzept. In: Günther Schuh (Hg.): MOTION-Change Management. Von der Strategie zur Umsetzung. Als Ms. gedr. Aachen: Shaker (Berichte aus der Betriebswirtschaft), S. 21–44.

Eversheim, Walter; Elsweiler, Bernd; Liestmann, Volker (2002): Integrierte Managementsysteme zur Unterstützung im Dienstleistungsbereich. In: Stefanie Schwendt und Dirk Funck (Hg.): Integrierte Managementsysteme. Konzepte, Werkzeuge, Erfahrungen: Springer-Verlag Berlin Heidelberg, S. 67–90.

Fischermanns, Guido (2013): Praxishandbuch Prozessmanagement. Das Standardwerk auf Basis des BPM Framework ibo-Prozessfenster®. 11., bearb. Aufl. Gießen: Schmidt (Ibo-Schriftenreihe, 9).

Flörecke, Klaus-Dieter (2012): Preise schon bald wie im Reich der Mitte. Autobauer verlangen von Zulieferern wieder Rabatte auf Vorkrisenniveau - Volumenhersteller fordernder als Premiumanbieter. In: *Automobilwoche* (25), S. 18.

Friedli, Thomas (2006): Technologiemanagement. Modelle zur Sicherung der Wettbewerbsfähigkeit. Berlin, Heidelberg: Springer.

Friedli, Thomas; Seghezzi, Hans Dieter; Mänder, Christian; Lützner, Richard (2014): Konzepte - Modelle - Systeme. In: Walter Masing, Tilo Pfeifer und Robert Schmitt (Hg.): Masing Handbuch Qualitätsmanagement. 6., überarb. Aufl. München: Hanser, S. 160–177.

Fritzenschaft, Tim (2014): Critical success factors of change management. An empirical research in German small and medium-sized enterprises.

Funck, Dirk (2002): Konzeptionelle Anforderungen an Integrierte Managementsysteme. In: Stefanie Schwendt und Dirk Funck (Hg.): Integrierte Managementsysteme. Konzepte, Werkzeuge, Erfahrungen: Springer-Verlag Berlin Heidelberg, S. 25–44.

Gadatsch, Andreas (2013): Grundkurs Geschäftsprozess-Management. Wiesbaden: Vieweg + Teubner.

Gälweiler, Aloys (2005): Strategische Unternehmensführung. 3. Aufl. Frankfurt/New York: Campus Verlag.

Gattermeyer, Wolfgang (2001): Change-Management und Unternehmenserfolg. Grundlagen - Methoden - Praxisbeispiele. 2., aktualisierte und erw. Aufl. Wiesbaden: Gabler.

Gaydoul, Ralf; Daxböck Christian (2011): Prozessmanagement von End-to-End Prozessen. In: *ZfCM Controlling & Management* (2), S. 40–46.

Gierhake, Olaf (2000): Integriertes Geschäftsprozessmanagement. Effektive Organisationsgestaltung mit Workflow-, Workgroup- und Dokumentenmanagement-Systemen. 3., verb. und erw. Aufl. Braunschweig: Vieweg (Vieweg Gabler Edition Wirtschaftsinformatik).

Gleich, Ronald; Klein, Andreas (Hg.) (2013): Controllingprozesse optimieren. Freiburg i.Br: Haufe Gruppe (Der Controlling-Berater, Bd. 25).

Gomez, Peter; Zimmermann, Tim (1993): Unternehmensorganisation. Profile, Dynamik, Methodik. 2., rev. und erw. Aufl. Frankfurt am Main: Campus Verlag (St. Galler Management-Konzept, Bd. 3, Ed. 2).

Guba, Egon G.; Lincoln, Yvonna S. (1994): Competing paradigms in qualitative research. In: Norman K. Denzin (Hg.): Handbook of qualitative research. Thousand Oaks Calif. u.a.: Sage Publ, S. 105–117.

Hammer, Michael (1996): Beyond reengineering. How the process-centered organization is changing our work and our lives. 1. ed. New York: HarperBusiness.

Hammer, Michael (2014): What is Business Process Management? In: Jan Vom Brocke und Michael Rosemann (Hg.): Handbook on Business Process Management 1: Springer Berlin Heidelberg, S. 3–16.

Hammer, Michael; Champy, James (1994): Business reengineering. Die radikalkur für das unternehmen. 3 Aufl. Frankfurt: Campus Verlag.

Hardaker, Maurice; Ward, Bryan K. (1987): Getting Things Done. How to make a team work. In: *Harvard Business Review* 65 (11/12), S. 112–119.

Harmon, Paul; Wolf, Celia (2014): The State of Business Process Management 2014.

Houy, Constantin; Fettke, Peter; Loos, Peter (2010): Empirical research in business process management. -analysis of an emerging field of research. In: *Business Process Management Journal* 16 (4), S. 619–661. DOI: 10.1108/14637151011065946.

Hungenberg, Harald; Wulf, Torsten (2006): Grundlagen der Unternehmensführung. Zweite, aktualisierte Auflage: Springer-Verlag Berlin Heidelberg.

Jeston, John; Nelis, Johan (2008): Business process management. Practical guidelines to successful implementations. 2nd ed. Amsterdam, Boston, London: Elsevier/Butterworth-Heinemann.

Johann, P. (1994): Der Betriebsbeauftragte in der betrieblichen Praxis: Deutscher Wirtschaftsdienst.

Johansson, Henry J.; et al. (1993): Business process reengineering. Breakpoint strategies for market dominance. Chichester [England], New York: Wiley.

Jung, Berndt (2001): Prozessmanagement - Quo Vadis. TU Graz, Institut für Wirtschafts- und Betriebswissenschaften.

Keen, Peter (1997): The process edge. Creating value where it counts. Boston, Massachusetts: Harvard Business School Press.

Kerth, Klaus; Asum, Heiko; Stich, Volker (2011): Die besten Strategietools in der Praxis. Welche Werkzeuge brauche ich wann? Wie wende ich sie an? Wo liegen die Grenzen? 5., erw. Aufl. München: Hanser.

Kirsch, Werner; Maaßen, Hartmut (1990): Managementsysteme Planung und Kontrolle. Münchener Schriften zur angewandten Führungslehre. 2. Aufl.: Herrsching : Kirsch.

Knuppertz, Thilo; Schnägelberger, Sven; Clauberg, Katharina (2011): Status Quo Prozessmanagement 2010/2011. Hg. v. BPM&O GmbH. Köln. Online verfügbar unter http://www.bpmo.de/bpmo/export/sites/default/de/know_how/content/downloads/Status_Quo_Prozessmanagement_2011.pdf, zuletzt geprüft am 10.04.2015.

Koch, Dagmar; Hess, Thomas (2003): Business Process Redesign als nachhaltiger Trend? Eine empirische Studie zu Aktualität, Inhalten und Gestaltung in deutschen Großunternehmen. München (Arbeitsbericht / Ludwig-Maximilians-Universität, 6). Online verfügbar unter http://www.wim.bwl.uni-muenchen.de/download/epub/ab_2003_06.pdf. Zuletzt geprüft am 28.10.2015.

Koch, Susanne (2011): Einführung in das Management von Geschäftsprozessen. Six Sigma, Kaizen und TQM. Heidelberg: Springer.

Komus, Ayelt (2011): BPM Best Practice. Wie führende Unternehmen ihre Geschäftsprozesse managen. Heidelberg [Germany]: Springer.

Komus, Ayelt; Atacan, Burcu; Erkan, Muhammed Ali; Krämer, Florian; Lauterbach, Jan; Purucker, Janina; Weis, Sebastian (2014): BPM Quintessenz. Hg. v. Ayelt Komus. BPM-Labors der Hochschule Koblenz.

Kotter, John P.; Cohen, Dan S. (2002): The heart of change. Real-life stories of how people change their organizations. Boston, Mass.: Harvard Business School Press.

Krüger, Wilfried (2009): Excellence in Change. Wege zur strategischen Erneuerung. 4., überarbeitete und erweiterte Auflage. Wiesbaden: Gabler Verlag / GWV Fachverlage GmbH Wiesbaden. Online verfügbar unter http://dx.doi.org/10.1007/978-3-8349-9510-0.

Kruschke, Guide (2013): China wird zum wichtigsten Markt für deutsche Autobauer. In: *Automobilproduktion*.

Kubicek, H. (1977): Heuristische Bezugsrahmen und heuristisch angelegte Forschungsdesigns als Elemente einer Konstruktionsstrategie empirischer Forschung. In: Richard Köhler (Hg.): Empirische und handlungstheoretische Forschungskonzeptionen in der Betriebswirtschaftslehre. [Bericht]. Stuttgart: Poeschel, S. 3–36.

Kubicek, Herbert (1976): Heuristische Bezugsrahmen und heuristisch angelegte Forschungsdesign als Elemente einer Konstruktionsstrategie empirischer Forschung. Berlin: Inst. für Unternehmungsführung im Fachbereich Wirtschaftswiss. d. Freien Univ. (Arbeitspapier, Nr. 16).

Kurek, Rainer (2012): Erfolgsstrategien für Automobilzulieferer. Wirksames management in einem dynamischen umfeld. [S.l.]: Springer.

Lauer, Thomas (2010): Change Management. Grundlagen und Erfolgsfaktoren. Berlin, Heidelberg: Springer.

Leistert, Olaf (2006): Führungskoordinierendes Geschäftsprozesscontrolling. Univ., Diss.--Osnabrück, 2006. Hamburg: Kovač (Schriften zum Betrieblichen Rechnungswesen und Controlling, 36). Online verfügbar unter http://www.verlagdrkovac.de/3-8300-2520-3.htm. Zuletzt geprüft am 28.10.2015.

Levinson, William A. (2013): Lean management system LMS:2012. A framework for continual lean improvement. Boca Raton, Fla: CRC Press. Online verfügbar unter http://site.ebrary.com/lib/alltitles/docDetail.action?docID=10582657. Zuletzt geprüft am 28.10.2015.

Liesegang, Dietfried G.; Pischon, Alexander (1999): Integrierte Managementsysteme für Qualität, Umweltschutz und Arbeitssicherheit. New York: Springer Berlin Heidelberg.

Markus, M. Lynne; Jacobson, Dax D. (2014): The Governance of Business Processes. In: Jan Vom Brocke und Michael Rosemann (Hg.): Handbook on Business Process Management 2: Springer Berlin Heidelberg, S. 311–332.

Masing, Walter; Pfeifer, Tilo; Schmitt, Robert (Hg.) (2014): Masing Handbuch Qualitätsmanagement. 6., überarb. Aufl. München: Hanser.

MBtech Consulting GmbH (2012): Trend Monitor 2012. Steigerung der Wertschöpfung im B2B-Vertrieb von Automobilzulieferern.

McKinsey & Company (2014): Automobilzulieferer. Chancen überwiegen, aber mit neuen Herausforderungen. Unter Mitarbeit von Martin Hattrup-Silberberg.

Ministerium für Umwelt und Verkehr Baden-Württemberg (2000): Prozessorientierte Integrierte Managementsysteme. Hg. v. Landesanstalt für Umweltschutz Baden-Württemberg. Karlsruhe. Online verfügbar unter https://www.lubw.baden-wuerttem-berg.de/servlet/is/12785/pim.pdf?command=downloadContent&filename=pim.pdf. Zuletzt geprüft am 28.10.2015.

Minonne, Clemente; Colicchio, Carlo; Litzke, Matthias; Keller, Thomas (2011): Business Process Management 2011 - Status quo und Zukunft. Eine empirische Studie im deutschsprachigen Europa. Hg. v. Clemente Minonne. Zürcher Hochschule für Angewandte Wissenschaften. Zürich. Online verfügbar unter http://www.iprocess.ch/common/Articles/Leseprobe_ZHAW_BPM_Studie_2011.pdf, zuletzt geprüft am 10.04.2015.

Mintzberg, Henry; Ahlstrand, Bruce W.; Lampel, Joseph (1998): Strategy safari. A guided tour through the wilds of strategic management. New York: Free Press.

Online verfügbar unter http://www.loc.gov/catdir/description/simon031/98009694.html. Zuletzt geprüft am 28.10.2015.

Mintzberg, Henry; Waters, James A. (1985): Of strategies, deliberate and emergent. In: *Strategic Management Journal* 6 (3), S. 257–272.

Müller, Mathias (1999): Prozessorientierte Veränderungsprojekte. Fallbeispiele des Unternehmenswandels. St. Gallen, Univ., Diss., 1999.

Müller-Stewens, Günter; Brauer, Matthias (2009): Corporate Strategy & Governance. Wege zur nachhaltigen Wertsteigerung im diversifizierten Unternehmen. Stuttgart: Schäffer-Poeschel.

Müller-Stewens, Günter; Lechner, Christoph (2011): Strategisches Management. Wie strategische Initiativen zum Wandel führen. 4., überarbeitete Auflage. Stuttgart: Schäffer-Poeschel.

Namokel, Herbert (1996): Die moderierte Besprechung. 2. Aufl. Offenbach: Jünger.

Niehaves, Bjoern; Poeppelbuss, Jens; Plattfaut, Ralf; Becker, Joerg (2014): BPM capability development - a matter of contingencies. In: *Business Process Management Journal* 20 (1), S. 90–106. DOI: 10.1108/BPMJ-07-2012-0068.

Österle, Hubert (1995): Business Engineering Prozeß- und Systementwicklung. Band 1: Entwurfstechniken. Berlin: Springer. Online verfügbar unter http://dx.doi.org/10.1007/978-3-662-06188-6. Zuletzt geprüft am 28.10.2015.

Osterloh, Margit; Frost, Jetta (1996): Prozeßmanagement als Kernkompetenz. Wie Sie Business Reengineering strategisch nutzen können. Wiesbaden: Gabler.

Patzak, Gerold (1982): Systemtechnik - Planung komplexer innovativer Systeme. Grundlagen, Methoden, Techniken. Berlin u.a: Springer.

Penrose, Edith Tilton (1959): The theory of the growth of the firm. 1. print. Oxford u.a: Blackwell.

Pfeiffer, Werner; Weiß, Enno (1994): Lean Management. Grundlagen der Führung und Organisation lernender Unternehmen. 2., überarb. und erw. Aufl. Berlin: Schmidt.

Porter, Michael E. (1980): Competitive strategy. Techniques for analyzing industries and competitors. New York: Free Press.

Porter, Michael E. (1998): Competitive advantage. creating and sustaining superior performance. New York, London: Free Press.

Pümpin, Cuno; Amann, Wolfgang (2005): SEP - Strategische Erfolgspositionen. Kernkompetenzen aufbauen und umsetzen. Bern: Haupt.

pwc (2011): Zukunftsthema Geschäftsprozessmanagement. Eine Studie zum Status quo des Geschäftsprozessmanagements in deutschen und österreichischen Unternehmen. Hg. v. Thomas Müller. PricewaterhouseCoopers AG Wirtschaftsprüfungsgesellschaft.

Reichhuber, Alexander W. (2010): Strategie und Struktur in der Automobilindustrie. Strategische und organisationale Programme zur Handhabung automobilwirtschaftlicher Herausforderungen. 1. Aufl. Wiesbaden: Gabler (Gabler Research : Schriften zur Unternehmensentwicklung).

Röglinger, Maximilian; Pöppelbuß, Jens; Becker, Jörg (2012): Maturity models in business process management. In: *Business Process Management Journal* 18 (2), S. 328–346.

Roland Berger; Lazard (2014): Global Automotive Supplier Study. Record profits versus increasing volatility.

Rosemann, Michael; Vom Brocke, Jan (2014): Strategic Alignment. In: Jan Vom Brocke und Michael Rosemann (Hg.): Handbook on Business Process Management 2: Springer Berlin Heidelberg, S. 1–3.

Rosemann, Michael; Vom Brocke, Jan (2014): The Six Core Elements of Business Process Management. In: Jan Vom Brocke und Michael Rosemann (Hg.): Handbook on Business Process Management 1: Springer Berlin Heidelberg, S. 105–122.

Röthig, Peter (1982): Strategische Personalplanung im System Unternehmung. Ansätze zur Emanzipation und Perspektivenöffnung der Personalplanung im ökonomisch-technologischen sozio-politischen System Unternehmung. Gießen, Univ., Diss., 1982.

Rüegg-Stürm, Johannes (2005): The new St. Gallen management model. Basic categories of an approach to integrated management. 1. English ed. Basingstoke u.a.: Palgrave Macmillan.

Scheer, August-Wilhelm; Hoffmann, Michael (2014): The Process of Business Process Management. In: Jan Vom Brocke und Michael Rosemann (Hg.): Handbook on Business Process Management 2: Springer Berlin Heidelberg, S. 351–380, zuletzt geprüft am 25.04.2015.

Scheer, August-Wilhelm; Jost, Wolfram; Kindermann, Herbert; Kruppke, Helmut (Hg.) (2006): AGILITY by ARIS Business Process Management. Yearbook Business Process Excellence 2006/2007. Heidelberg: Springer.

Schmelzer, Hermann J.; Sesselmann, Wolfgang (2013): Geschäftsprozessmanagement in der Praxis. Kunden zufrieden stellen - Produktivität steigern - Wert erhöhen. 8., überarb. und erw. Aufl. München: Hanser.

Schmiedel, T.; Vom Brocke, Jan; Recker, J. (2013): Which cultural values matter to business process management? Results from a global Delphi study. In: *Business Process Management Journal* 19, S. 292–317.

Schnaitmann, Hermann (2000): Prozeßorientierte Unternehmensführung. Zugl.: Tübingen, Univ., Diss., 1998. Frankfurt am Main, Wien u.a.: Lang (Schriften zur Unternehmensplanung, 59).

Schreyögg, Georg; Koch, Jochen (2010): Grundlagen des Managements. Basiswissen für Studium und Praxis. 2., überarbeitete und erweiterte Auflage: Gabler Verlag | Springer Fachmedien Wiesbaden.

Schuh, Günther (Hg.) (1998): MOTION-Change Management. Von der Strategie zur Umsetzung. Als Ms. gedr. Aachen: Shaker (Berichte aus der Betriebswirtschaft).

Schuh, Günther (2006): Change Management. Prozesse strategiekonform gestalten. Berlin u.a: Springer.

Schuh, Günther; Friedli, Thomas; Kurr, Michael A. (Hg.) (2007): Prozessorientierte Reorganisation. München: Hanser.

Schuh, Günther; Müller, Mathias; Tockenbürger, Lüder (1997): MOTION erlaubt Quantensprünge in einer TQM-Kultur. In: *MQ - Das Magazin für integrierte Managementsysteme* 1997 (11/12), S. 46–49.

Schütz, Florian (1998): Managementsysteme und Strategien. State of the Art und neue Perspektiven. Wiesbaden: Deutscher Universitätsverlag.

Schwaninger, Markus (1994): Managementsysteme. St. Galler Managementkonzept. 4 Bände. Frankfurt/New York: Campus Verlag.

Seghezzi, Hans Dieter (1996): Integriertes Qualitätsmanagement. Das St. Galler Konzept: Hanser.

Seghezzi, Hans Dieter (1997): Notwendigkeit und Realität ganzheitlicher Unternehmensführung. [S.l.: s.n.].

Senior, Barbara; Fleming, Jocelyne (2006): Organizational change. 3rd ed. Harlow, England, New York: Prentice Hall/Financial Times.

Sidorova, Anna; Torres, Russell; Beayeyz, Alla Al (2014): The Role of Information Technology in Business Process Management. In: Jan Vom Brocke und Michael Rosemann (Hg.): Handbook on Business Process Management 1: Springer Berlin Heidelberg, S. 421–444.

Sikdar; Arijit; Payyazhi, Jayashree (2014): A process model of managing organizational change during business process redesign. In: *Business Process Management Journal* 20 (6), S. 971–998.

Snabe, Jim Hagemann (2009): Business Process Management. The SAP roadmap ; [discover a comprehensive framework for implementing business process management ; gain insights and experience from leading companies on their BPM journey ; learn how to benefit from enterprise SOA using BPM and SAP's technology]. 1. ed. Boston Mass. u.a.: Galileo Press (SAP PRESS).

Spanyi, Andrew (2007): More for less. The power of process management. Tampa, FL.: Meghan-Kiffer Press.

Stockmar, Jürgen (2014): Erfolgsfaktoren für Automobilzulieferer. Strategien für 2020. In: Automotive Management : Strategie und Marketing in der Automobilwirtschaft. Berlin [u.a.]: Springer, S. 215–234.

Stöger, Roman (2009): Prozessmanagement. Qualität, Produktivität, Konkurrenzfähigkeit. 2., überarb. Aufl. Stuttgart: Schäffer-Poeschel.

Thommen, Jean-Paul; Achleitner, Ann-Kristin (2012): Allgemeine Betriebswirtschaftslehre. 7., überarb. und erw. Aufl. Wiesbaden: Gabler.

Töpfer, Armin (2009): Lean Six Sigma. Erfolgreiche Kombination von Lean Management, Six Sigma und Design for Six Sigma. Berlin Heidelberg: Springer Berlin Heidelberg. Online verfügbar unter http://dx.doi.org/10.1007/978-3-540-85060-1. Zuletzt geprüft am 28.10.2015.

Treacy, Michael; Wiersema, Frederik D. (1993): Customer Intimacy and Other Value Disciplines. Three paths to market leadership. In: *Harvard Business Review* (1), S. 84–93.

Trkmann, Peter (2010): The Critical Success Factors of Business Process Management. In: *International Journal of Information Management* 30 (2), S. 125–134.

Ulrich, Hans; Dyllick, Thomas; Probst, Gilbert (1984): Management. Bern: P. Haupt (Schriftenreihe Unternehmung und Unternehmungsführung, Bd. 13).

Ulrich, Peter; Hill, Wilhelm (1976): Wissenschaftstheoretische Grundlagen der Betriebswirtschaftslehre (Teil 1). In: *Wirtschaftswissenschaftliches Studium : Wist ; Zeitschrift für Ausbildung und Hochschulkontakt* 5 (7), S. 304–309.

Ulrich, Peter; Hill, Wilhelm (1976): Wissenschaftstheoretische Grundlagen der Betriebswirtschaftslehre (Teil 2). In: *Wirtschaftswissenschaftliches Studium : Wist ; Zeitschrift für Ausbildung und Hochschulkontakt* 5 (8), S. 345–350.

Vom Brocke, Jan; Rosemann, Michael (2014): Governance. In: Jan Vom Brocke und Michael Rosemann (Hg.): Handbook on Business Process Management 2: Springer Berlin Heidelberg, S. 309–310.

Vom Brocke, Jan; Rosemann, Michael (Hg.) (2014): Handbook on Business Process Management 1: Springer Berlin Heidelberg.

Vom Brocke, Jan; Rosemann, Michael (Hg.) (2014): Handbook on Business Process Management 2: Springer Berlin Heidelberg.

Vom Brocke, Jan; Rosemann, Michael (2014): People and Culture. In: Jan Vom Brocke und Michael Rosemann (Hg.): Handbook on Business Process Management 1: Springer Berlin Heidelberg, S. 513–515.

Vom Brocke, Jan; Schmiedel, Theresa; Recker, Jan; Trkmann, Peter; Mertens, Willem; Viaene, Stijn (2014): Ten principles of good business process management. In: *Business Process Management Journal* 20 (4), S. 530–548.

Vom Brocke, Jan; Sinnl, T. (2011): Culture in business process management. A literature review. In: *Business Process Management Journal* 17 (2), S. 357–377.

Wagner, Karl Werner; Käfer, Roman (2013): PQM - prozessorientiertes Qualitätsmanagement. Leitfaden zur Umsetzung der ISO 9001. 6. Aufl. München: Hanser. Online verfügbar unter http://www.socialnet.de/rezensionen/isbn.php?isbn=978-3-446-43570-4. Zuletzt geprüft am 28.10.2015.

Wallentowitz, Henning; Freialdenhoven, Arndt; Olschewski, Ingo (2009a): Strategien in der Automobilindustrie. Technologietrends und Marktentwicklungen. 1. Aufl. Wiesbaden: Vieweg + Teubner (Studium).

Wallentowitz, Henning; Freialdenhoven, Arndt; Olschewski, Ingo (2009b): Strategien in der Automobilindustrie. Technologietrends und Marktentwicklungen. 1. Aufl. Wiesbaden: Vieweg + Teubner (Studium).

Weske, Mathias (2007): Business process management. Concepts, languages, architectures. Berlin: Springer.

Witte, Eberhard (1973): Organisation für Innovationsentscheidungen. Das Promotoren-Modell. Göttingen: O. Schwartz (Schriften der Kommission für Wirtschaftlichen und Sozialen Wandel, Bd. 2).

Wolf, Celia; Harmon, Paul (2012): The State of Business Process Management 2012. Hg. v. BPtrends. Online verfügbar unter http://www.bptrends.com/bpt/wp-content/surveys/2012-_BPT%20SURVEY-3-12-12-CW-PH.pdf, zuletzt geprüft am 10.04.2015.

Womack, James P.; Jones, Daniel T. (2004): Lean thinking. Ballast abwerfen, Unternehmensgewinne steigern. [Erw. und aktualisierte Neuausg.]. Frankfurt am Main, New York: Campus-Verl. (Management).

Zairi, Mohamed (1997): Business process management. a boundaryless approach to modern competitiveness. In: *Business Process Management Journal* 3 (1), S. 64–80.

In der Reihe **Ergebnisse aus der Produktionstechnik** zuletzt erschienen:

Keitzel, Gunnar:
Präventive Parameteranpassung zur Sicherstellung des Spanabtransports beim Einlippentiefbohren
ISBN: 978-3-86359-449-7
Erscheinungsdatum: 27.09.2016

Sari, Deniz:
Leistungssteigerung des Fertigwälzfräsens unter Berücksichtigung der fertigungsbedingten Bauteileigenschaften
ISBN: 978-3-86359-447-3
Erscheinungsdatum: 18.08.2016

Lüdtke, Bastian:
Lösungsraum-Steuerung in der Produktentwicklung
ISBN: 978-3-86359-443-5
Erscheinungsdatum: 11.08.2016

Ünlü, Volkan:
Methodenkonfiguration zur Kostenanalyse technischer Beschaffungsgüter
ISBN: 978-3-86359-445-9
Erscheinungsdatum: 03.08.2016

Koerfer, Friedel:
Simulation und Analyse geometrischer Einflüsse in elektronisch durchstimmbaren Weisslicht-Interferometern
ISBN: 978-3-86359-438-1
Erscheinungsdatum: 06.07.2016

Weiß, Markus:
Einfluss der Spezifikation mehrschichtiger CBN-Schleifwerkzeuge auf das Schleifprozessverhalten
ISBN: 978-3-86359-448-0
Erscheinungsdatum: 13.09.2016

Staudt, Julian:
Funktionsgerechte Bearbeitung von Verzahnungen durch Freiformfräsen
ISBN; 978-3-86359-450-3
Erscheinungsdatum: 18.08.2016

Fürtjes, Tobias:
Echtzeitfähige Machine-Vision-Systeme zur Qualitätssicherung im Faserverbundleichtbau
ISBN: 978-3-86359-439-8
Erscheinungsdatum: 03.08.2016

Nuyken, Timo:
Strategische Ausrichtung von Geschäftsprozessmanagementsystemen
ISBN: 978-3-86359-440-4
Erscheinungsdatum: 19.07.2016

Permin, Eike:
Funktionszuverlässigkeit technischer selbstoptimierender Systeme zur Regelung von Produktionsprozessen
ISBN: 978-3-86359-434-3
Erscheinungsdatum: 21.06.2016

Edition Wissenschaft
Apprimus

Özdemir, Denis:

Optimierung von Vorschubantrieben mit objektorientierten Verhaltensmodellen

ISBN: 978-3-86359-432-9
Erscheinungsdatum: 21.06.2016

Cabral, Gustavo Francisco:

Modeling and Simulation of Tool Engagement and Prediction of Process Forces in Milling

ISBN: 978-3-86359-427-5
Erscheinungsdatum: 02.06.2016

Trauth, Daniel Harald:

Tribology of Machine Hammer Peened Tool Surfaces for Deep Drawing

ISBN: 978-3-86359-424-4
Erscheinungsdatum: 18.05.2016

Kühn, Thomas Alexander:

Lebenszyklusorientierte Leistungssysteme im Werkzeugbau

ISBN: 978-3-86359-425-1
Erscheinungsdatum: 29.04.2016

Karlberger, Andreas:

Konzept zur disziplinübergreifenden Konfiguration in CAx Systemen durch automatisch extrahierte Merkmalsmodelle

ISBN: 978-3-86359-416-9
Erscheinungsdatum: 26.04.2016

Vogtel, Patrik:

Außenräumen von Nickelbasislegierungen mit Hartmetall-Werkzeugen

ISBN: 978-3-86359-421-3
Erscheinungsdatum: 26.04.2016

Nobel, Christoph:

Drehbearbeitung bleiarmer Kupfer-Zink-Legierungen

ISBN: 978-3-86359-413-8
Erscheinungsdatum: 18.04.2016

Gaudlitz, Franz:

Steigerung der Robustheit von Qualitätsmanagementsystemen mittels des System-Dynamics-Ansatzes

ISBN: 978-3-86359-409-1
Erscheinungsdatum: 01.04.2016

Frank, Sascha Jürgen:

Mechanismen der Nahtfehlerentstehung beim Laserstrahlhartlöten

ISBN: 978-3-86359-407-7
Erscheinungsdatum: 01.04.2016

Bernhardt, Frank:

Entwicklung eines Verschleißmodells auf Basis der Degradationsmechanismen von Platin-Iridium-Beschichtungen beim Glaspressen

ISBN: 978-3-86359-411-4
Erscheinungsdatum: 16.03.2016

Edition Wissenschaft
Apprimus

FSC
www.fsc.org
MIX
Papier | Fördert
gute Waldnutzung
FSC® C083411

Kolibri 360 GmbH
Ferdinand-Jühlke-Straße 7
99095 Erfurt, Deutschland
produktsicherheit@kolibri360.de